U0227290

黄河流域河流与湖泊

马永来　蒋秀华　刘东旭　等著

黄河水利出版社

·郑州·

内 容 提 要

本书是配合黄河流域河流与湖泊基本情况普查而撰写的著作,介绍了黄河河湖普查的内容、技术路线和主要成果,同时对黄河河湖地理特征中的几个重大创新点和认识展开了论述。

全书内容丰富,资料翔实,图文并茂,是一部实用性很强,具有知识性、科普性和资料性的著作。不仅能为治黄事业提供重要的基础信息支撑,而且可以成为治黄工作者有益的工具书,也可供有关部门、大专院校相关专业师生和关心黄河的社会人士阅读参考。

图书在版编目(CIP)数据

黄河流域河流与湖泊/马永来等著. —郑州:黄河水利出版社,2017. 6
ISBN 978 – 7 – 5509 – 1173 – 4

Ⅰ.①黄… Ⅱ.①马… Ⅲ.①黄河流域 – 河流 –水利调查 ②黄河流域 – 湖泊 – 水利调查 Ⅳ.①TV21

中国版本图书馆 CIP 数据核字(2015)第 161828 号

组稿编辑:王路平 电话:0371 – 66022212 E-mail:hhslwlp@ 126. com

出 版 社:黄河水利出版社 网址:www. yrcp. com
地址:河南省郑州市顺河路黄委会综合楼 14 层 邮政编码:450003
发行单位:黄河水利出版社
发行部电话:0371 – 66026940、66020550、66028024、66022620(传真)
E-mail:hhslcbs@ 126. com
承印单位:河南瑞之光印刷股份有限公司
开本:787 mm × 1 092 mm 1/16
印张:13.5 插页:5
字数:340 千字
版次:2017 年 6 月第 1 版 印次:2017 年 6 月第 1 次印刷

定价:120.00 元

前　言

黄河像一条金色巨龙,横亘于中国大地,在漫长的历史进程中,哺育了伟大的中华民族,创造了灿烂的中华文化,被誉为中华民族的摇篮、炎黄子孙的"母亲河"。

据地质考证,约160万年前,黄河流域只是一些互不连通的湖盆水系,经历了百万年的地壳运动和河流侵蚀演变,逐渐构成黄河水系的雏形,直到距今约1万年前才形成从河源到入海上下贯通的河流[1]。

黄河在古籍中称"河",列为"四渎之宗",因水呈黄色,《汉书》始有"黄河"之名。《尚书·禹贡》是最早记载黄河的地理著作,后人把《尚书·禹贡》中描述的黄河河道称"禹河"。《水经注》是我国第一部以水道为纲记述河流水系的专著,记载我国河流多达1 250条,其中有黄河的流经、变迁和地志交通风情等的详细描述。

翻阅历代史书,很难找到标有黄河流域边界的水系图,更难发现有关黄河流域的面积和河长的定量数据。

新中国成立初期,曾采用民国时期的旧地形图,量算出黄河流域面积为737 699 km²,河长为4 845 km。《黄河水文年鉴》从1951年到1970年都是采用这个数据。20世纪50年代初在编制《黄河综合利用规划技术经济报告》时,根据当时的百万分之一地形图,量算黄河流域面积为745 000 km²,河长仍为4 845 km。在1955年第一届全国人民代表大会二次会议上,邓子恢副总理作《关于根治黄河水害和开发黄河水利的综合规划的报告》时曾引用了这个数据。

20世纪70年代,黄河水利委员会与沿黄各省(区)水文部门协作,对凡曾设有水文测站的河流和虽未曾设站但集水面积在1 000 km²以上的河流进行了河长、面积、比降、河流沿程纵断面距离及高程等系统的量算。当时采用的是1969年以前国家出版的1:5万地形图(部分是1:10万和1:50万地形图),用手工在地形图上勾绘分水线和河道线,采用求积仪和分规仪直接在地形图上量算面积和河长。其成果经水电部〔73〕水电水字第100号文批复,同意"将新成果专册刊印,公布使用"[2]。1977年黄河水利委员会(以下简称黄委)刊印了《黄河流域特征值资料(1977年)》(简称《77本》,下同)并正式公开使用。《77本》成果中黄河流域集水面积为752 443 km²,黄河干流河长5 464 km,从此"万里黄河"就有了科学依据。并指出黄河发源于约古宗列曲,流经青海、四川、甘肃、宁夏、内蒙古、陕西、山西、河南、山东九省(区)(此前提流经八省(区)),于山东利津县经刁口河流路入渤海。

《77本》成果一直沿用至今,在治黄工作中发挥了重大作用。由于黄河流域某些自然情况以及水文站网发生了很大变化,加上当时量算技术和手段的局限性等,《77本》存在着诸多问题。据此,2005 年黄委水文局开展了"黄河流域特征值复核与补充"工作,采用国家最新出版的 1:5 万地形图和先进的 MAPGIS 软件量算技术,分水线和河道线仍是手工在地形图上勾绘,最后汇编成《黄河流域特征值(2008 年)》(简称《08 本》,下同)。新成果中黄河流域集水面积为 807 995 km²,河长 5 568 km。成果中除因量算技术手段以及河流变化等改变了干流和部分支流的面积与河长数据外,还将鄂尔多斯内流区和沙珠玉河流域以及河口区准三角洲面积划进了黄河流域。《08 本》成果于 2008 年 9 月通过黄委审查和正式验收,2009 年 4 月又在黄委主任办公会议上向委领导作了汇报,委领导对流域特征数据和几个关键技术问题的处理给予了充分肯定。

在《08 本》成果准备向水利部上报时,国务院决定于 2010～2012 年开展第一次全国水利普查。全国水利普查的重要项目之一是开展全国河流湖泊基本情况普查,这是有史以来首次全面系统地在全国范围内开展河湖普查。

全国河流湖泊基本情况普查(简称河湖普查,下同)的内容是:①普查流域面积为 50 km² 及以上河流河名、位置、流域面积、河长和数量,重点查清流域面积为 100 km² 及以上河流的流域水系自然特征(如河源河口坐标和高程、比降等)、水文特征(如水文(位)站坐标、站以上面积、河长、流域降雨径流深、历史最大洪水等);②普查常年水面面积在 1 km² 及以上湖泊的名称、位置、水面面积和数量,重点查清水面面积在 10 km² 及以上湖泊的形态特征(如水深、容积、水质等)。全国河湖普查采取内业分析与外业调查相结合、自上而下与自下而上相结合的工作模式。内业工作主要是利用"3S"技术对多源信息进行综合分析提取特征数据,并继承与应用现有成果[3]。

自上而下是首先由国普办河湖组根据 1:5 万国家基础地理信息、中巴资源卫星影像数据、2.5 m 分辨率遥感影像图等提取河湖水系结构、流域边界以及河湖自然特征和形态特征数据,并制成图表下发给流域和省(区)河湖组进行核对;自下而上是流域和省(区)河湖组依据现有河湖特征数据对国普办河湖组下发数据进行核对,如发现疑异,通过内业分析、调研咨询,必要时进行外业查勘,找出原因,进行反馈,上下协商共同处理。流域和省(区)河湖组还要量测、普查填报各自管辖的水文(位)站的水文特征数据。

为此,黄委成立黄委第一次全国水利普查领导小组(下设办公室,简称委普办),并将黄河流域河湖普查工作交由黄委水文局承担。黄委水文局成立了黄河流域(片)河湖普查领导小组(下设黄委河湖组)。

因全国河湖普查的内容和《08 本》有共同之处,鉴于这一情况,为了保证黄河流域特征值的统一性和权威性,黄委水文局采取了谨慎态度,经研究决定暂时不向水利部上报《08 本》成果,同时分别向水利部水文局(全国河湖普查领导管理单位)和南京水利科学研究院(全国河湖普查技术支撑单位)汇报了《08 本》的工作情况和主要成果,并提出全国河湖普查工作和《08 本》成果的衔接和统一问题。经协商达成以下共识:①《08 本》成果暂不上报和公开。②同意《08 本》成果中将鄂尔多斯内流区和沙珠玉河流域划归黄河流域,同意黄河河口区面积取黄河河口流路规划范围,同意《08 本》确定的黄河河源和河口位置等。③可以用《08 本》成果数据校核国普办河湖组获取的数据,若流域面积相对误差的绝对值小于 3%,河流长度相对误差的绝对值小于 5%,说明两者的数据都符合精度要求,但最后数据必须统一采用河湖普查的数据。对于超误差标准的河湖特征数据,黄委河湖组需通过1:5万电子影像图或纸质地形图对水系结构、河源河口位置、流域边界、河流走势等进行内业复核,必要时通过专家咨询、现场查勘等方式找出原因,并和国普办河湖组协商后确定是否需要修改。④在共同确认新的黄河流域河湖普查数据后,随即修改《08本》部分数据,使之成为新的《黄河流域特征值》。

在国普办、黄委和黄委水文局各级领导的支持和关怀下,在沿黄各省(区)河湖组的协作下,黄委河湖组经过三年多的努力工作,全面完成了黄河流域(片)的河湖普查任务,按时保质保量提交了《黄河流域(片)河湖基本情况普查报告》(包括西北诸河区),同时也及时修改了《08本》的部分成果,形成新的《黄河流域特征值》。

黄委河湖组在完成黄河流域河湖普查任务的同时,通过工作实践累积了一些经验,增长了不少知识。为了很好地总结这次河湖普查的成绩和经验,特编写《黄河流域河流与湖泊》一书。本书共分4章,第1章概述,介绍河湖普查的目标、内容、技术路线、工作流程、质量控制及技术约定等;第2章介绍黄河流域河湖普查的主要成果;第3章是对有关黄河河湖地理特征的几个问题的论述和处理;第4章是黄河流域河湖特征值新数据和原数据的对比分析。

《黄河流域河流与湖泊》是一部实用性很强,具有知识性、科普性和资料性的著作,介绍了黄河流域标准以上的河流湖泊的数量、分布、名录、编码以及河湖的地理水文特征信息,并对新提取的河湖特征值进行新旧对比、分析,说明新旧特征值变化的原因,同时对重要的河湖地理特征的意义、定义、界定原则和方法进行了全面论述。

著作中首次介绍了河湖普查获取的黄河流域集水面积为813 122 km²,黄河河长5 687 km;流域面积在50 km²以上的河流有4 157条,其中面积大于1 000 km²的河流有199条,大于10 000 km²的河流有17条;水面面积大于1.0 km²的湖泊共146个,其中水面面积大于10 km²的湖泊有23个,大于100 km²的湖泊有3个。著作中还对黄河流域有关地理特征重大问题的处理进行了论述,并提出了某些观点和创新点。例如,从流域水资源总量和流域集水面积有机联系这个角度,提出将沙珠玉河流域和鄂尔多斯内流区正式划归黄河流域,从而改变了过去的只考虑地表汇流条件决定流域界的"自然地理"概念;在分析黄河河口演变规律的基础上,根据新时期黄河河口综合治理的新思路和维持黄河健康生命的新理念,提出了新的界定黄河河口区面积的原则,从而将传统的以现行入海流路两岸大堤为界作为河口区面积,改变为以现代河口准三角洲为界作为河口区的面积;提出了像黄河这样的大江大河,在界定河源、河口以及干支流关系时,在考虑自然地理因素的同时,必须重视人与地域的历史关系,要考虑具有历史传承意义的人文因素等。以上种种论述,将黄河流域的地理特征赋予了新的内涵。

全书资料翔实、内容丰富、图文并茂,不仅能为黄河流域规划治理、防汛抗旱减灾、水资源利用管理、水生态环境保护等提供重要基础信息支撑,而且可以成为治黄工作者有益的工具参考书。

本书编写人员有马永来、蒋秀华、刘东旭、张春岚、张石娃、霍小虎、乔永杰,张遂业对全书进行了认真的审核。参加黄河流域河湖普查的人员还有罗思武、程晓明、郭邵萌、马

志瑾、李焯、王玉明、李红良、拓展翔、李玉山、孔福广、李学春、马志刚、和晓应、王德芳、田志刚、郭宝群、徐建华等,吕光圻是河湖普查和著作撰写的技术顾问。在编写本书的过程中,薛松贵、赵勇、张俊峰、陈效国、胡一三、邓盛明、杨含峡、谷源泽、王玲、马秀峰、李良年、吴燮中、牛占等专家给予了悉心的指导,并提出很多宝贵意见,在此表示衷心的感谢!

作　者

2016 年 10 月

目 录

◆ 参考文献

◆ 附表和附图

第1章　概　述

1.1　河湖普查背景

黄河是我国第二条万里巨川,源远流长,历史悠久,在国内外享有盛名。

黄河发源于青藏高原巴颜喀拉山东麓的约古宗列曲,流经青海、四川、甘肃、宁夏、内蒙古、陕西、山西、河南、山东等九省(区),在山东省垦利县注入渤海。

黄河流域横贯我国东西,东西长约2 000 km,南北宽约1 100 km。

黄河流域幅员辽阔,地形地貌差别很大。从西到东横跨青藏高原、内蒙古高原、黄土高原和黄淮海平原四个地貌单元。流域地势西高东低,西部青藏高原平均海拔在4 000 m以上,由一系列高山组成,常年积雪,冰川地貌发育;中部地区海拔在1 000~2 000 m,为黄土地貌,水土流失严重;东部主要由黄河冲积平原组成,河道高悬于地面之上,受洪水威胁很大。

黄河共分上、中、下游三个河段。内蒙古河口镇以上为黄河上游,其间较大河流(流域面积1 000 km² 以上)有100条(不含鄂尔多斯内流区中的河流)。黑山峡以上干流河段水力资源很丰富,是全国重点开发建设的水电基地之一。黑山峡至河口镇的黄河两岸为宁蒙灌区,是黄河流域重要的农业基地,由于该地区降水少、蒸发大,加上灌溉引水和河道渗漏损失,致使黄河水量沿程减少。

河口镇至河南桃花峪为黄河中游,黄河中游是黄河洪水和泥沙的主要来源区,其间较大河流(流域面积1 000 km² 以上)有87条。河口镇至禹门口(简称北干流,下同)是黄河干流上最长的一段连续峡谷,河段内支流绝大部分流经水土流失严重的黄土丘陵沟壑区,是黄河泥沙特别是粗泥沙的主要来源区。该河段水力资源也很丰富,是黄河第二大水电基地,峡谷下段有著名的壶口瀑布。禹门口至三门峡区间,黄河流经汾渭地堑,河谷展宽,其中禹门口至潼关(简称小北干流,下同),河道宽浅散乱,冲淤变化剧烈;河段内有汾河、渭河两大支流相继汇入,渭河也是黄河洪水和泥沙的主要来源区。三门峡至桃花峪区间,小浪底以上是黄河的最后一段峡谷,出峡谷后黄河逐渐进入平原地区。

黄河干流自桃花峪以下为黄河下游。黄河下游河道成为"地上悬河",直接汇入黄河的支流很少,在该区间仅有7条河流域面积在1 000 km² 以上。目前,黄河下游河床已高出大堤背河地面3~5 m,除南岸东平湖至济南区间为低山丘陵外,其余全靠堤防挡拦洪水。历史上下游堤防决口泛滥频繁,给两岸人民带来沉重的灾难。黄河入海口因泥沙淤积,不断延伸、摆动,近40年间,由于黄河在河口地区的泥沙淤积,年平均净造陆面积

$25 \sim 30 \ km^2$。

黄河流域文化灿烂,物产丰富,地大物博,其间纵横交错的河流和星罗棋布的湖泊,是地理环境的重要组成部分和重要资源,更是人类赖以生存的自然条件。黄河流域的水利工程发展迅速,水库、水电站、灌溉工程、水土保持工程、水环境监测工程、防洪工程等,遍布整个流域,为黄河流域国民经济建设、综合开发利用发挥了巨大效益,提供了有力的支撑条件。

随着社会经济的发展、水电建设技术水平和水资源利用率的提高以及河流水文和径流特性的变化,水资源原用基础成果数据已不能准确地反映我国水力资源现状,尤其是对于众多的河流湖泊数量及其特征值,目前全国尚缺统一标准把控下的数量统计和特征值量算。现用成果的基础性、可比性、权威性远远不够。为进一步查清我国水利资源状况,以便更好地开发和利用水资源,国务院决定开展第一次全国水利普查。从2010年到2012年,利用三年的时间,按要求完成普查工作任务。

水利普查是一项重大的国情国力调查,是国家资源环境调查的重要组成部分,是国家基础水信息的基准性调查。开展全国水利普查是为了全面查清我国江河湖泊和水利工程的基本情况,系统掌握我国江河湖泊开发治理保护状况,摸清经济社会用水状况,了解水利行业能力建设情况,建立国家基础水信息平台,为国家经济社会发展提供可靠的基础水利信息支撑和保障。开展全国水利普查,有利于谋划水利长远发展,科学制定水利及国民经济和社会发展规划;有利于加强水利基础设施建设与管理;有利于实行最严格的水资源管理制度,推进水资源合理配置和高效利用;有利于深化水利管理体制改革,增强水利公共服务能力;有利于提高全社会水患意识和水资源节约保护意识,推进资源节约型、环境友好型社会建设。

水利普查分河湖普查、水利工程普查、经济社会用水普查、河湖开发治理保护普查、水土保持普查、行业能力建设普查、灌区专项普查和地下水取水井专项普查。水利普查工作由国务院直接领导,具体工作落实在水利部。

河流湖泊基本情况是国民经济和社会发展的重要基础性、资源性、公益性信息。开展河湖普查,统一普查标准、内容和方法,获得全面系统的河湖基本情况信息,将填补国家基本国情信息体系中河湖信息的空白,既是国家制定经济社会发展战略,促进经济社会科学发展的迫切需要,也是强化水资源管理,有效推进民生水利事业,谋划水利长远发展的迫切需要。因此,开展河湖普查对于促进我国经济社会和水利事业发展都具有十分重要的意义。河湖普查是其他七项普查的基础,情况复杂,技术性强、工作量大,所以设为专项,排水利普查诸项目之首位。

黄河流域的河湖普查工作由黄委水利普查领导小组(下设办公室)领导,具体普查工作落实在黄委水文局。

众所周知,流域下垫面是陆面水文循环过程的载体,也是人类的生息繁衍地。同时下垫面资料也是水文水资源基础研究、水安全水环境水生态等应用研究不可缺少的重要基础资料。在地质构造运动和降水的双重作用下,下垫面分隔为一个个相对独立的单元(流域),同时大单元又套小单元(大流域套小流域)。每个单元内的水系特征、流域特征,如集水面积、河道长度、河道区段平均比降及河源、河口测控节点的地理坐标(包括高程)、节点距河源或河口的距离等,直接影响水文循环的过程,产生不同的流域洪水干旱特性,影响人类活动对流域的综合开发利用。因此,普查河流湖泊的主要特征(水系特征、流域特征和水文特征)是一项重要的基础工作。河流湖泊的主要特征是关于河流湖泊的基本国情资料,同时也是水利信息化的重要内容,对流域规划开发和综合管理具有重要的基础性作用,对国家国土资源规划、水资源开发利用和保护、防汛抗旱减灾、饮水安全、山地灾害防治、生态环境保护等具有重要的支撑作用。

河湖普查是在国家行业主管部门统一领导下,充分利用国家基础地理信息数据库建设成果、高分辨率卫星遥感影像和"3S"等高新技术,突出基础性、系统性和权威性,在统一普查内容、统一技术手段、统一技术标准的基础上,对全国河湖进行普查。

黄河流域河流湖泊普查,是一次历史性的重要举措,是在高层面对黄河流域特征值成果的更新。黄河流域河流湖泊普查,对黄河的治理开发意义重大,不但必要,而且非常迫切。

1.2　河湖普查目标、内容

1.2.1　河湖普查目标

通过对标准以上河流湖泊主要特征的普查,建立河流湖泊主要特征(水系特征、流域特征和水文特征)基础数据库和基于地理信息系统(GIS)的河流信息管理系统,编撰河流湖泊普查成果报告,提出我国迄今为止最权威、最系统和最完整的有关河流湖泊的基本国情资料,填补该领域的空白,为国家经济社会又好又快发展、水文学与水资源的学科发展,及全社会普及河流湖泊基本知识提供基础性数据。

1.2.2　河湖普查内容

(1)流域面积为 50 km² 及以上河流的名称、位置、流域面积与数量和常年水面面积在 1 km² 及以上湖泊的名称、位置、水面面积和数量;

(2)流域面积为 100 km² 及以上河流的流域水系自然特征、水文特征和常年水面面积在 10 km² 及以上湖泊的形态特征;

(3)现有水文(水位、降水量)站的地理坐标和水文站控制的流域自然特征;

(4)流域面积为 100 km² 及以上河流的流域多年平均年降水深和径流深以及相应河流的实测与调查历史最大洪水。

1.2.3　河湖普查具体项目

(1)河流名称:河流名称以 1:5 万地形图上标注的河名为准。

(2)河源:河流补给的源头。一般按"唯长唯远"原则确定,有异议时按"多原则综合判定,科学支撑约定俗成"的原则处理。源头的位置用经纬度表示,单位为度、分、秒。

(3)河口:河流注入海洋、湖泊(库)、上一级河流或消失于沙漠的终端,分为入海河口、入湖河口、支流河口、消失于沙漠的河口。河口的位置用经纬度表示,单位为度、分、秒。

(4)流域面积:由流域出口断面(或坝址、水文站断面)以上的分水线所包围的集水区域,单位为 km²。

(5)河长:河流自河源至河口的中泓线长度,单位为 km。

(6)河流平均比降:河流河源至河口的平均比降。采用等面积法计算河道比降,应用1:5万数字高程模型(DEM)数据(分辨率为 25 m)直接计算,单位为‰。

(7)水文站、水位站和降水量站基本情况:普查站名、站点类别、站点地址和坐标、站点观测要素、设站起始年月等。

(8)水文测站的坐标:统一用全球定位系统(GPS)在现场观测,记至0.1″。

(9)流域多年平均年降水深:用1956~2000年多年平均年降水深等值线图量算,单位为 mm。

(10)流域多年平均年径流深:用1956~2000年多年平均年径流深等值线图量算,单位为 mm。

(11)实测和调查最大洪水情况:普查流域内实测和调查最大洪水发生断面(用地名和经纬度坐标表示)、洪峰流量(单位为 m³/s)及发生时间。

(12)湖泊名称:以1:5万地形图上标注的名称为准。

(13)湖泊常年水面面积:指2003年12月至2009年12月期间多时相遥感影像数据识别的所有湖泊水面面积序列的中值。

(14)咸淡水属性:按矿化度分为淡水湖(矿化度 < 1 g/L)、咸水湖(矿化度 1~35 g/L)、盐湖(矿化度 ≥ 35 g/L)。

(15)河流级别:入海、汇入内陆湖和消亡于沙漠的河流级别为0级,流入0级的河流为1级河流,流入1级的河流为2级河流,以此类推。

(16)岸别:本级河流位于上一级河流的左岸或右岸,分别用1和2表示。

(17)跨界类型:普查分跨国并跨省、跨国、跨省、跨县以及县界内五类,分别用1、2、3、4、5表示。

1.3 技术路线、工作流程和质量控制

1.3.1 技术路线

1.3.1.1 充分利用"3S"技术

采用先进的"3S"技术进行数据提取和内业分析,为河流湖泊普查成果资料提供质量保障。

由"3S"技术支撑的河流流域和湖泊面积、流域边界以及其他主要特征的普查,可大大提高工作效率和保证成果质量。基于遥感技术(RS)高分辨率遥感影像提供最新下垫面信息,为湖泊水面面积的提取和内业结果核对等工作服务;GPS设备为提供野外普查点、线、面对象的高精度经纬度坐标,湖泊水深和容积外业普查提供关键技术服务;GIS为流域边界和数字水系的自动提取提供关键技术平台。

1.本次普查数据源来源[3]

(1)1:5万地形图资料;

(2)多时相(2003年12月至2009年12月)分辨率为20 m的中巴资源卫星遥感影像数据;

(3)单一时相(最近3年)分辨率为2.5 m的数字正射影像(DOM)数据。

除全国1:5万国家基础地理信息数据库中的DEM数据外,还有覆盖全国及跨境地区、分辨率为30 m的DEM数据,不同分辨率多时相的其他卫星影像数据以及各种与河湖普查有关的已有成果等。流域边界划分、数字水系提取、平原水网区河流选定、水面面积的提取等关键环节均采用多源数据进行综合比对分析;流域面积、河长等信息核对也采用多源数据进行综合分析。

2.内业数据源的提取

(1)1:5万 DEM 数据为根据1:5万等高线数据(图1.3-1中黑色线)和等高点数据(图1.3-1中黑色点)用数学模型形成的间距为25 m的高程点网格数据(图1.3-1中的红色点)。

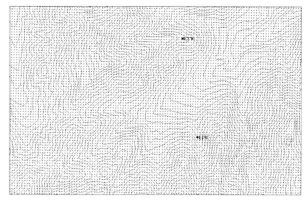

图1.3-1　高程点网格数据

(2)1:5万数字线划地图(DLG)数据指地形图的水系数据(见图1.3-2中的蓝色线)。

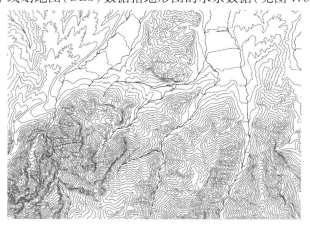

图1.3-2　DLG 水系

（3）多时相(2003 年 12 月至 2009 年 12 月)分辨率为 20 m 的中巴资源卫星遥感影像数据(见图 1.3-3)。

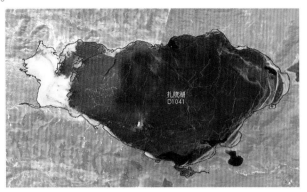

图 1.3-3　卫星遥感影像数据

3. 关键基本要素的提取

1) 流域边界提取

流域边界的提取主要根据 25 m 间距的数字高程网格数据,由 GIS 软件来实现,可提高流域边界划分的工作效率和成果精度,克服人工勾绘流域边界的可能误差。

数字流域边界是由以 25 m 为基本单位的折线组成的封闭多边形。由图 1.3-4 可见数字流域边界(粉红色线)与等高线(黑色线)的匹配程度。

图 1.3-4　数字流域边界

图 1.3-5 中粉红色线为数字流域边界,黑色线为等高线,蓝色箭头红色线表示每个 25 m 网格的水流方向。

2) 河流提取

为方便计算流域内任意一点的集水面积,本次普查没有直接应用 1∶5 万 DLG 的水系数据(见图 1.3-6),而是根据 25 m 间距的数字高程网格数据,由 GIS 软件提取数字河流。为提高数字河流的精度,先把 1∶5 万 DLG 水系与数字高程网格数据进行融合,然后再用 GIS 软件提取数字河流,并提取数字河流任一断面的集水面积、河流比降等要素。数字河流也是由以 25 m 为基本单位的折线组成的线。由图 1.3-7 可见数字河流(草绿色线)与

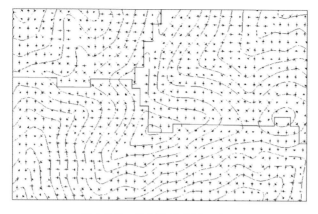

图1.3-5　数字流域边界示意图

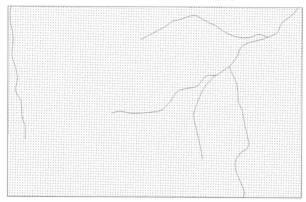

图1.3-6　数字河流与DLG水系

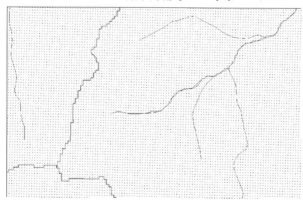

图1.3-7　河流提取示意图(一)

1:5万DLG水系(蓝色线)的匹配程度。

图1.3-8中粉红色线为数字流域边界,绿色线为数字河流,粉红色虚线为数字河流第一个断面的流域集水边界(面积为0.260 9 km²),右侧黑色虚线为数字河流第一断面下游25 m断面新增的流域集水边界(面积为0.002 8 km²),左侧黑色虚线为数字河流第一个断面比上游25 m断面新增的流域集水边界(面积为0.071 2 km²,上游25 m断面的集水面积为0.189 7 km²,未达到数字河流形成的集水面积阈值)。由此可见数字河流与1:5

万 DLG 水系的最大不同在于数字河流的每个断面均有确切的集水边界。

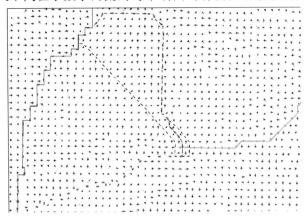

图 1.3-8　河流提取示意图(二)

4.湖泊水面面积提取

湖泊水面面积的提取主要依据分辨率为 20 m 的遥感影像数据和 1∶5 万的 DOM 和 DLG 湖泊边界数据,由 RS 和 GIS 软件来实现。

首先直接对多时相的遥感影像进行湖泊水面边界提取,并据此计算湖泊水面面积,然后根据湖泊水面面积系列确定普查选用的湖泊水面面积,再对相应时相的遥感影像利用 1∶5 万的 DOM 数据进行精校正,最后再次提取湖泊的水面边界,并据此计算普查的湖泊水面面积。

湖泊水面边界是由以 20 m 为基本单位的折线组成的封闭多边形,由图 1.3-9 可见湖泊水面边界(红色线)与影像的匹配程度。

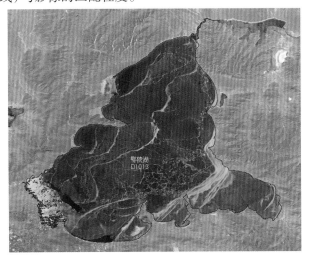

图 1.3-9　湖泊水面面积提取

1.3.1.2　内业与外业相结合

在河湖普查中,大量的数据都是通过"3S"技术从内业分析中提取的,如流域分水线、河流主槽线,量算流域、湖泊面积和河流长度、比降等。内业工作同时也为野外实地调查作业提供基础信息和尽可能多的技术支撑,但内业不能完成或不能准确确定、存在疑问的内容就必须通过外业现场调查确定,如河流源头、河口位置,平原水网区和内流区流域边界及重要河流的某些边界线等。外业查勘是河湖普查的重要环节,是内业工作的补充和延伸,同时还可以核实有异议的数据,核对内业提取数据的偏差,真实反映河湖的现状,获取第一手资料。

1.3.1.3　自上而下与自下而上相结合

本次普查,国普办河湖组和流域、省(区)河湖组的工作各有侧重。国普办河湖组侧重全国河流、湖泊的内业清查,流域、省(区)河湖组侧重本辖区河流、湖泊的内业和外业清查与普查。自上而下就是国普办河湖组利用"3S"技术通过内业提取河湖特征数据制表下发各流域、省(区)河湖组,自下而上就是各流域、省(区)河湖组通过内业校对、分析和野外清查及普查上报国普办河湖组。当流域、省(区)河湖组通过内业校核和分析发现下发数据存有疑异问题,应通过专家咨询、调研,必要时通过现场调查将处理意见反馈国普办河湖组,最后经上、下反复协商共同处理。

1.3.1.4　继承和应用现有成果

河湖普查要充分利用已有成果,如1:5万或更大比例尺地形图资料、近期的高分辨率遥感影像资料和其他有关资料。

为了发挥已有成果的作用,黄委河湖组查阅收集的已有河湖基本情况有关成果及资料有:黄河史志、传记,河流水系、历史洪水调查研究、站网规划、水文年鉴、水资源调查评价、水文特征值汇编,以及其他有关专题研究成果、水系分布图册、1:5万或更大比例尺纸质地形图等。

河湖普查以《08本》作为校核和应用的重要基础资料,该资料在普查中发挥了重要作用。

1.3.2　工作流程

全国河湖普查分清查、普查和汇总三个阶段。

1.3.2.1　清查阶段

清查阶段是河湖普查工作的基础阶段,由国普办河湖组与流域和省(区)河湖组经过自上而下和自下而上的交互合作完成。

(1)国普办河湖组根据1:5万3D(DOM、DEM、DLG)数据和中巴资源卫星及2.5m分辨率的遥感数据,通过内业提取山地河流的流域边界和水系结构以及湖泊水面面积等信息,并形成清查图表下发流域和省(区)河湖组;

(2)流域和省(区)河湖组通过内业分析和外业调查工作核对下发表中的数据信息,并清查平原水网区河流、区间河流和特殊湖泊,并反馈国普办河湖组;

(3)国普办河湖组对流域和省(区)河湖组反馈的成果进行比对、分析,对存在异议的问题,召开各流域、省(区)研讨会或逐流域、省(区)针对性解决,最后达成共识形成清查成果。

1.3.2.2　普查阶段

普查阶段是河湖普查工作的关键性阶段,主要由流域机构和省(区)普查机构组织完成。

(1)国普办河湖组根据清查阶段成果量算出标准以上河流湖泊特征值数据,并制定

出河湖普查表和填表说明下发流域、省(区)河湖组校核填报;

(2)流域、省(区)河湖组对普查表逐表逐项进行校核,其中跨省、跨国、跨国并跨省的河流湖泊由流域或流域指定省(区)组织校核、平衡、汇总和填报;

(3)在普查阶段数据校核填报过程中,对流域特征值数据成果发现有异议时,流域、省(区)河湖组与国普办河湖组进行协商、沟通解决,必要时流域机构、省(区)共同或独立组织实地查勘,以掌握第一手资料反馈国普办河湖组再行商定,最终形成国普办、流域机构、省(区)河湖组的共同意见;

(4)流域河湖组在该阶段主要编制流域跨界河流普查方案,督导、协调、平衡各省(区)间的工作,并重点校核和处理流域内较大支流(流域面积 1 000 km² 以上)的问题及成果数据。

1.3.2.3 汇总阶段

汇总阶段为河湖普查工作的收官阶段。该阶段的工作由国普办河湖组、流域和省(区)河湖组共同完成。

国普办河湖组、流域和省(区)河湖组分别编制全国、流域和省(区)河湖普查成果报告与图集。国普办河湖组开发基于 GIS 的河流湖泊信息管理系统。流域和省(区)河湖组按国普办河湖组要求,将以流域为单元、以时间为节点的资料汇总成果上报国普办。

1.3.3 质量控制

河湖普查成果绝大部分系河流、湖泊的自然属性数据,数据质量是衡量河湖普查工作质量的首要标准。数据质量控制必须贯彻到各个环节和各个阶段,包括组织措施、技术措施和制度措施:

(1)凡参加河湖普查的技术人员,除具备一定的相应专业知识和实际工作经验外,均必须参加由国普办和委普办组织的普查专业培训,使普查人员熟悉普查方法、工作流程和质量控制要求,确保普查顺利实施。

(2)统一采用"3S"技术支撑河湖特征的普查量算,提高工作效率和保障成果质量及精度。

(3)河湖普查实施方案要求黄委河湖组用最近最新的资料和成果(如《08 本》成果)对国普办河湖组从内业提取的特征数据进行校核,并规定当校核流域面积相对误差的绝对值大于3%和河长相对误差的绝对值大于5%时,必须用1:5万地形图或影像图进行内业分析,从水系分水线、河道线、河源和河口位置等找出误差大的原因;对于重要河流或重大异议问题,内业解决不了的,要进行调研、专家咨询,必要时开展现场查勘等,并将原因上报国普办河湖组,最后通过协商解决,以保证河湖普查不出现较大的质量问题。

(4)实施方案要求黄委河湖组对本级上报的数据负责,严格审查把关;对接收的数据应通过重点校核(流域面积大于 1 000 km²)和一般抽样校核以及现场调查等多种方式进行检查;要负责对跨国、跨省流域普查成果的协调和平衡,出现问题及时与国普办、省(区)河湖组沟通协调解决。

(5)所有校核数据必须经三遍手(校核、复核、审核),并签名。

(6)普查成果汇总后,按国普办〔2012〕53 号文统一部署,要对黄河流域(片)河湖普查汇总成果进行事后质量抽查。

(7)黄河流域重大特征值的确定和改变,必须经黄委领导和专家的审议、把关。

1.4 黄委河湖普查的职责和工作

1.4.1 职责

黄委负责黄河流域(片)的河湖普查,包括黄河流域和西北内陆区的河湖。对于跨国、跨省河流,黄委要以流域为单元进行组织、协调、平衡、审核和汇总,确保河湖普查成果的完整性、科学性和准确性。黄委河湖组在普查工作中任务艰巨,责任重大,工作内容贯穿河湖普查的全过程。黄委河湖普查的主要职责是:

(1)负责黄河流域机构管辖的黄河干流基本情况的普查工作;

(2)组织和协调流域(片)内跨国和跨省(区)河湖基本情况的普查工作;

(3)负责汇总、审核和平衡跨国、跨省的普查数据,形成流域河湖成果;

(4)组织编制黄河流域(片)河湖普查成果报告(流域片包括西北诸河区,下同);

(5)负责对青海、新疆、内蒙古、甘肃等省(区)河湖普查工作的技术支持和援助。

1.4.2 普查工作的组织

黄河流域(片)河湖普查专项工作由黄委水文局承担。水文局成立黄河流域(片)河湖普查领导小组(办公室),下设黄委河湖普查项目组(简称黄委河湖组,下同)、黄河流域(片)技术组和专家组。

黄委河湖组主要由水文局研究院的技术骨干组成(成员中教授级高工2人,高级工程师6人,工程师6人),负责黄河流域(片)河湖普查的全面技术工作。

技术组主要由黄委河湖组骨干成员(4人)和流域(片)各省(区)主管领导与技术负责人(各1人)组成,主要负责流域与省(区)之间的工作协调、技术交流和解决普查中的重大技术问题。

专家组由资深技术专家6人组成,负责项目重大技术问题的咨询和把关。黄河流域(片)河流湖泊普查组织框图见图1.4-1。

1.4.3 制订黄河流域河湖普查实施方案

根据国普办《关于印发河湖基本情况普查流域机构主要工作任务的通知》(国水普办〔2010〕26号)精神,在全国普查方案的框架内,结合黄河流域的具体情况和特点,黄委河湖组编制了《黄河流域河湖普查工作实施方案》和《黄委援助西北省(区)河湖普查工作实施方案》以及《黄河流域跨界河湖普查协调实施方案》。方案针对黄河流域特点,补充了具有针对性和可操作性的有关技术规定与技术细则等。

1.4.4 普查培训

河湖普查采取"统一组织,分层培训,分级负责,阶段实施"的方式进行技术人员普查

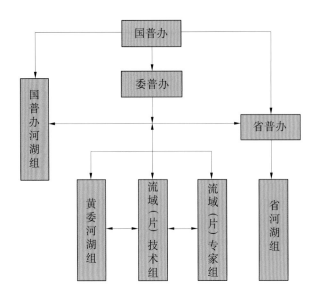

图 1.4-1　黄河流域河流湖泊普查组织框图

培训。

1.4.4.1　参加全国培训

根据国普办的要求,黄委河湖组先后选派 20 多人次参加了全国河流基本情况普查试点专业培训、全国河湖普查专业培训等全国的河湖普查培训工作。

1.4.4.2　黄委组织培训

为切实做好黄河流域(片)河湖普查工作,委普办先后举办了"黄河流域河湖普查专业培训班"和"河湖普查 GPS 专业设备培训班"。共有普查技术骨干 80 余人参加了培训。

通过培训,普查技术人员了解了普查总体方案、技术路线和工作流程,掌握了河湖普查 GPS 专用设备操作技能和技术方法,熟悉了各项普查内容的指标含义、普查工作要求,为黄河流域普查工作的顺利开展打下了坚实的基础。

1.4.5　主持流域(片)协调、交流会议,解决重大技术问题

为了保证河湖普查工作顺利进行,委普办组织召开三次流域工作、技术会议,黄委河湖组多次赴各省(区)调研、交流和召开技术协调会,对一些特殊问题、重大技术问题进行协商解决,并及时向国普办河湖组反馈流域(片)的普查工作情况和重大技术问题,为保质保量顺利完成黄河流域河湖普查做好扎实的组织和技术基础工作。

1.4.6　内业工作

(1)重点校核和分析黄河流域大于等于 1 000 km² 河流的特征值;

(2)参与国普办河湖组流域特征值数据内业提取和分析工作;

(3)分析计算流域面积大于 100 km² 河流的流域降雨深、径流深和最大洪水;

(4)汇总、审查、平衡跨国、跨省河流的普查工作;

（5）组织黄河流域河湖普查事后质量抽查；

（6）汇总流域普查成果及编写普查报告。

1.4.7　外业工作

（1）对黄委管辖的 118 个水文站、45 个水位站和 765 个雨量站进行测点位置坐标的现场观测（统一采用 GPS）；

（2）黄委河湖组对东平湖（含大汶河河口）进行查勘；

（3）黄委河湖组和黄委山东水文水资源局共同对黄河河口区三角洲进行查勘；

（4）黄委河湖组和青海省河湖组联合对沙珠玉河和湟水、大通河河源、河口进行查勘；

（5）黄委河湖组和新疆自治区河湖组联合进行西北典型湖泊艾比湖的湖容测量；

（6）黄委河湖组和甘肃、陕西河湖组联合共同查勘洛河河源和河口、渭河河源和河口；

（7）黄委河湖组和山西黄河河务局联合查勘汾河河口、沁河河口。

1.5　主要成果和创新点

（1）有史以来第一次全面、系统、准确地查清了流域面积大于 50 km² 的河流、常年水面面积大于 1.0 km² 的湖泊（简称标准以上河湖，下同）的数量和分布。在统一了河名、理清了各水系的分界线和干支流关系的基础上，编制了黄河流域的河湖名录和编码。

（2）在清查和确定黄河与长江、淮河、海河、西北内陆河流域分界线及重新评价沙珠玉河流域和鄂尔多斯内流区归属的基础上，新量算黄河流域集水面积 813 122 km²，黄河干流河长 5 687 km。该数据和 1973 年水电部审批应用至今的黄河流域集水面积和河长比较，面积增加了 60 679 km²，河长增加了 223 km。

（3）综合考虑黄河河源地区地理水文因素和历史人文因素，进一步确认约古宗列曲是黄河的正源，确定黄河河源区位于约古宗列曲上游的玛曲曲果（面积约 800 km²），源头为河流（干流）向上溯源与 1∶5 万的数字高程模型数据（DEM）和数字线划水系（DLG）同化生成的综合数字水系末端最小集水面积（定义为 0.2 km²）下边界的交点，该点亦是量算黄河河长的起始点，其地理坐标为东经 95°55′02″、北纬 35°00′25″，黄海高程 4 724 m。

（4）根据黄河河口的演变规律和对河口相对稳定性的认识，确定黄河河口位于清水沟清 8 汊现行流路处，取 2010 年黄河河口大断面统测资料，清 8 汊主槽外延与海岸低潮线相交处，交点坐标为东经 119°15′20″、北纬 37°47′04″，黄海高程 0.24 m，此交点即是量算黄河河长的终端点。

（5）黄河流域首次普查了标准以上河流 4 157 条、湖泊 146 个的地理水文特征值，包括流域面积、河长、河源和河口坐标、河道比降、流域降雨和径流深、实测和调查最大洪水、湖泊水面面积、水深和水质属性，等等。这是迄今为止黄河流域最全面、最完整、最权威的河湖地理水文特征信息，为今后黄河治理、开发和管理提供了重要的基础信息。

（6）黄河流域水文（水位、降水量）站的地理坐标，重新统一采用 GPS 现场实测，经纬度精确到 0.1″。重新量算水文(位)站以上控制的面积和河长,使水文(位)站的地理特征值数据标准统一、精度进一步提高。

(7)经调研分析认为,沙珠玉河流域和鄂尔多斯内流区的地下水类型属松散岩类孔隙水,其地下水和黄河有水力联系,属同一集水系统,从流域水资源总量和流域集水面积有机联系这一角度,将沙珠玉河流域和鄂尔多斯内流区正式划归黄河流域,从而改变了传统的只考虑地表汇流条件决定流域界的观念,使广义的水文学概念赋予了新的含义。

(8)在分析黄河河口演变规律和特点的基础上,根据新时期河口治理新思路和维持黄河健康生命新理念,提出了新的界定黄河河口区面积的原则,并指出黄河河口区的范围是:北岸以马新河规划流路左岸管理界线起点至徒骇河口,南岸取十八户规划流路右岸管理界线起点至永丰河口,以及两河口沿低潮海岸线连线以内的区域,其面积约为 4 615 km²。改变了过去以沿黄大堤(或生产堤)以及堤端线外延为流域分界线的传统做法,从而使河口区的面积更加科学和合理。

1.6   河湖特征值技术规定

河湖普查的主要工作是量算河湖的地理和水文特征值,这些特征值既具有物理意义,也具有象征意义。因此,对于特征值的定义和量算方法必须有一个统一的标准和统一的方法,下面列出有关河湖特征值的技术规定。

1.6.1   流域集水面积

流域集水面积指河流出口断面或水文站、坝址等断面以上流域界内的水平面积,单位是 km²。流域界就是流域分水线,具有层次的概念,即流域分水线包括地表分水线和地下分水线,当两者重合时称闭合流域,否则称非闭合流域。由于地下分水线比较复杂,边界确定较困难,且多数情况下地表地下分水线是相互重叠的,故流域面积一般指地表分水线的集水面积。对于地表、地下分水线差异比较大的地区,应充分利用已有流域边界划分成果,适当考虑地下水分水线确定流域边界。

1.6.2   河流长度

河流长度指从河流的源头沿河流中泓线至河口的距离,单位为 km。当河流中间出现多股分汊时,一般取最大的一股(指水量或过流断面)量算河长;若多股水量、河长接近,可取中间一股量算河长。当河流穿过湖、库或沼泽洼地时,取河流通过湖、库或沼泽洼地的主流线作为河道上下段的连线。

1.6.3   河源

河源指河流发源的地方,一般按河流"唯长唯远"的原则确定。有异议时按"多原则综合判定,科学支撑约定俗成"的原则处理。

河流源头的界定方法有:

(1)在河源区,河流(干流)向上溯源,与1:5万 DEM 和 DLG 同化生成的河源区综合数字水系末端最小集水面积(定义为 $0.2 \ \mathrm{km}^2$)下边界的交点作为河流的源头。

(2)根据1:5万地形图,沿河流(干流)向上溯源至分水线相交,其交点即为河流的源头地理位置。该点即是量算河长的起始点。

1.6.4　河口

河口指河流与其汇入对象相连接处。汇入的对象有上级河流、海洋、湖泊、水库和沙漠(地)等,河口也是量算河长的终端点。

支流河口为河流的中泓线与上一级河流(或湖库)岸边(或中常水位岸边)连线的相交处,入海河口为河流中泓线与入海低潮水位线的相交处,消失在沙漠的河口以近期(若干年)遥感影像数据识别或现场调查的多年平均河流消失处作为河流的终端。河口的坐标单位为度、分、秒。

1.6.5　河道平均比降

比降即坡降,指水平面距离内垂直尺度的变化。河道平均比降系指河流从河源至河口的平均比降,用等面积法计算的河道坡度,以‰表示,计算公式如下:

$$J = \frac{\sum_1^n (H_{i-1} + H_i) L_i - 2H_0 \sum_1^n L_i}{\left(\sum_1^n L_i \right)^2}$$

式中:J 为从 L_1 段的起始点 H_0 至 L_n 段的终点 H_n 的河道平均纵比降;H_i 为各分段点处的河底高程;L_i 为各分段的长度。H_i 可利用 GIS 软件查询节点 i 的位置,利用 DEM 数据计算相应高程。河道平均比降计算示意图见图1.6-1。

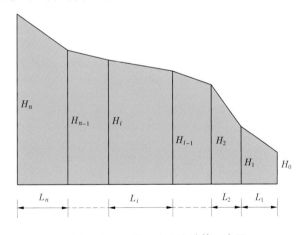

图1.6-1　河道平均比降计算示意图

1.6.6　干流

干流是指在某流域的出口断面向上游溯源至河源的主河道。干流一般可根据河流"唯长"的原则确定。

对于较大流域或有知名度的大江大河的干流,其确定方法应综合考虑地理和水文因

素,还要考虑具有历史传承意义的社会人文因素。

1.6.7 河流的级别和统计方法

凡河流直接入海、汇入内陆湖或消亡于沙漠的河流为 0 级,流入 0 级的河流为 1 级支流,流入 1 级的河流为 2 级支流,以此类推。对于独立的自然流域,先统计从河口到河源的干流一条,再统计流入干流且面积大于 50 km^2 的支流(称一级支流)的条数,然后统计流入 1 级支流且面积大于 50 km^2 的支流(称二级支流)的条数,以此类推。需要注意的是,高级河流的流域面积包含各低级河流的流域面积。

1.6.8 河流名称

河流名称以 1:5 万地形图上标的河名为准,当一条河流在不同河段有不同的河名时,取最下游的河名作为整个河流的名称,同时可注明原河名。当地形图上没有河名时,可取下游附近乡、村名为河名,或取当地约定俗成的名称。

1.6.9 河流类型

河流是指陆地表面宣泄水流的通道,是溪、川、河、江的总称。河流类型可根据不同的含义而分类,如外流河和内流河、常年性河和季节性河、国际河和国内河、山地河和平原河,还可按水流的不同补给形式分类等。黄河流域河湖普查的河流类型分山地河流、平原水网区河流和内流河流(又称地表内陆河)。

1.6.10 内流河的确定

内流河多分布在半干旱、干旱沙丘荒漠区,地势平缓,流域边界不清晰,内流河的流域边界划定存在一定难度。如黄河流域的鄂尔多斯内流区,属于地台盖沙丘陵区。本次普查首先依据等高线数据(DEM)进行内业提取,从控制点、等高线的变化及趋势、湖泊水质属性以及历史洪痕,参考以往成果等因素进行综合判定。

1.6.11 平原水网区河流确定原则

平原水网区河流由于集水区域边界无法清晰准确划分,河流流域很难界定。例如,宁夏灌区、内蒙古河套灌区,渠道纵横,流域边界不易辨分。对于这种平原水网,可以按以下原则选定河流:在分水线能清晰准确划分的较大区域边界内,根据重要性选定常年自然汇流的骨干河流,再由骨干河流逐级向周边延伸选定河流,直至河流所在区域的面积小于 50 km^2;但该区域边界内的河流总数不得超过区域边界总面积与 50 km^2 的比值,并适当考虑区域内河流分布的均匀性。

1.6.12 湖泊类型

湖泊是湖盆和湖水的总称,可按湖盆成因、湖水进出情况、湖水与外流域沟通情况、湖水矿化度等进行分类。

本次普查湖泊分类主要指常年有水的自然湖泊和特殊湖泊。特殊湖泊指虽然湖泊已干涸或水面面积达不到普查标准但知名度很高的湖泊,如罗布泊、西湖、宝湖等。

按湖水矿化度分类,有矿化度小于 1.0 g/L 的淡水湖、矿化度为 1.0~35 g/L 的咸水湖和矿化度大于 35 g/L 的盐湖。

1.6.13　岸别

岸别指本级河流位于上一级河流的左岸或右岸。确定方法是:面向上级河流的下游方向,左手边的就是左岸,河流标志代码为 1;右手边的就是右岸,标志代码为 2。

1.6.14　河湖跨界类型

河湖跨界分跨国并跨省、跨国、跨省、跨县和县界内 5 类,代码分别标志为 1、2、3、4、5。河流、湖泊跨界类型分别根据其流域面积或水面是否跨界进行判断。

1.6.15　湖泊面积

取近几年(2003~2009 年)年最高水位时的湖泊水面面积的平均值,单位为 km²。

1.6.16　流域多年平均降水深

降水深指某一时段内,从天空降落到流域地面上的水(含固态融化水),未经蒸发渗透流失而在流域水平面上积聚的深度。年降水深指一年内降水量的累计深度。

多年平均降水深可采用水资源调查评价系列 1956~2000 年多年平均降水深等值线图量算,单位为 mm。

1.6.17　流域多年平均径流深

径流深指某一时段内通过流域出口断面的径流量除以该流域面积所得的值。一年内从流域出口断面流出的径流量除以流域面积得年径流深。径流量是指经过还原后的天然径流量。

多年平均径流深可采用水资源调查评价系列 1956~2000 年多年平均径流深等值线图量算,单位为 mm。

1.6.18　水文(位)站地理坐标

统一采用 GPS 置于水文(位)站基本断面中常水岸边较高水尺(或自记水位计附近)处观测,按度、分、秒记至 0.1″。观测的坐标数据要标到 1:5 万地形图上进行合理性检查。

第2章 黄河流域河湖普查主要成果

2.1 首次清查和编制标准以上的河湖名录与编码

河湖普查采用先进的"3S"技术,通过内业分析和外业查勘相结合、自上而下和自下而上相结合的工作方式,有史以来首次系统地、准确地清查了黄河流域标准以上的河流和湖泊,在统一调整河湖名称、理清各水系的分界线和干支流关系的基础上,编制了黄河流域的河湖名录和编码,使之成为流域级和国家级基础信息的重要组成部分。

下面示范性地列出电子版编排的部分河湖名录、编码表格,并作有关问题的说明。

2.1.1 黄河流域河流、湖泊名录

黄河流域河流普查名录示意表见表 2.1-1,黄河流域湖泊普查名录示意表见表 2.1-2。

名录表中的数据统一采用 1:5 万国家基础地理信息数据库中的 DEM、DOM 数据,中巴资源卫星影像数据,2.5 m 分辨率 DOM 数据,覆盖全国及跨境地区分辨率为 30 m 的 DEM 数据以及不同分辨率多时相的其他卫星影像等多源信息数据,经综合分析而得出,通过计算机自动提取流域边界和数字水系,并计算流域水系的河长、面积和湖泊的水面面积等。当采用先进的技术手段所获得的数据成果和目前应用的数据有较大差别时,则发挥流域和省(区)掌握综合资料多、熟悉河湖情况的优势,采用传统的内业对比分析、调研和必要的外业现场查勘等手段进行复核,重点核对调整河源河口位置(坐标)、水系结构、河湖名称、河长和流域面积等。通过内外结合、上下结合的方式提高数据成果的真实性和准确度。

2.1.2 河湖名称的确定和调整

按照统一的要求,将黄河流域标准以上的河流和湖泊的名称进行了部分的调整和补充。黄河流域新调整名称的河流有 100 多条,湖泊名称基本没有变动,对于原来没有河名的小河流给予新的命名。本次调整河名有以下 5 种情况,现举例说明。

2.1.2.1 同一条河流取统一的河名

原同一条河流在不同的河段有不同的称呼,本次对每一条河流从河源到河口一律取同一名称,而原河名有保留意义的或为了新旧河名对照,可注明"原×××河"。如黄河在上游玛沁或玛曲县以上至河源一千多千米长的河段,在有的地形图上称"黄河",有的称"玛曲",在星宿海以上一百多千米长河段当地藏民称约古宗列曲。本次将黄河干流从河源到河口一律称"黄河",但为了照顾当地藏民的传统习惯,同时用括号注明"原玛曲"

表2.1-1 黄河流域河流普查名录示意表

1. 河流编码	2. 河流名称	2A. 河名备注	3. 河流级别	4. 上一级河流代码	4A. 上一级河流名称	5. 河流长度 (km)	6. 流域面积 (km²)	6A. 分省面积 (km²)	7. 流经	备注
D1A00000000R	多曲		1	D0000000000S	黄河	163	5 706	青海(5 706.0)	青海称多县、玛多县	
DAG00000000L	广通河		2	DA000000000R	洮河	89	1 570	甘肃(1 569.7)	甘肃临夏县(太子山)、和政县、广河县	
DEBA1D00000L	黑河		4	DEBA00000000L	蒲河	71	926	甘肃(926.3)	甘肃环县、镇原县、庆城县、庆阳西峰区	
DEBB00000000L	马莲河	环江(西川汇合断面至环县曲子镇)	3	DEB000000000L	泾河	375	19 084	甘肃(16 878.9)、陕西(1 424.9)、宁夏(780.4)	宁夏盐池县、陕西定边县、甘肃环县、庆城县、合水县、宁县	
DEBBDC00000L	柔远河		5	DEBBD00000L	柔远川	50	592	甘肃(592.0)、陕西(0.3)	甘肃华池县	
DEBBDCA0000R	西沟		6	DEBBDC00000R	柔远河	20	60.2	甘肃(60.2)	甘肃华池县	

表2.1-2 黄河流域湖泊普查名录示意表

1. 水系	2. 湖泊名称	3. 湖泊编码	4. 水面面积 (km²)	5. 所属省级行政区	6. 所属县级行政区	7. 备注
黄河干流洮河河口以上水系	阿木错	D1002	2.64	青海	玛多县	
黄河干流洮河河口以上水系	扎陵湖	D1041	528	青海	曲麻莱县、玛多县	
黄河干流湟水河口至无定河河口区间水系	红碱淖	D3039	33.2	陕西、内蒙古	陕西神木县、内蒙古伊金霍洛旗	2012年4月，陕西省实测水面面积:33.2 km²
黄河干流湟水河口至无定河河口区间水系	沙湖	D3064	31.5	宁夏	平罗县	

和"原约古宗列曲"。又如泾河的支流马莲河,原来从河口到庆阳段称马莲河,从庆阳至洪德称环江,环江以上又分成东西两支,西面一支称西川,东面一支称东川。本次将东川定为马莲河的河源,从河源至泾河河口河段统称为马莲河,同时用括号注明原河名。

2.1.2.2 过去河流的俗名,一律改成正式名

过去常将当地的河流俗名作为正式河名标在地图上,有的也用于书籍或技术报告之中,本次则统一改用正式名。如长期以来很多人将渭河及其支流泾河和北洛河习惯性地称为泾洛渭河,此次普查统一称之为渭河或渭河流域(水系),泾河和北洛河是渭河的支流。又如过去将洛河及其支流伊河俗称伊洛河,现统一称洛河或洛河流域(水系),伊河是洛河的支流。再如过去把黄河中游的河口镇—禹门口干流河段俗称北干流,今后在正式文件和技术报告中应称黄河干流河口镇至禹门口河段。以上河流可分别注明"俗称泾洛渭河"、"俗称伊洛河"和"俗称黄河北干流"。

2.1.2.3 因河源位置改变引起河名的改变

河湖普查中纠正了部分河流发源地位置,同时也改变了干支流关系以及河流的名称。如黄河上游的支流多曲(见图2.1-1),在白旗镇附近分成东西两支,西面一支原来称多曲,是干流名,河源在其上游的多吾年扎,东面的一支称白玛曲,是原多曲的支流。河湖普查时发现,东支白玛曲流域面积大于西支,而两者河长接近,故确定白玛曲为多曲的干流,改称多曲,同时注明"原白玛曲",多曲的河源改为原白玛曲上游末端勒那冬则主峰的南麓,西面的河流成为多曲的一级支流,改名为洛曲。

图2.1-1 多曲河源、河名变化示意图

2.1.2.4 调整不规范的水系河名

有些河流的上下段、干支流之间的河名比较混乱,河湖普查时重新进行了调整。如马莲河的支流柔远川,原来是下游段(悦乐镇以下)称柔远河或东川,上游段称元城川;柔远川的东面有一条支流,原河名是柔远川,河湖普查将原元城川和下段的原柔远河(或东川)统一改名为柔远川,原支流柔远川改为柔远河(见图2.1-2)。

2.1.2.5 按地方习惯进行更名

本次对部分河流名称按地方习惯进行了更名,如无定河支流淮宁河,原名槐理河;清

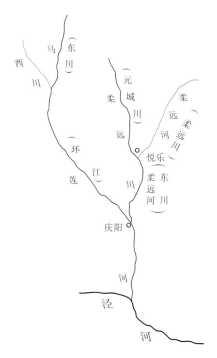

图 2.1-2　马莲河、柔远川水系变化示意图

水河的支流冬至河,原名东至河;内蒙古大黑河的支流小黑河,原名哈拉沁沟;内蒙古红河支流密令沟,原名密林沟;陕西无定河支流马湖峪沟,原名马湖峪河;陕西的延河,原名延水;河南的文岩渠,原名天然文岩渠等。河湖普查调整的部分河名,参见第 4 章表 4.7-1。

2.1.3　河流、湖泊编码

河流是由流域水流自然形成的,河流与河流之间(指干流与支流)、河流与流域之间存在一一对应和包含与被包含的关系,因此采用一定的编码来组织和描述河流之间与流域之间的关系,既方便流域数据的审核与汇总,也为开发河湖信息管理系统提供基础,更为今后利用河湖数据提供方便。

河湖编码在水利信息管理标准体系中具有基础性地位。编码由计算机软件统一处理、自动编制。编码对象为标准以上的河流和湖泊。

2.1.3.1　河流编码规则[5]

河流编码采用字母和数字混合编码,共 12 位,分别表示河流所在的流域、水系、编码和类别。编码定义和格式为:BTFFFFFFFFFY。

B:1 位字母,表示一级流域,黄河流域属于一级流域,用字母 D 表示。

T:1 位数字或字母,数字表示干流河段,字母表示二级流域(水系)。黄河干流被 7 条二级水系的河口分割成 8 段,干流河段用数字表示,如 1—洮河河口以上、2—洮河河口至湟水河口区间、3—湟水河口至无定河河口区间、4—无定河河口至汾河河口区间、5—汾河河口至渭河河口区间、6—渭河河口至洛河河口区间、7—洛河河口至大汶河河口区间、8—大汶河河口以下。二级水系用字母表示,如 A—洮河、B—湟水、C—无定河、D—汾河、E—

渭河、F—洛河、G—大汶河。黄河流域水系代码见表2.1-3。

表2.1-3　黄河流域水系代码表

一级流域(区域)	二级流域(水系)	编码	备注
黄河流域 D	黄河干流水系	DN	1:洮河河口以上 2:洮河河口至湟水河口 3:湟水河口至无定河河口 4:无定河河口至汾河河口 5:汾河河口至渭河河口 6:渭河河口至洛河河口 7:洛河河口至大汶河河口 8:大汶河河口以下
	洮河水系	DA	
	湟水水系	DB	
	无定河水系	DC	
	汾河水系	DD	
	渭河水系	DE	
	洛河水系	DF	
	大汶河水系	DG	

FFFFFFFFF:9位数字或字母,表示黄河流域自上而下干流8段区间和二级水系中河流的编码。

Y:1位数字或字母,表示河流的类型。S—独流入海,L—左岸支流,R—右岸支流,D—消失于沙漠的河流,P—平原区河流,H—流入湖泊(含内陆湖泊)河流,C—流出国界河流,Y—运河,F—分洪道。

河流编码用干支流分级逐类递推统计法进行河流统计和编码。

首先在干流中选择N(N不多于8)条较大的支流,干流被N条支流分成$N+1$段,各河段按从上游至下游的顺序用1位数字进行编码,分别为1、2、3、…、$N+1$;N条支流按从上游至下游用1位字母编码,分别为A、B、C、…,如图2.1-3所示。

图中5个干流河段的编码从上游至下游分别为1、2、3、4、5,4条支流的编码从上游至下游分别为A、B、C、D,如支流B与C之间的干流河段编码为3。若干流的编码为DG000000000R(DG代表黄河流域大汶河水系,R代表右岸),则支流A(瀛汶河)的编码为DGA00000000R,支流B(柴汶河)的编码为DGB00000000L,以此类推其他支流的编码。

再将干流的$N+1$个河段、N条较大支流作为干流,采用上述方法对其支流进行编码。如支流A的第1条支流编码为DGAA0000000L,干流河段2的第1条支流编码为DG2A0000000L。

如此重复进行编码,直到所有河流编码完毕。

2.1.3.2　湖泊编码规则

采用最小河流编码加顺序号方式对湖泊进行编码。编码定义:BTFFFFFFFFFYNNN。

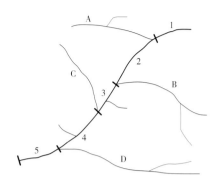

图 2.1-3　干支流编号示意图

前 12 位同河流编码,NNN 为最小河流编码流域内所有湖泊的顺序编码。

2.2　最新的黄河河长和流域集水面积

在清查黄河与长江、淮河、海河、西北内陆河流域分界线及重新评价沙珠玉河流域与鄂尔多斯内流区归属和重新界定黄河河口区面积的基础上,新量算黄河流域集水面积为 813 122 km²(世界排名第 22 位,全国排名第 3 位),黄河干流河长 5 687 km(世界排名第 5 位,全国排名第 2 位)。和 1973 年水电部审批并应用至今的黄河流域集水面积和河长比较,面积增加了 60 679 km²,河长增加了 223 km。下面简单介绍黄河主要地理特征的沿革和黄河流域自然地理及水文特征概况。

2.2.1　黄河河长和流域面积数值取用沿革

黄河的孕育、诞生、发展受制于地史时期的地质构造运动和河流的侵蚀与演变。据地质考证,在晚更新世以前,黄河流域曾经散布着互不连通的独立湖盆水系,经历了百万年的地壳运动和河流侵蚀演变,使西部隆起,东部下沉,湖泊之间加速溯源侵蚀,最终在全新世初期,形成了现代全线贯通、汇流入海的黄河水系。

黄河流域幅员辽阔,资源丰富,地位重要,早在 100 万年前,"蓝田人"就在黄河流域栖息生活,中华民族的始祖轩辕黄帝和神农炎帝在此起源,诞生在黄河流域的多氏族部落经过不断进化繁衍,融合形成多民族的中华民族,古文化遗址遍布大河上下。从公元前 21 世纪的夏代到北宋(公元 1107 年)之间的 3 000 多年,历代王朝都在黄河流域建都,成为我国政治、经济、文化、宗教的中心,黄河被誉为中华民族的摇篮。

自古以来,我们的祖先长期不懈地对黄河进行探索巡视,对黄河的源头和黄河的路径深感神秘莫测,对黄河下游的迁徙更感恐惧。最早记载黄河的地理著作是春秋时期的《尚书·禹贡》。《禹贡》篇论述的是战国以前古黄河的路径:"导河积石(今甘肃省)至于龙门,南至于华阴,东至于砥柱(三门峡),又东至于孟津,东过洛汭(洛河入河处),至于大伾(浚县大伾山),北过降水(今漳河),至于大陆(河北省大陆泽),又北播九河(分离成九条古河),同为逆河(海水逆潮),入于海",后人把《禹贡》中描述的黄河称为禹河[6]。

《水经注》是北魏郦道元编著的我国第一部记述河道水系的专著,其中有描述黄河及

几条大支流的走向、流经、变迁以及沿途的山川、城邑、地志沿革、风土人情等的内容。

人类有记载的黄河较大变迁的河段主要发生在上游的内蒙古河段和下游的河南、山东河段。据历史文献记载，西汉时期，黄河内蒙古河段在卜隆淖西北处分为南北两支，南支是支流称"南河"，向东流，北支是主流，称"北河"，就是当时的黄河。主流继续向北并在西岸洼地积水成屠申泽，面积约 700 km²，成为黄河天然调节水库，以后又转向东流，沿狼山、包尔腾山南麓东流，到乌拉山西头拐向南流，在西山嘴与"南河"相汇。上述南、北二河，在近二三百年内，由于沙漠东侵和狼山洪积物向南扩展，"北河"河床逐渐萎缩，终于在 1850 年被淤塞断流，从此主流被迫南迁。清同治以后"北河"改称乌拉尔河，"南河"即构成现在的黄河，屠申泽亦变成一小湖，改称太阳庙海子，至今干涸成一农场[7]。

研究黄河下游变迁史，都以"禹河"故道作为原始河道。变迁的范围大致北到海河，南达江淮。据历史记载，从东周春秋时期至今 2 500 多年间，黄河下游在黄、淮、海大平原左右摆动，迁移不定，据统计，决口泛滥共有 1 500 余次，大的决堤改道有 26 次之多，故黄河有"三年两决口、百年一改道"之说。据历史文献考证，从春秋战国到民国年间，黄河下游入海路线，大体上可归并为北、中、南三个方位持续和交替出现。如果用某一行河方位的历时与总历时之比作为"行河频率"，用来衡量各方位行河概率的大小，则黄河中路因其流程短、比降大，行河频率可高达 45%，其余南、北两个方位的行河频率均小于中路，分别为 29% 和 26%，这表明游荡不定的黄河下游河道，在历史长河中，遵循着左右对称行河的统计法则。不仅如此，在那漫长的岁月里，北部的漳河、海河，南部的沂沭河、淮河，都曾经是黄河的支流，可以想见，黄河的流域边界和流域面积，应当是起伏度极大的随机变量。在 26 次决堤改道中，灾情特别严重，影响特别深远，行河方位有显著变化的重大改道有 6 次，其中 4 次系洪水决堤造成，有 2 次出于军事目的。黄河历代河道变迁略图见图 2.2-1，黄河下游 6 次决溢改道简表见表 2.2-1[7]。

表 2.2-1　黄河下游 6 次决溢改道简表

序号	时间	地点	流经地区
1	周定王五年（公元前 602 年）	宿胥口（淇、卫河合流处）	东行经滑县、濮阳西、河北大名、山东清平、河北交河至沧县东北入渤海，历史称"西汉故道"
2	王莽始建国三年（公元 11 年）	魏郡（南乐）	流经河南南乐，山东朝城、阳谷、聊城、临邑、惠民至利津入海，历史称"东汉故道"
3	宋仁宗庆历八年（1048 年）	澶州商胡埽、魏郡第六埽	向北改道，流经大名、滑县，进卫河入渤海。12 年后在原河道决口，向东北至无棣东入海，因是分出的支河，历史称"南北二股河"
4	南宋高宗建炎二年（1128 年）	浚县、滑县地带	经延津、长垣、东明一带入梁山泊，然后由泗入淮，历史称"明清故道"
5	清文宗咸丰五年（1855 年）	兰阳（兰考）铜瓦厢	分三段：一股由曹县赵王河东注（后淤）；另两股由东明南北分注，至张秋穿运河后复合为一股，夺大清河入海，称"现行河道"
6	民国二十七年（1938 年）	郑州花园口	经中牟、尉氏、扶沟、西华、周口、淮阳、商水、项城、沈丘至安徽进入淮河

图 2.2-1　黄河历代河道变迁略图

　　现存较早的专为黄河编绘的地图,有元代都实编绘的《河源图》,明代万历年间刘天和编绘的《黄河图说》。但是翻阅历史文献,很难发现有较详细的黄河流域边界的水系图,更难找到有黄河流域面积和河长的定量特征值数据。据查近代资料,清光绪十五年(1889 年)第一次用近代技术实测 1:3.6 万比例的《豫、冀、鲁三省黄河图》;清光绪二十一年(1895 年)测绘山东黄河河道图(主要是河道形势和两岸工程);清光绪二十九年(1903年)绘制《历代黄河变迁图考》;民国三年(1914 年),北洋政府在黄河流域的鲁、豫、冀、晋、陕各省施测 1:10 万和 1:5 万比例的地形图,因无统一高程系统和规范要求,质量很差;民国二十二年至二十六年(1933~1937 年),先后测绘出版 1:5 万比例《黄河地形图图志》48 幅,主要是下游沿河地形和工程;民国二十五年(1936 年)测绘 1:10 万比例的黄河下游三省黄河河道图(包括南北金堤、临黄堤、沿河村镇、工程等);民国三十一年(1942年)测绘黄河下游 1:5 万的黄河地形图 48 幅;民国三十五年(1946 年)完成三门峡至花园口区域以及下游黄泛区航空摄影,并制成 1:2.5 万地形图,等等[8]。在这期间,日本为了进一步侵占和掠夺中国,曾多次在中国进行包括黄河流域在内的航空地形图测绘。

　　新中国成立初期,黄委为了治黄的需要,曾采用民国时期不同比例的旧地形图,量算出黄河流域面积为 737 699 km²,河长为 4 845 km(另有一说是民国时期量算的),当时把罗家屋子作为黄河的入海口,没有把鄂尔多斯内流区和下游的天然文岩渠、金堤河包括在黄河流域面积内,同时量算了部分较大支流的面积和河长,1951~1970 年的黄河流域水文年鉴就采用这些地理特征数据。1954 年为了编制《黄河综合利用规划技术经济报告》，根据当时各种比例的地形图又量算黄河流域面积为 745 000 km², 1955 年邓子恢副总理在第一届全国人民代表大会二次会议上作《关于根治黄河水害和开发黄河水利的综合规划的报告》时，曾引用了这个数据，并指明"黄河发源于青海的约古宗列曲，流经青海、甘肃、宁夏、内蒙古、陕西、山西、河南、山东等省（区），在山东利津以东入海，全长 4 845 km。黄河流域的面积按自然地理的观点计算，即以地面的水是否流入黄河来划分流域的界限"。

1972 年开始，黄委协同沿黄各省（区）水文部门，采用当时国家出版的地形图，用统一的技术和方法，对黄河流域的面积进行了一次较全面的量算工作。量算的方法是用手工在地形图上勾绘流域分水线和河道线，用求积仪和分规器在图上直接量算面积和河长。量算的对象是黄河流域有水文站的河流和没有水文站但面积大于 1 000 km² 的河流，其成果经水电部审批后，1977 年黄委刊印成《黄河流域特征值资料（1977 年）》（简称《77本》）并正式公布使用。《77 本》成果中黄河流域集水面积为 752 443 km²，黄河干流长5 464 km（已将天然文岩渠和金堤河包含在黄河流域面积内），并指出"黄河发源于约古宗列曲，流经青海、四川、甘肃、宁夏、内蒙古、山西、陕西、河南和山东九省（区）（此前提流经八省（区）），于山东利津县经刁口河流路入渤海"。从此"万里黄河"有了科学依据，详见 4.1.1 节。

1989 年黄委编制出版《黄河流域地图集》。地图集分序图、历史、社会经济、自然条件及资源、治理与开发和干支流水系 6 个图组，共 92 幅，其中干支流水系图有 31 幅，图幅比例有 1∶80 万和 1∶140 万。流域水系图中的流域特征数据全部采用《77 本》的成果。水系图中标出了面积大于 100 km² 的河流线和 30 多条较大河流的流域分界线[9]。

2004～2008 年，黄委水文局在《77 本》的基础上，开展了"黄河流域特征值资料复核与补充"项目。地形图采用国家最新出版的航测地形图，流域分水线和河道线仍用手工直接在地形图上勾绘，面积和河长采用 MAPGIS 软件量算，最后提交《黄河流域特征值（2008 年）》成果（简称《08 本》）。《08 本》成果中，黄河流域的面积为 807 995 km²，干流河长为 5 568 km，成果中除因量算技术和河流变化等原因改变了干流及部分支流的面积与河长数据外，还将鄂尔多斯内流区和沙珠玉河流域以及河口区准三角洲面积划进了黄河流域。《08 本》成果于 2008 年 9 月通过黄委验收，由于即将开展第一次全国水利普查工作，《08 本》成果没有正式向外公布，详见 4.1.2 节。

2010 年在国务院组织和领导下，在全国范围内开展第一次水利普查工作，这是一次国情和国力的调查，对国民经济社会可持续发展具有重要的战略意义，其中河湖普查是水利普查的重要内容之一。河湖普查采用最新的遥感技术（RS）、地理信息系统（GIS）和全球定位系统（GPS）紧密结合起来的"3S"一体化技术，并采取多源数据综合分析途径获取地理特征信息，通过内业资料分析与外业调查比对相互多次交汇的方法开展工作。经过3 年多的努力工作，黄委河湖普查工作顺利完成，并提交了《黄河流域（片）河湖基本情况普查报告》，河湖普查最新成果中，黄河流域集水面积为 813 122 km²（含鄂尔多斯内流区面积 46 505 km²），黄河干流河长 5 687 km。这是黄河流域通过河湖普查提供的迄今最新、最准确、最权威的黄河河长和集水面积的特征数据。

2.2.2 黄河流域地理水文特征简介

黄河流域位于东经95°53′至119°15′,北纬32°08′至41°48′,是我国第二大河。黄河发源于青海省曲麻莱县麻多乡约古宗列曲,流经青海、四川、甘肃、宁夏、内蒙古、山西、陕西、河南和山东九省(区),于山东省垦利县清水河清8汊注入渤海。黄河流域集水面积813 122 km²(含鄂尔多斯内流区46 505 km²),黄河干流长5 687 km,平均比降0.596‰。黄河河源区位于约古宗列曲上游的玛曲曲果,当地藏民称"孔雀河源泉",河源区的面积约800 km²。前国家主席题字的"黄河源"碑坐落在河源区中部的玛曲曲果。黄河的源头取河源区南边较大的支沟(约古宗列曲南支)溯源与数字高程模型(DEM)和数字线划水系(DLG)同化生成的综合数字水系末端最小集水面积(定义为0.2 km²)下边界相交的点,其地理坐标为东经95°55′02″、北纬35°00′25″,高程为4 724 m(黄海),此点也是量算黄河长度的起始点。黄河的河口位于现行入海流路清水河清8汊,取清8汊中泓线外延与低潮海岸线相交点,其地理坐标为东经119°15′20″、北纬37°47′04″,高程为0.24 m(黄海),此交点也是量算黄河长度的终端点。

黄河流域地势是西北高、东南低,由西向东分青海高原、黄土高原及内蒙古高原和华北平原三个阶梯逐级下降。

第一阶梯青海高原,平均海拔4 000 m以上,区内山脉大都是东西走向,北面的祁连山横亘北缘,形成青海高原和内蒙古高原的分界;南面的巴颜喀拉山和秦岭山脉构成与长江上游的分水岭;东部边缘是北起的祁连山由东端向南直抵岷山;中部的阿尼玛卿山主峰玛卿岗山,海拔6 282 m,是黄河流域的最高点。

第二阶梯是黄土高原,以太行山为东界,平均海拔1 000~2 000 m,区内白于山以北是内蒙古高原的一部分,包括河套平原和鄂尔多斯地台,河套平原从宁夏中卫沿黄河两岸一直到内蒙古的托克托,全长约780 km,宽约50 km,是宁蒙的主要农灌区。鄂尔多斯地台西、北、东三面为黄河环绕,南面至古长城,面积约12万km²,是一片干燥荒漠沙丘区,地台内有面积约4.65万km²的内流区,区内地表和浅层地下水向低洼地汇流,形成众多的独立的内流湖,中层和深层地下水分别向东、北、西三个方向流入黄河干支流;白于山以南是黄土高原和渭汾盆地,黄土梁、峁、沟是黄土高原的地貌主体,沟壑纵横、坡陡沟深,在暴雨径流的侵蚀下,成为黄河泥沙的主要来源区;黄土高原内分布有号称"八百里秦川"的陕西关中盆地和素有"米粮川"之称的晋中太原盆地,盆地海拔500~1 000 m。

第三阶梯自太行山、邙山东麓直到海滨,由黄河下游冲积扇和鲁中丘陵组成。冲积扇包括豫东北、鲁西北、冀南、皖北、苏北地区,面积约25万km²,冲积扇顶部位于沁河口,海拔100 m左右。冲积扇地势以黄河大堤为分水岭,地面向两边和海洋微斜,黄河河床高出两岸地面3~5 m,有的高达10 m,是世界闻名的"地上河"。大堤以北是黄海平原,属海河流域;大堤以南为黄淮平原,属淮河流域;鲁中山地由泰山、鲁山和徂徕山组成,海拔400~1 000 m,主峰泰山海拔1 520 m,又称"岱宗",为五岳之长。黄河河口三角洲为近代黄河泥沙淤积而成,海拔在10 m以下,三角洲以宁海为顶点,北起徒骇河口、南至支脉沟口的扇形地带,面积约5 500 km²。

根据不同的河道形态、地质特性和水沙情况等自然条件的差异,黄河可分为上、中、下游。自河源至内蒙古的河口镇为黄河上游,河道长 3 627 km,平均比降为0.84‰,流域面积 395 907 km²,占全流域总面积的48.7%,面积大于 1 000 km² 的入黄支流有56 条,主要河流有白河、黑河、洮河、湟水、祖厉河、清水河、乌加河、大黑河等。根据河床和水沙特点,上游以兰州为界又可以分为两段,兰州以上干流以峡谷河道为主,流域面积 232 592 km²,占全黄河流域面积的28.6%,兰州站天然径流量 333 亿 m³,占全黄河径流量的58.6%,年输沙量 0.71 亿 t,占全河输沙量的5.6%,说明兰州以上是黄河主要清水来源区,被誉为黄河的"水塔"。兰州以上水力资源丰富,干流已建有水利工程 9 个。兰州至河口镇以平原冲积河床为主,流域面积为 163 315 km²,天然径流量仅为 2.8 亿 m³,是历史悠久的宁蒙农灌区,也是黄河流域的主要耗水区,年均引耗水量占全河用水量的35%。

河口镇至河南的桃花峪为黄河的中游,河道长 1 259 km,平均比降为0.74‰,区间面积为 343 821 km²,占全流域面积的42.3%,面积大于 1 000 km² 的入黄支流有29 条,主要河流有窟野河、无定河、汾河、渭河、洛河、沁河等。黄河中游的天然径流量为 228 亿 m³,占全河的40.1%,而输沙量为 11.56 亿 t,占全河输沙量的91.3%。黄河中游河口镇至龙门区间和渭河是黄河的主要洪水和泥沙来源区,三门峡至花园口区间是黄河主要洪水来源区。

桃花峪至黄河口为黄河的下游,河道长 801 km,平均比降0.12‰,区间面积 26 889 km²,占全河面积的3.3%,汇入的面积大于 1 000 km² 的支流有文岩渠、金堤河、大汶河 3 条,区间的天然径流量为 19.8 亿 m³,占全河的3.4%。下游两岸共建有 1 400 km 的临黄大堤,护卫着豫、鲁、冀、苏、皖五省12 万 km² 范围内的人口、城市、工农业、交通等的防汛安全。

另有鄂尔多斯内流区,因这个区域地下径流和黄河有水力联系,而地表径流不流入黄河,自成闭合河湖(淖),故称鄂尔多斯内流区。鄂尔多斯内流区面积为46 505 km²,占全河面积的5.7%;天然径流总量为 11.36 亿 m³,占全河总量的1.6%。其中地表天然径流量为 2.62 亿 m³,占全河的0.46%;河流主要有摩林河、陶来沟、黑炭淖尔沟、察哈尔沟等。

黄河水系发育,受北部阴山、天山和南部昆仑、秦岭两大纬向构造和中部祁连山、吕梁山、贺兰山"山"字形构造的控制,黄河形成一个"几"字形的大弯,尤如一条飞舞的巨龙穿行在中华大地。黄河在流域内部的众多山体间萦绕,形成弯曲多变的"九曲黄河",其曲折系数(河源至河口河道长与直线距离之比)为2.64。黄河主要有 6 个大弯,分别是:

(1)唐克湾:位于青海、四川、甘肃交界处,黄河绕过阿尼玛卿山成 180°大弯,弯顶在四川若尔盖县的唐克镇,故称唐克湾,是黄河第一湾。

(2)唐乃亥湾:位于青海东部,黄河沿阿尼玛卿山流向西北,受鄂拉山阻挡折向东北构成第二个 180°弯,弯顶在兴海县的唐乃亥,故称唐乃亥湾。

(3)兰州湾:从贵德到兰州之间有几个小弯相连,但总流向是自西向东,因受祁连山东部的乌鞘岭和屈吴山的影响,转了个 90°弯向东北向流去,转折点在兰州附近,称兰州湾。

(4)河套湾:受贺兰山、阴山、吕梁山和鄂尔多斯地台的制约,黄河先向北,经宁夏河谷盆地再转向东,穿过内蒙古河套,在大黑河入黄处又转向南,直下晋陕峡谷,形成"几"字形 180°大套弯,弯的内侧包围了鄂尔多斯内流区。

（5）潼关湾：黄河出禹门口，继续南下，进入汾渭盆地联结地至潼关，因受南面的秦岭、华山的阻挡，黄河又急转东流成90°弯后，在中条山和崤山之间穿行而过，直至河南的兰考。因此段弯顶在潼关，故称潼关湾。

（6）兰考湾：兰考东坝头是 1855 年铜瓦厢决堤改道的地点，决堤改道后黄河由原来的东南向流入黄海，改成东北向流入渤海，形成45°的转弯。

黄河干流流经峡谷有 35 处，累计峡谷河长约 1 700 km，占干流全长的 30%。峡谷主要分布在上游，共有 27 处，中游有 8 处。有的峡谷与川地相间形成串珠式长峡，有的峡谷与峡谷相连，长峡套短峡各具风格。

综观黄河的形成和发育过程，大体可以分成山区峡谷的水流侵蚀和盆地平原的泥沙淤积两大部分。河源至黑山峡和河口镇至小浪底，这两个河段是峡谷侵蚀区；黑山峡至河口镇和小浪底至黄河口，这两个河段是平原淤积区。

根据河流的地貌特征、水系结构和水流特点，黄河流域河流类型可以分为山地河流、山地平原散流两大类，黄河流域约有 94% 的河流为山地河流，而山地平原散流河流主要分布在皋兰至靖远一带的高台地和鄂尔多斯内流区。散流的特点是流程短，多为时令河，有的汇集于湖泊（淖），有的消失于沙漠中，有的河流出山口后就人工引入渠道至田间。经普查，黄河流域的散流河流大部分属于地表内流河，主要特征是地表水不流入黄河，但地下水和黄河有水力联系。例如，鄂尔多斯内流区的河流、沙珠玉河和贺兰山区的部分山地平原散流，多属于地表内流河（或散流河）。

经统计，黄河流域山地河流共有 3 909 条，山地平原散流河流有 248 条（其中鄂尔多斯内流区有 104 条）。直接入黄河流中，面积大于 1 000 km² 的一级支流有 88 条，面积共 604 578 km²，占全流域面积的 74.3%，是黄河流域面积和水沙来源区的主体。

2.3 界定新的黄河河源与河口

通过对黄河河源的历史考证、调研及学习各家的成果和观点，在分析黄河河源区水文、地质、地貌特征和当地的历史渊源、人文传承的基础上，进一步确认黄河发源于约古宗列曲，黄河河源区位于约古宗列曲上游的玛曲曲果（约800 km² 范围）；确定黄河的源头位于约古宗列曲向上溯源与 DEM 和 DLG 同化生成的综合数字水系末端最小集水面积（定义为 0.2 km²）下边界的交点，其地理坐标为东经95°55′02″、北纬35°00′25″，黄海高程为 4 724 m。

根据黄河河口的演变规律和对河口相对稳定性的认识，确定黄河河口位于清水沟清 8 汊现行流路，取 2005～2010 年黄河河口大断面统测资料，清 8 汊主槽外延与低潮海岸线相交处，其交点坐标为东经119°15′20″、北纬 37°47′04″，高程为 0.24 m（黄海）。

下面介绍有关对黄河河源与河口的认识。

2.3.1 黄河河源有了权威性的界定结论

黄河河源是反映中华"母亲河"的重要地理自然特征，它表征了黄河的最远之处、最高之点，是黄河的发源之地，我们平时所说的"源远流长"就是这个意思。黄河河源历来为世人所向往和关注,从古至今历经多次的探寻和考察。据历史记载,两千多年前的名著《尚书·禹贡》,有"导河积石"之说。唐代贞观年间(635～641年),有登高"观览河源"、卒部"迎亲于河源"之说,当时所到之处,是指星宿海。元代都实奉命探查黄河源(1280年),是历史上第一次对黄河源的专程查勘,并编写《黄河志》,文中提到星宿海、阿剌脑儿(扎、鄂两湖)。明代洪武帝十五年(1382年)有《望河源》之诗,描述了"河源出自抹必力赤巴山(今巴颜喀拉山),番人呼黄河为抹楚(玛曲)"。清康熙曾两次派人到青海探寻河源和测量绘图,指出"源出三支河"。清乾隆四十七年(1782年)又派人往青海"穷河源、祭河神",从此揭开了黄河源的争议。以上说明,随着社会的发展、技术的进步,人们对河源的了解与认识在不断地深化和变化。

新中国成立后,虽然曾组织过多次对黄河源的考察,其中包括黄委最先于1952年组织的历时四个月的南水北调和黄河源的考察,并确认黄河发源于约古宗列曲。但是长期以来,学术界对黄河的发源地一直持有不同的看法,尤其在20世纪的80年代曾出现过百家争鸣、各持己见的局面。

近代黄河河源争议的焦点是,黄河发源于约古宗列曲还是发源于卡日曲,而争议的实质就是如何确定这两条河中哪一条属于黄河干流,如果干流确定了,则河源问题也就迎刃而解。这次河湖普查中明确指出,一个流域中只有一条干流,河源必须是沿干流向上溯源寻找。在《关于量算黄河流域特征值的技术规定》中是这样描述的:"一条河往往在靠近河源区分为多条支流,首先要在多条支流中选择一条作为干流",规定中指出:对于有两条以上支流的河流,可按下述原则确定其中一条为干流:①以最长的一条为干流;②以集水面积最大的一条为干流;③各支流的长度和面积均大体接近时,则以水量明显大的一条作为干流;④各支流长度、面积、水量相近时,取河道宽广、河谷平缓顺直、上下段自然延伸的一条为干流(符合河网结构的协同性法则);⑤要充分尊重历史上较合理的具有人文传统意义的称呼。

全国河湖普查实施方案中规定:河源一般按"唯长唯远"的原则确定,有异议时按"多原则综合判定、科学支撑约定俗成"的原则处理。意思是有异议时,可以根据干支流的河长比、面积比、干支流河口处影像资料、干支流河流名称等资料进行综合判定。可以看出,黄委和国普办的原则基本上是一致的。

根据这些原则,通过对黄河源的历史考证,参考各家的观点,在对黄河源区水文、地质地貌特征认识的基础上,无论从河源区的自然地理特征或者从当地的历史渊源、人文传承这两方面因素考虑,黄委、沿黄各省(区)和国普办一致确认黄河发源于约古宗列曲,这是全国河湖普查具有权威性的对黄河河源的界定结论。

2.3.2 丰富了黄河河源的内涵

平时我们讲河源,其表述方式往往是指河流发源于×××河,或发源于×××山麓,或发源于×××地点,如黄河发源于约古宗列曲,长江发源于沱沱河,等等。这种表述方法仅仅说明河源来自上游哪一条支流或哪一个地点,没有明确河源的范围和内涵。这次河湖普查对所有标准以上河流的源头都量取了坐标位置。源头坐标是一个固定位置点的地理特征值,如果我们将黄河、长江等这样的大江大河的河源简单地定格在一个狭小点位上显得太狭义了。河源是河流最远最高的发源地,是河流上游最初具有表面水流形态的地点,因此我们通常说的河源应由两部分组成,一是源头,二是源头以下部分的溪、沟、泉水、冰川、沼泽、湖泊等汇聚区,又称河源区。河源区既是点,又是线和面的汇聚区。河源区的大小可视该河流的大小和特点而定,一般大江大河可以是几百到上千平方千米,中小河可以是几十到上百平方千米。例如黄河发源于约古宗列曲,但黄河河源区是指约古宗列曲最上游的部分,由约曲北支和约曲南支两条小河以及周围布满的泉水、溪沟、湖盆、雪山等组成,其面积约为 800 km²。也就是说到了约古宗列曲,还不算到了河源,只有到了约古宗列曲上游的约曲南支和约曲北支组成的汇流区,才能算进入黄河河源区。前国家主席亲笔书写的"黄河源"碑,就树立在黄河源区中央部位的玛曲曲果,当地藏民将玛曲曲果称为"孔雀河源泉"。河源区由约曲南支和约曲北支两小河环抱,附近潺潺溪流汇合,傍依泉水喷涌翻滚,犹如晶莹的颗颗珍珠,周边天蓝地阔,水草丰美,成为具有历史传统和人文意义的被社会认可的标志性地方。而黄河的源头是沿约古宗列曲上游的约曲南支溯源至 DEM 与 DLG 同化生成的综合数字水系末端最小集水面积(定义为 0.2 km²)下边界的相交点,该点位于巴颜喀拉山脉主峰雅拉达泽山的东麓,西南与长江的通天河相邻,西北与内陆河格尔木河遥望,处于三大流域的鼎立之地。雅拉达泽峰海拔 5 214 m,被称为"雪山的儿子",看守着黄河源头,气势十分雄伟。

现代很多著名河流的河源,包括黄河河源、湟水河源、渭河河源、泾河河源、洛河河源等,都已超越了地理水文的概念,成为自然地理和历史文化的综合标志,很多河源区已成为人们探险、考察的神秘之地,成为群众旅游、观光的风景区。

2.3.3 黄河河口位置的"相对稳定,适时改变"原则

黄河是一条多泥沙河流,每年有大量泥沙淤落在河口及附近滨海地区,黄河河口具有很大的延伸速度和造陆能力,同时会出现摆动、出汊,严重的会决口改道。由此可见,黄河的河口不是一个固定的位置。大的变化是河口流路的改道而引起的河口迁移,迁移的距离可能是十几千米或几十千米。小的变化是河口泥沙淤积向海域延伸,延伸的速度平均每年 1.0 ~ 2.0 km。现代水文观测资料和研究成果表明,黄河河口不能长期固定在一条流路上,当河口淤积延伸达到一定的临界条件,影响到下游河道的防洪负担或严重威胁到河口地区的防洪防凌,就应主动地、有计划地采取人工改道措施。这也是黄委提出的新时期黄河河口采取"相对稳定、轮流行河"的治理新思路。21 世纪初《黄河河口综合治理规划》中的黄河口入海流路规划总体布局是:"在三角洲地区选择清水河、刁口河、马新河及十八户流路作为今后黄河的入海流路",规划中的近期目标是继续使用清水河流路,采用与汊河轮流行河方案,其相对稳定行河年限为 60 ~ 80 年(含有、无古贤工程条件)。可见黄河河口的位置也要适应"相对稳定、适时改变"这个新思路。本次界定的黄河河口的位置是现行黄河河口流路清水沟清 8 汊河口,它只能代表目前河口流路相对稳定时期平均的河口位置,而不能代表今后每一年的河口位置,更不能代表今后可能改道的河口位置。

2.3.4 黄河河口界定方法与国际海洋公约"接轨"

入海河口的确定比较复杂,入海河口主要受径流、潮汐、潮流等的影响,一般把潮汐影

响所及的河段作为河口区。黄河河口系弱潮陆相河口,感潮段较短,感潮范围仅 20 ~ 60
km,洪水时潮汐影响范围短,枯水时尤其在强东北风作用下,其影响距离可达 50 ~ 60 km,
至于潮流影响的距离只有几千米。河口区段可分为河流近口段、河口段和口外海滨。河
流近口段又称河流段,以潮汐涨落影响的最远处与涨潮时潮流上溯最远处之间的河段判
定,目前黄河近口段大致从西河口附近至清 8 断面附近。河口段又称河口过渡段,上起潮
流界,下迄河口口门,以往黄河河口口门位置多以河口地区多年平均水位连线与外海海平
面的交汇点确定。口外海滨又称潮流段,是从河口口门至滨海外界的区段。黄河河口区
段示意图见图 2.3-1。

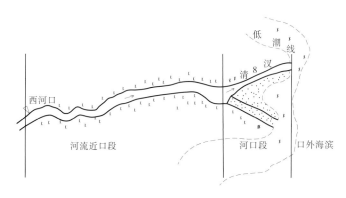

图 2.3-1　黄河下游河口区段示意图

由于黄河入海河口各段的长短和位置常随径流量大小、潮汐潮流强弱以及河道形
态变化而改变,因此黄河河口段比较难于划分。本次黄河河口的界定,采用《联合国海洋
法公约》第九条规定:"河口下界在入海处两岸低潮位横贯河口的连线",河口下界与海洋
的分界实际上就成了入海河流的河海分界处。根据这个规定,黄河河口位置取现行入海
流路清 8 汊河道,参照《2010 年山东黄河河道大断面》和 2006 年出版的《黄河下游河道地
形图》,将清 8 汊河道上的 3 个大断面河床平均高程沿中泓线向河口延伸并与海岸低潮线
相交,其交点即为黄河河口的位置。据此,黄河河口的界定和国际海洋法公约实现"接
轨"。

2.4　首次全面普查标准以上河湖地理水文特征值

经统计,黄河流域清查标准以上河流共计 4 157 条,取得了这些河流的集水面积、河
长、河源河口地理坐标、河道比降、流域降雨深、径流深、站点最大洪峰流量等重要的地理
水文特征值数据 37 400 组;清查标准以上湖泊共 146 个,取得了这些湖泊的水面面积、湖
水的咸淡属性等数据 438 组。这是黄河流域迄今最全面、最完整、最权威的河湖地理水文
特征信息,克服了过去黄河流域特征信息不系统、不准确的状况。普查成果为今后黄河治
理开发、水资源利用和管理、水生态保护等提供了重要的基础信息,同时也填补了国家自
然地理基础信息的空白,成为重要的基本国情信息的一部分。

下面重点介绍黄河流域 8 条重要支流的主要地理特征值和流域地理水文概况。

2.4.1　黄河流域8大支流的主要地理特征统计成果

黄河流域8大支流指洮河、湟水、无定河、汾河、渭河、洛河、沁河、大汶河。8条河流的流域面积为304 329 km²，占黄河流域总面积的37.4%；8条河流的天然径流量为293亿 m³，占全河总径流量的51.6%。表2.4-1是8大支流的主要地理特征成果，表2.4-2是黄河及其8大支流的形态特征系数。

表 2.4-1　黄河流域8大支流的主要特征成果

水系河名		流域面积（km²）	河长（km）	河源		河口	
				经度	纬度	经度	纬度
洮河		25 520	699	101°36′36″	34°22′11″	103°20′52″	35°55′28″
湟水	湟水（干）	17 736	369	100°54′54″	37°15′36″	103°21′54″	36°07′13″
	大通河（支）	15 142	574	98°53′01″	38°15′51″	102°50′21″	36°20′20″
无定河		30 496	477	108°07′41″	37°11′52″	110°25′48″	37°02′33″
汾河		39 721	713	112°06′46″	38°58′46″	110°29′47″	35°21′40″
渭河	渭河（干）	62 369	830	104°03′16″	34°57′51″	110°14′31″	34°36′52″
	泾河（支）	45 458	460	106°14′24″	35°24′46″	109°03′39″	34°28′14″
	北洛河（支）	26 998	711	107°36′25″	37°17′08″	110°10′10″	34°38′16″
洛河	洛河（干）	12 902	445	109°49′23″	34°17′25″	113°03′34″	34°49′11″
	伊河（支）	5 974	267	111°24′28″	33°53′35″	112°48′10″	34°41′04″
沁河		13 069	495	111°59′13″	36°47′14″	113°24′01″	35°02′06″
大汶河		8 944	231	117°56′29″	35°59′56″	116°12′18″	36°07′10″

表 2.4-2　黄河及其8大支流的形态特征系数

河名	流域面积（km²）	河长（km）	左岸河流河长（km）	右岸河流河长（km）	流域平均宽度（km）	流域形状系数	流域河网密度（km/km²）	流域不均匀系数	河道平均比降（‰）
黄河	813 366	5 687	51 046	83 524	143	0.03	0.17	0.61	0.596
洮河	25 520	699	2 162	2 242	37	0.05	0.20	0.96	2.48
湟水	32 878	369	4 527	1 592	51	0.08	0.20	2.84	4.16
无定河	30 496	477	1 102	1 940	64	0.13	0.12	0.57	1.73
汾河	39 721	713	3 754	2 891	56	0.08	0.19	1.30	1.10
渭河	134 825	830	19 446	4 248	162	0.20	0.18	4.58	1.27
洛河	18 876	445	1 374	2 059	42	0.10	0.21	0.67	1.79
沁河	13 069	495	1 292	930	26	0.05	0.21	1.39	2.03
大汶河	8 944	231	472	892	39	0.17	0.18	0.53	2.03

注：分析河流形态特征时，河长取该流域内最长河流的河长进行计算，故湟水的河长为大通河河源至湟水入黄口的长度。

河流的形态特征系数反映了流域的地理特征和形态,可以用以下几种系数表示:

(1)流域平均宽度:流域面积和河长的比值;

(2)流域形状系数:流域面积和河长平方的比值;

(3)流域河网密度:流域内河流总长和面积的比值;

(4)流域不均匀系数:左、右岸河流总长的比值。

从表2.4-2中可以看出:

(1)流域的平均宽度渭河最大(162 km),甚至大于黄河的平均宽度(143 km),流域平均宽度可以理解为单位河长所占平均面积。

(2)流域形状系数是渭河最大(0.20),黄河流域最小(0.03)。一般在流域面积相等或相近的情况下,形状系数接近1表示流域形状近似圆形或方形;形状系数大于1,流域形状呈宽短形;形状系数小于1则呈长细形。

(3)河网密度反映单位面积内河流的长度,黄河各水系河网密度比较接近,最大的是沁河和洛河(0.21 km/km^2),最小的是无定河(0.12 km/km^2)。

(4)流域不均匀系数是干流左、右岸河流长度的比值,反映两岸河流长度的对比情况。表中渭河的不均匀系数最大(4.58),其次是湟水(2.84),左右岸河流长度比较一致的是洮河(0.96)。

(5)河道比降最大的是湟水(4.16‰),其次洮河(2.48‰),黄河最小(0.596‰)。

2.4.2 黄河流域8大支流的地理水文特征概况

2.4.2.1 洮河

洮河是黄河上游跨省界第二大支流,发源于青海省河南县西倾山东麓代桑曲,流经青海的河南县和甘肃的碌曲、临潭、卓尼、岷县、临洮、康尼等15个县(市),于永靖县注入黄河刘家峡水库。流域面积25 520 km^2,其中甘肃境内面积为23 820.4 km^2(占93.3%),青海境内面积1 696.1 km^2(占6.6%),四川境内面积2.9 km^2。

洮河流域东部秦岭山脉的鸟鼠山、马街山将洮河与渭河、祖厉河分隔,西部太子山是洮河与大夏河的分水岭,南部秦岭是洮河与长江水系白龙江的分水岭。

洮河流域地处青藏高原和黄土高原的连接带,二者以秦岭延伸山脉(白石山、太子山、南屏山)为界,以北为黄土高原,以南为青藏高原东边缘,流域地势西南高、东北低。

洮河干流全长699 km,平均比降2.48‰。根据地形地貌和水沙条件,可将洮河分成三段:河源至西寨为上游,河道长403 km,属甘南高原,海拔在3 000～4 000 m,河谷开阔,地势平缓,两岸草原沼泽广布,如尕海滩、晒银滩、果芒滩等,水土流失轻微,河道稳定;西寨至海甸峡为中游,河道长155 km,为甘南高原东缘与陇中黄土高原及陇南山区的接壤区,海拔在2 500～3 000 m,地表起伏较大,河道弯曲、峡谷多,如石门峡、九甸峡、海甸峡等,两岸森林草原植被良好,含沙量低,水力资源丰富;海甸峡至河口为下游,河道长141 km,属陇西黄土高原区,海拔在1 900～2 500 m,多为河谷和黄土梁峁,黄土覆盖厚,地表破碎,河谷与丘陵之差在150～300 m,植被差,水土流失严重,河道游荡不定。

经河湖普查统计,洮河水系流域面积在50 km^{2}以上的河流有158条,其中流域面积在50～100 km^{2}的河流有86条,面积在100～1 000 km^{2}的河流有64条,面积在1 000～

3 000 km²的河流有 7 条,面积大于 3 000 km² 的河流有 1 条。在碌曲县有湖泊 1 处,名尕海湖,水面面积 20.5 km²,属淡水湖。

表 2.4-3 是洮河水系流域面积大于 1 000 km² 河流的主要地理水文特征值统计表。

表 2.4-3 洮河主要支流(面积大于 1 000 km²)地理水文特征值统计表

河流名称	流域面积 (km²)	河长 (km)	比降 (‰)	降雨量 (mm)	径流深 (mm)
周曲	1 238	107	4.59	564.6	231.4
科才河	1 390	67	6.99	511.1	185.3
括合曲	1 250	89	7.17	566.3	229.2
博拉河	1 699	91	7.43	545.8	171.2
车巴沟	1 082	73	8.35	596.3	270.2
冶木河	1 332	86	20.6	603.9	185.7
广通河	1 570	89	8.81	655.1	248.3

洮河流域共有水文站 13 处,其中干流站 5 处,站网密度为 1 963 km²/站;共有雨量站 34 处,站网密度为 751 km²/站。

洮河流域属高原大陆性气候,流域多年平均降雨量为 566.5 mm,天然径流量为 49.6 亿 m³。洮河红旗站,多年平均实测径流量为 47.0 亿 m³、输沙量为 0.26 亿 t,实测最大洪峰流量为 2 360 m³/s(1964 年 7 月 26 日),历史调查洪水流量为 4 810 m³/s(1945 年)。

洮河流域水系图见图 2.4-1,洮河沿程面积增长示意图见图 2.4-2,洮河纵剖面图见图 2.4-3。

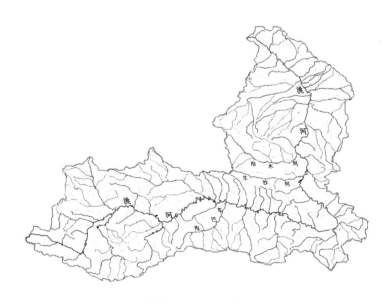

图 2.4-1 洮河流域水系图

2.4.2.2 湟水

湟水是黄河上游跨省界最大的一级支流,发源于青海省海晏县大阪山南坡的包忽图河,由西向东流经青海的湟源、湟中、西宁、大通、平安、互助、乐都、民和和甘肃的天祝、永

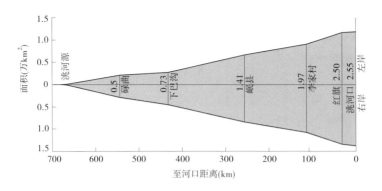

图2.4-2 洮河沿程面积增长示意图

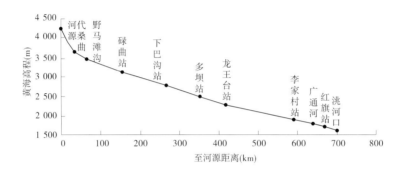

图2.4-3 洮河纵剖面图

登、兰州红古区,于永靖县上车村注入黄河。流域面积32 878 km²,干流长369 km,其中青海境内面积29 047 km²(占88.3%),甘肃境内面积3 831 km²。

大通河是湟水的最大支流,面积15 142 km²,占湟水流域总面积的46%,河长574 km,是湟水干流的1.5倍多。

湟水流域位于青藏高原与黄土高原的过渡地带。湟水干流和大通河同处于祁连山脉褶皱带,由西北东南走向的祁连山、大阪山和拉脊山三条平行的山脉及其间的大通河、湟水形成三山两谷同存于一个流域,但分属两种不同地理水文景观的独特流域。

大通河为狭长条状谷地,流域平均宽度约26.4 km,80%的面积海拔在3 000 m以上,两旁山脊海拔4 500 m左右。地貌具有青藏高原的特点,属高寒山地地貌,山高谷深,人烟稀少,河网呈羽毛形,两岸支流面积大都不超过500 km²,流程短,水资源丰富,但利用率低。上游大部是高山草原沼泽地带,中下游流经门源、连城两盆地,居民大都以游牧为主。

湟水干流多宽谷盆地,丘陵起伏,黄土层厚,河网水系呈树枝状。流域平均宽48 km,干流沿程峡谷和盆地相间,形成串珠状宽谷盆地(有海晏、湟源、西宁、平安、乐都、民和等六个盆地),河谷海拔1 900~2 400 m,两侧山地海拔2 200~2 700 m。区内人口稠密,居民以农业为主,农耕史悠久,水资源利用率高,地貌呈现黄土高原的特点。由于以上特点,现代人们常把大通河作为独立流域和湟水干流相提并论,青海人民把湟水看作青海省的"母亲河"。

经河湖普查统计,湟水流域面积大于50 km²的河流共有208条,其中面积在50~100

km² 的河流有 113 条,面积在 100~1 000 km² 的河流有 91 条,面积在 1 000~5 000 km² 的河流有 2 条,面积大于 5 000 km² 的河流有 2 条。

湟水较大的支流除大通河外,还有沙塘川(左岸、流域面积 1 114 km²、河长 73 km)、北川河(左岸、流域面积 3 371 km²、河长 153 km)、南川河(右岸、流域面积 398 km²、河长 49 km)、药水河(右岸、流域面积 642 km²、河长 53 km)、西纳川(左岸、流域面积 949 km²、河长 83 km)。在天峻县有湖泊 1 处,名曰莫喀错,水面面积只有 2.62 km²,属淡水湖。

湟水流域属高原干旱半干旱大陆性气候,多年平均降雨量 485 mm、天然径流量 51.7 亿 m³。据统计,大通河享堂站年均天然径流量为 28.95 亿 m³,实测水量 28.49 亿 m³。湟水民和站年均天然径流量为 20.52 亿 m³,实测水量 16.21 亿 m³,输沙量 0.164 亿 t。湟水流域汛期降雨强度小,洪水比较平稳,享堂站实测最大洪峰流量为 1 540 m³/s(1987 年 7 月),民和站实测最大洪峰流量为 1 290 m³/s(1999 年 8 月)。而历史调查最大洪水是 1847 年发生在兰州市红古区附近(湟水干流)的 4 700 m³/s。

湟水流域共有水文站 22 个(黄委管辖 2 个),站网密度为 1 494 km²/站;雨量站有 87 个,站网密度为 378 km²/站。

湟水流域水系图见图 2.4-4,湟水沿程面积增长示意图见图 2.4-5,湟水纵剖面图见图 2.4-6。

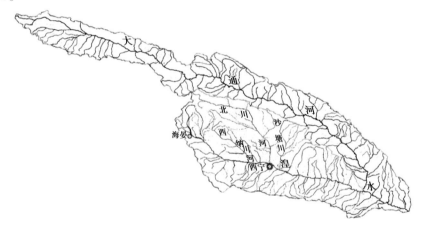

图 2.4-4　湟水流域水系图

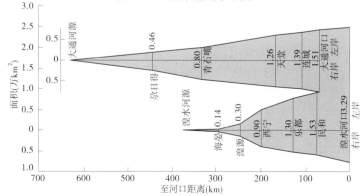

图 2.4-5　湟水沿程面积增长示意图

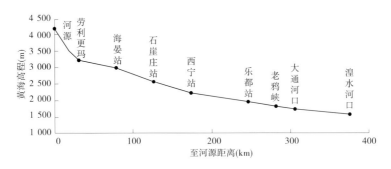

图 2.4-6　湟水纵剖面图

2.4.2.3　无定河

　　无定河是黄河中游河口镇至禹门口区间(俗称黄河北干流)最大的跨省界一级支流,发源于白于山北麓陕西省定边县境内,流经内蒙古的鄂托克前旗、乌审旗,陕西的定边、靖边、横山、榆林、米脂、绥德等县(市),于清涧县汇入黄河,流域面积 30 496 km²,其中内蒙古境内面积 8 802 km²,陕西境内面积 21 694 km²(占 71.1%)。

　　无定河处于黄土高原北部和毛乌素沙漠南缘,兼有两种地貌特征。按地形地貌和水土流失特点,全流域可分成三种类型:①河源梁峁区,占全流域面积的 11.4%,梁峁地平坦,是农业生产基地,但沟蚀严重;②风沙区,位于流域西北部,占全流域面积的 54.3%,地面覆盖沙和沙质土,风蚀严重,地表由半固定、固定沙丘和滩地组成;③黄土丘陵沟壑区,位于中游(主要在无定河右岸)和下游地区,占全流域面积的 34.3%,这里沟壑纵横,地形破碎,水土流失严重,年均侵蚀量占全流域的 74%,也是黄河的主要多沙粗沙来源区。

　　无定河河长 477 km,河道平均比降 1.73‰,流域面积大于 50 km² 的河流共 105 条,其中面积在 50~100 km² 的河流有 39 条,面积在 100~1 000 km² 的河流有 58 条,面积在 1 000~3 000 km² 的河流有 5 条,面积大于 3 000 km² 的河流有 3 条。

　　根据地形地貌和水沙条件,将无定河河道分成三段:从河源至榆溪河口为上游,河长约 275 km,比降为 1.94‰,较大的支流有小河(左岸、流域面积 913 km²、河长 68 km)、纳林川(左岸、流域面积 1 753 km²、河长 74 km)、海流兔河(左岸、流域面积 2 038 km²、河长 86 km)、芦河(右岸、流域面积 2 490 km²、河长 162 km)、黑木头川(右岸、流域面积 464 km²、河长 46 km)、榆溪河(左岸、流域面积 5 329 km²、河长 101 km);榆溪河口至淮宁河口为中游,河道长 88 km,平均比降 1.41‰,河道顺直开阔,谷底宽 300~2 000 m,多川地,较大的支流有大理河(右岸、流域面积 3 910 km²、河长 172 km)、淮宁河(右岸、流域面积 1 219 km²、河长 105 km);淮宁河口至入黄河口为下游,河道长 114 km,平均比降 2.22‰,河道迂回曲折,多峡谷,谷底宽 100~300 m,汇入的支流较少,有两河沟河(左岸、流域面积 429 km²、河长 43 km)、李家川(右岸、流域面积 318 km²、河长 34 km)。

　　无定河共有水文站 11 处(黄委管辖 9 处),站网密度为 2 772 km²/站;雨量站有 92 处,站网密度为 331 km²/站。

　　流域内有湖泊 2 个,位于内蒙古乌审旗,一个叫布寨淖,水面面积 2.44 km²,属盐湖;一个叫陶尔庙淖尔,水面面积 1.25 km²,属于咸水湖。

无定河多年平均降雨量为 370 mm、多年平均天然径流量为 11.6 亿 m³。无定河是一条多沙河流,白家川站实测年均输沙量达 1.25 亿 t,约占全黄河输沙量的 10%,仅次于渭河的输沙量(4.4 亿 t)。无定河是全国八个水土保持重点治理区之一,经多年的综合治理,水土保持取得显著的成就。据统计,无定河 1956~1979 年年均输沙量为 1.76 亿 t,而 1980~2000 年年均输沙量为 0.66 亿 t,减沙效益十分明显。

　　无定河流域水系图见图 2.4-7,无定河沿程面积增长示意图见图 2.4-8,无定河纵剖面图见图 2.4-9。

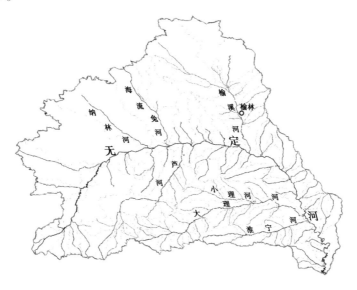

图 2.4-7　无定河流域水系图

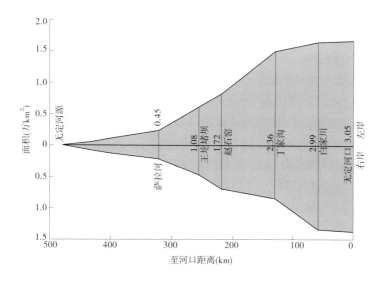

图 2.4-8　无定河沿程面积增长示意图

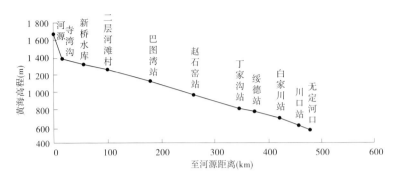

图2.4-9 无定河纵剖面图

2.4.2.4 汾河

汾河是黄河第二大支流,发源于山西省宁武县管涔山,由北向南穿行在太行山和吕梁山之间,纵贯山西流经20多个县(市),于万荣县庙前村附近注入黄河。流域面积39721 km²,约占山西省总面积的25%,被誉为山西省的"母亲河"。

汾河流域西面是吕梁山,东面是太行山,地形地貌可以分成三类:①石山和土石山区,面积占30%,分布在上游和流域东西部,山区植被较好,土石山区有黄土覆盖,水土流失较重;②盆地和河谷川地,面积占27%,包括太原、临汾两大盆地,是山西省的主要粮棉产地;③黄土丘陵区,面积占43%,分布在山区和河谷盆地之间的过渡区,沟壑纵横,地形破碎,植被稀少,水土流失严重。

汾河干流河长713 km,平均比降1.1‰,按地形地貌和水沙条件分上、中、下游三段:①河源至太原(兰村)为上游,河长215 km,比降3.57‰,流经山区和黄土丘陵区,是汾河洪水和泥沙的主要来源区,汇入的主要支流有鸣水河、东碾河、岚河、涧河等;②太原(兰村)至介林(义棠)为中游,河长158 km,比降0.39‰,主要流经太原(晋中)盆地,川地平原平坦开阔,沿程泥沙淤积严重,较大的支流有潇河、文峪河、昌源河、磁窑河、鱼乌河等;③介林(义棠)至入黄口为下游,河长345 km,比降0.51‰,河流穿过80 km的灵霍峡谷后进入临汾盆地,较大的支流有洪安涧河、段纯河、浍河等。

经河湖普查统计,汾河流域面积大于50 km²的河流有207条,其中面积在50~100 km²的河流有89条,面积在100~1000 km²的河流有106条,面积在1000~3000 km²的河流有9条,面积大于3000 km²的河流有3条。另有湖泊一处,湖名晋阳湖,水面面积4.78 km²,属淡水湖,平均水深4 m,容积约0.191亿m³。

汾河流域共有水文站25处(黄委管辖1处),其中干流水文站有10处,站网密度为1589 km²/站;共有雨量站229个,站网密度为173 km²/站。

汾河流域属大陆性半干旱季风气候,多年平均降雨量为502.6 mm,天然径流量为22.1亿m³。

受人类活动和气候变化影响,汾河流域的水沙量变化很大。据河津站资料统计,1956~1979年年均天然径流量为26.5亿m³,实测水量15亿m³,输沙量0.366亿t,1980~2000年年均天然径流量17.1亿m³,实测水量5.68亿m³,输沙量为0.038亿t。后期和前期比较,天然径流量、实测水量、输沙量分别减少35.5%、62.1%、89.6%。

汾河流域水系图见图 2.4-10,汾河沿程面积增长示意图见图 2.4-11,汾河纵剖面图见图 2.4-12。

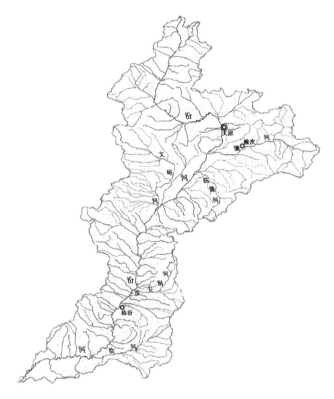

图 2.4-10　汾河流域水系图

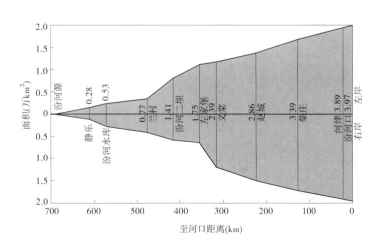

图 2.4-11　汾河沿程面积增长示意图

41

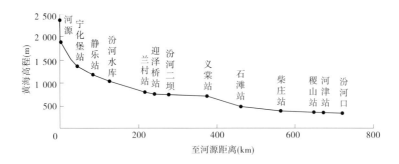

图 2.4-12　汾河纵剖面图

2.4.2.5　渭河

渭河水系是跨甘肃、宁夏、陕西三省(区)界的黄河最大一级支流,发源于甘肃省渭源县清源河,源头豁豁山高程 3 500 m。渭河干流由西向东穿越峡谷和平川,于陕西潼关县港口镇注入黄河,流域面积 134 825 km²,其中甘肃境内面积 59 369 km²(占 44%),宁夏境内面积 8 237 km²(占 6.1%),陕西境内面积 67 219 km²(占 49.9%)。流域西部鸟鼠山和马街山是渭河上游和洮河的分水界,南面秦岭山脉是渭河和长江的分水岭,秦岭太白山主峰海拔 3 767 m,流域北面的白于山与鄂尔多斯内流区分隔,东面与黄河北干流为邻。

渭河流域地貌复杂,主要有黄土丘陵、黄土崾塬、土石山、黄土阶地和河谷冲积平原等类型。

渭河干流长 830 km,平均比降 1.27‰。从河源至宝鸡峡为上游,河长 442 km,平均比降 3‰,河段川峡相间,有九峡九川,最大的陇西川地长 70 km,最长的宝鸡峡谷长 130 km,汇入的主要支流有大咸河、榜沙河、散渡河、葫芦河、耤河、牛头河等;宝鸡峡至咸阳铁桥为中游,长 176 km,平均比降 1.28‰,河道较宽,多沙洲,水流分散,汇入的主要支流有千河、石头河、漆水河、黑河;咸阳至入黄口为下游,河长 212 km,平均比降 0.43‰,由于受干支流来沙和三门峡水库初期运用影响,河道淤积严重,汇入的主要支流有沣河、灞河、泾河、石川河、北洛河。从宝鸡到潼关,东西长 360 km,南北宽 30~80 km,是有名的"八百里秦川"。

受地质构造和地形地貌的影响,渭河干流左右岸水系结构和地貌特点很不对称。渭河左岸的河流总长 19 446 km,右岸的河流总长 4 248 km,左右岸河长之比约为 4.6∶1、流域面积之比约为 6∶1。渭河左岸主要是黄土丘陵区,质地疏松,水土流失严重,水系发育,源远流长,含沙量大。渭河右岸主要是石山和土石山区,水系源于秦岭,各支流流程短,比降大,水流急,含沙量小。

泾河和北洛河是渭河左岸两条最大的支流。泾河流域面积 45 458 km²,占渭河流域总面积的 33.7%,河长 460 km;北洛河面积 26 998 km²,占渭河流域面积的 20%,河长 711 km。由于泾河、北洛河的面积和水沙量都很大,现代人们习惯上将泾河、北洛河与渭河干流相提并论,俗称"泾洛渭河"。

经河湖普查统计,渭河水系中,流域面积大于 50 km² 的河流有 677 条,总长度 24 524 km,居 8 大支流之首,其中流域面积在 50~100 km² 的河流有 328 条,面积在 100~1 000 km² 的河流有 314 条,面积在 1 000~3 000 km² 的河流有 21 条,面积在 3 000~10 000

km² 的河流有 9 条,面积大于 10 000 km² 的河流有 5 条。表 2.4-4 列出了渭河水系中主要支流的特征值。

表 2.4-4 渭河水系主要支流地理水文特征值统计表

河流水系	河名	流域面积 (km²)	河长 (km)	比降 (‰)	降雨深 (mm)	径流深 (mm)
渭河干流	大咸河	1 161	70	4.94	446.2	35.3
	榜沙河	3 600	109	12.3	532.6	121.0
	散渡河	2 482	149	5.23	461.2	38.6
	葫芦河	10 726	298	3.06	486.3	51.5
	耤河	1 268	84	9.75	541.2	94.2
	牛头河	1 845	88	7.49	566.4	102.4
	千河	3 505	157	5.75	616.9	122.8
	漆水河	3 951	158	4.62	596.9	49.2
	黑河	2 282	126	8.44	823.0	291.7
	沣河	1 524	79	8.18	806.6	312.5
	灞河	2 586	103	5.40	823.7	263.4
	石川河	4 565	136	4.53	598.1	47.7
泾河	汭河	1 673	113	5.22	606.7	138.5
	洪河	1 336	180	3.61	523.1	46.0
	蒲河	7 482	198	2.78	481.4	33.4
	马莲河	19 084	375	1.45	456.2	22.7
	黑河	4 259	173	2.84	586.9	72.4
	三水河	1 326	126	5.63	598.1	67.8
	泔河	1 137	81	5.27	588.7	38.2
北洛河	周河	1 335	87	3.49	474.4	30.5
	葫芦河	5 446	234	2.36	547.8	23.7
	沮河	2 484	135	3.26	594.3	47.6

渭河流域属大陆性季风气候,多年平均降雨量555 mm,天然径流量97.1亿 m³。渭河华县站年均径流量为85.43亿 m³(含泾河水量),输沙量为3.596亿 t(含泾河沙量)。泾河张家山站的多年平均径流量为16.5亿 m³,输沙量为2.68亿 t。北洛河洑头站的多年平均径流量为7.10亿 m³,输沙量为0.813亿 t。据考证,道光年间,在张家山曾发生18 800 m³/s 的洪水,1898年在咸阳市西关外铁匠嘴曾发生11 600 m³/s 的洪峰,1954年8月18日咸阳水文站实测最大洪峰为7 220 m³/s,华县站1933年调查洪峰8 120 m³/s,实测最大洪峰为1954年8月19日的7 660 m³/s。由此可见,渭河是黄河主要泥沙和洪水来源区之一。

渭河流域共有水文站76处(黄委管辖20处),站网密度为1 774 km²/站;雨量站570

处,站网密度为 236 km²/站。

泾河入渭口处,由于泾河、渭河来水来沙不同步,在交汇处形成清浊不混、界线分明的自然景观,古时有"沿泾水以有渭水清,故见泾水浊",后来有诗句"伊人有泾渭,非余物浊清"比喻事物的是非分明,唐诗人杜甫《秋雨叹》有"浊泾清渭何当分",成语"泾渭分明"由此而来。

渭河流域水系图见图 2.4-13,渭河沿程面积增长示意图见图 2.4-14,渭河纵剖面图见图 2.4-15。

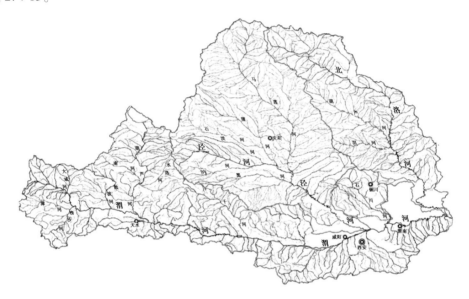

图 2.4-13　渭河流域水系图

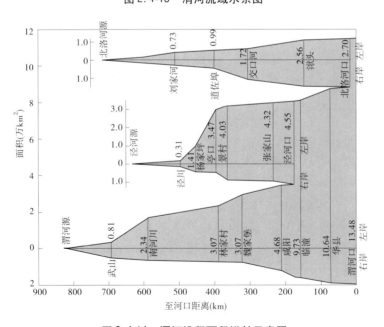

图 2.4-14　渭河沿程面积增长示意图

44

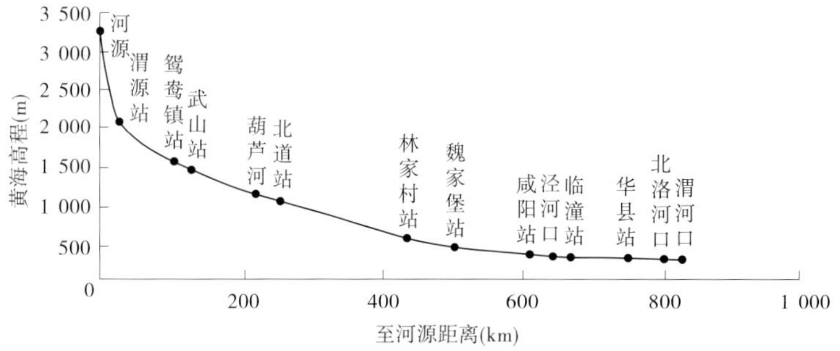

图 2.4-15 渭河纵剖面图

2.4.2.6 洛河

洛河,古称洛水、雒水,是黄河中游下端的跨省界一级支流,发源于华山南麓陕西省洛南县洛源乡北川河(又名龙潭河),源头草链岭高程2 646 m,河流由西向东流经陕西的蓝田、洛南、丹凤和河南的卢氏、灵宝、栾川、陕县、渑池、洛阳、偃师、巩义等18个县(市),在巩义市巴家闸村注入黄河,流域面积18 876 km^2。其中陕西境内面积为3 062.6 km^2,河南境内面积为15 813.6 km^2(占83.8%)。洛河流域西北部是华山、崤山,东南部是伏牛山、嵩山。流域地势自西南向东北逐渐降低,形成山地丘陵、河谷、平川等多种地形地貌,其中山地面积占50%,丘陵面积占40%,平原面积占10%,故有“五山四岭一川”之称。

洛河水系呈羽状排列,支流多、流程短、坡度大、水流急。流域面积大于50 km^2 的河流共117条,其中面积在50~100 km^2 的河流有58条,面积在100~1 000 km^2 的河流有56条,面积在1 000~3 000 km^2 的河流有1条,面积大于3 000 km^2 的河流有2条。

洛河河长445 km,河道比降1.79‰。按照地质地貌和水沙条件,洛河分为上、中、下游三段:①河源至卢氏为上游,河长200 km,河道比降为2.53‰,汇入的主要支流有麻坪河(左岸、流域面积350 km^2、河长40 km)、石坡河(左岸、流域面积663 km^2、河长52 km)、东沙河(右岸、流域面积353 km^2、河长39 km)、寻峪河(左岸、流域面积262 km^2、河长30 km);②卢氏至宜阳为中游,河长140 km,河道比降为2.30‰,汇入的支流有渡洋河(左岸、流域面积428 km^2、河长61 km)、莲昌河(左岸、流域面积388 km^2、河长57 km)、韩城河(左岸、流域面积271 km^2、河长49 km);③宜阳至河口为下游,河长105 km,河道比降为0.425‰,汇入的主要支流有涧河(左岸、流域面积1 345 km^2、河长117 km)、伊河(右岸、流域面积5 974 km^2、河长267 km)。伊河是洛河的最大支流,流域面积占洛河水系的31.6%,由熊耳山将其分隔,两河大致平行东流,过去习惯上将洛河、伊河俗称“伊洛河”;汇入伊河的主要支流有小河(左岸、流域面积605 km^2、河长46 km)、明白河(右岸、流域面积352 km^2、河长56 km)。洛河流域属暖温带季风气候,多年平均降雨量为700 mm,天然径流量31.45亿 m^3。洛河黑石关站年均实测水量26.72亿 m^3、输沙量0.119亿t,平均含沙量为4.45 kg/m^3。洛河是黄河流域主要清水来源区之一,也是黄河中游洪水的主要来源区之一。据考证,伊河历史调查最大洪水为223年龙门镇的20 000 m^3/s 洪水,洛河最大洪水有1931年洛阳的11 100 m^3/s 洪水和1935年黑石关的10 200 m^3/s 洪水,黑石关站实测最大洪峰流量是1958年7月17日的9 450 m^3/s。

洛河中游的故县水库总库容12.0亿 m^3,伊河中游的陆浑水库总库容12.9亿 m^3,两水库

能控制洛河47%的流域面积,是以防洪为主结合灌溉、发电、供水、养鱼综合利用的水库,两水库配合三门峡、小浪底水库联合运用,可以减轻黄河下游洪水的威胁。

洛河流域共有水文站15处,均为黄委管辖,站网密度为1 258 km²/站;雨量站140处,站网密度为135 km²/站。

洛河流域水系图见图2.4-16,洛河沿程面积增长示意图见图2.4-17,洛河纵剖面图见图2.4-18。

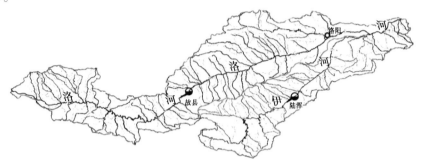

图2.4-16 洛河流域水系图

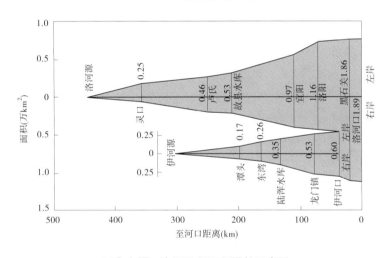

图2.4-17 洛河沿程面积增长示意图

2.4.2.7 沁河

沁河是黄河中游最末端的一条跨省支流,发源于山西省太岳山牛岗鞍主峰东麓的河底村(二郎神沟),自北向南,过高原、穿太行、进平川,流经山西的沁源、安泽、沁水、阳城,河南的济源、沁阳等县(市),于河南省武陟县西陵村附近注入黄河。流域面积13 069 km²,其中山西境内面积12 331.4 km²(占94.4%),河南境内面积737.2 km²。

沁河流域西北部是太岳山,西南面是王屋山,东南面是太行山,周边山岭海拔1 500 m以上,中部山地海拔1 000 m左右。流域内石山林区面积占53%,土石丘陵区面积占35%,河谷盆地面积占10%,冲积平原面积占2%。

沁河干流河长495 km,平均比降2.03‰。按地形地貌及水沙条件,沁河分上、中、下游三段:①从河源至安泽飞岭为上游,河长148 km,河床为砂砾石,河谷宽400~800 m,两

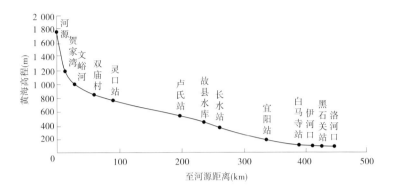

图 2.4-18   洛河纵剖面图

岸山高 50～100 m。汇入的主要支流有紫红河(左岸、流域面积 385 km²、河长 52 km)、赤石桥河(左岸、流域面积 417 km²、河长 38 km)、蔺河(右岸、流域面积 358 km²、河长 47 km)。②飞岭至五龙口为中游,河长 255 km,上段河道谷深流曲,河谷宽 200～500 m,中段河流穿行洞城盆地,下段河道斩切太行山,峡谷宽 200～300 m,两岸崖壁陡立,水流湍急,分布有石灰岩溶洞,最大的马山泉流量达 3～4 m³/s,汇入的主要支流有龙渠河(右岸、流域面积 468 km²、河长 50 km)、沁河县河(右岸、流域面积 421 km²、河长 46 km)、端氏河(左岸、流域面积 780 km²、河长 57 km)、芦苇河(右岸、流域面积 358 km²、河长 50 km)、获泽河(右岸、流域面积 842 km²、河长 89 km)。③五龙口至河口为下游,河长 92 km,是冲积平原,两岸筑有大堤,堤长 160 km。由于泥沙淤积,河床高出两岸地面 2～4 m,最高处可达 7～10 m(武陟县木栾店附近)。汇入的河流有丹河(左岸、流域面积为 3 137 km²、河长 166 km),丹河流域面积占沁河流域总面积的 24%,丹河的主要支流有东大河(流域面积 485 km²、河长 45 km)、白洋泉河(流域面积 626 km²、河长 73 km)、白水河(流域面积 415 km²、河长 54 km)。沁河流域面积大于 50 km² 的河流有 78 条,其中面积在 50～100 km² 的河流有 35 条,面积在 100～1 000 km² 的河流有 41 条,面积在 3 000 km² 以上的河流有 2 条。

沁河流域共有水文站 7 个(黄委管辖 4 个),其中干流站 5 个,站网密度为 1 867 km²/站;雨量站 67 个,站网密度为 195 km²/站。

沁河流域多年平均降水量为 611.0 mm,天然径流量 14.5 亿 m³,武陟站实测水量为 8.19 亿 m³,输沙量 0.046 亿 t,平均含沙量为 5.62 kg/m³。沁河是黄河主要洪水也是清水来源区之一,洪水约 70% 左右来自五龙口以上。据考证,明成化十八年(1482 年),山西阳城九女台曾发生 14 000 m³/s 的洪峰,清光绪二十一年(1895 年)五龙口曾出现 5 940 m³/s 的洪峰。1982 年五龙口和武陟站实测洪峰分别为 4 550 m³/s 和 4 280 m³/s。目前,沁河大堤设防标准为防 20 年一遇洪水,重点确保丹河口以下北岸不决口。

沁河流域水系图见图 2.4-19,沁河沿程面积增长示意图见图 2.4-20,沁河纵剖面图见图 2.4-21。

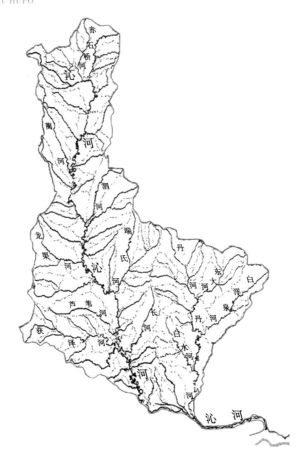

图 2.4-19　沁河流域水系图

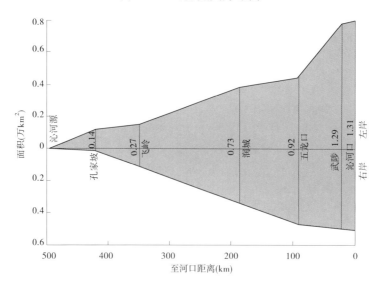

图 2.4-20　沁河沿程面积增长示意图

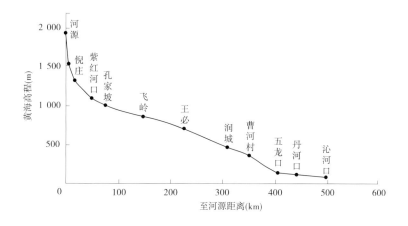

图 2.4-21　沁河纵剖面图

2.4.2.8　大汶河

大汶河是黄河下游最大的支流,发源于鲁山主峰西麓,流经莱芜、泰安、东平注入东平湖,出陈山口闸入黄河。过去在东平县戴村坝(或入湖口)以上称大汶河,戴村坝至入湖口称大清河。河湖普查将大汶河列为黄河二级流域(水系),从源头到入黄口(陈山口闸)统称大汶河(水系)。大汶河全长231 km,流域面积8 944 km²(含东平湖)。大汶河流域地势东高西低,北面是泰山山脉,著名的东岳泰山主峰海拔1 524 m;东南面有鲁山和蒙山;中部是徂徕山。流域内石山区面积占31%,丘陵和平原面积分别占37%和32%。

大汶河水系流域面积大于50 km²的河流共有52条,其中面积大于100 km²的河流有27条,大于1 000 km²的有4条,大于3 000 km²的有1条。大汶河自上而下汇入的主要支流有辛庄河(左岸、流域面积209 km²、河长32 km)、方下河(右岸、流域面积229 km²、河长45 km)、瀛汶河(右岸、流域面积1 331 km²、河长87 km)、泮汶河(右岸、流域面积379 km²、河长44 km)、柴汶河(左岸、流域面积1 948 km²、河长117 km)、漕浊河(右岸、流域面积608 km²、河长39 km)、汇河(左岸、流域面积1 248 km²、河长95 km)。其中柴汶河(又称汶河南支)是大汶河的最大支流,面积占大汶河总面积的21.2%,柴汶河与大汶河汇合口以上水系呈扇形河型。

大汶河自上而下河道比降从3.9‰逐渐减小为0.5‰,河床宽度从150 m逐渐展宽为2 000 m,河床组成从卵砾石逐渐变为中细砂。大汶河特征值统计见表2.4-5。

表 2.4-5　大汶河特征值统计表

河段	河长(km)	比降(‰)	河宽(m)	河床组成
河源—辛庄河	35	3.92	150	卵砾石
辛庄河—瀛汶河口	42	1.48	300～500	粗砂
瀛汶河口—柴汶河口	40	0.671	500～1 000	中砂
柴汶河口—东平湖口	90	0.500	1 000～2 000	中细砂

大汶河下游建有堤防,左堤长 54 km,右堤长 72 km,堤距 880 ~ 2 400 m,能防御 20 年一遇洪水。

大汶河现有水文站 26 个(包括部分渠道站),站网密度为 344 km²/站,雨量站 58 个,站网密度为 158 km²/站。戴村坝站是大汶河入湖把口站,陈山口闸站是大汶河入黄把口站。大汶河流域多年平均降雨量为 716 mm,戴村坝站多年平均天然径流量为 15.29 亿 m³,实测水量为 10.33 亿 m³,输沙量为 160 万 t。输沙量的 80% 左右来自柴汶河汇合口以上的扇形地区。据调查,1918 年 6 月 29 日,在泰安市岱岳区大汶口镇卫驾庄村曾出现洪峰流量 10 300 m³/s 的洪水,戴村坝站实测最大洪峰流量为 1964 年 9 月的 6 930 m³/s。

东平湖原是黄河与大汶河下游冲积平原相接地带的洼地,是黄河下游的自然滞洪区。1960 年以后逐渐建成能人工控制蓄泄的平原滞洪水库。湖区总面积 627 km²,原设计最高库水位为 46.0 m,相应库容为 39.8 亿 m³,其中老湖区面积 209 km²,库容 11.9 亿 m³,新湖区面积 418 km²,库容 27.9 亿 m³。水库工程由进湖闸(石洼、林辛、十里堡、徐庄、耿山口)、退水闸(陈山口、清河门、司垓)、围堤(77.8 km)及湖区灌排和避洪工程三部分组成,分洪能力约 9 000 m³/s,退水能力约 3 500 m³/s。老湖区常年有水,枯水期水深有 1 ~ 2 m。新湖区内有村庄(包括有台村庄)约 135 个,平时生产,分洪时蓄水。当花园口发生 15 000 m³/s 以上洪水时,为确保艾山洪峰不超过 11 000 m³/s,根据洪水具体情况确定东平湖是否分洪和如何运用。水库运用原则是先老湖后新湖二级分洪运用。1982 年 7 月花园口发生 15 300 m³/s 洪水,孙口站洪峰流量 10 100 m³/s,但水位高于 1958 年最高水位 1 ~ 2 m,经研究决定利用东平湖老湖区分洪,分洪后艾山最大流量为 7 430 m³/s,这是东平湖水库建成后唯一的一次分洪运用。

大汶河流域水系图见图 2.4-22,大汶河沿程面积增长示意图见图 2.4-23,大汶河纵剖面图见图 2.4-24。

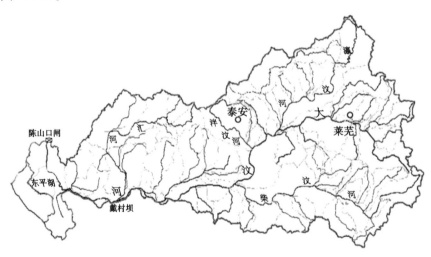

图 2.4-22 大汶河流域水系图

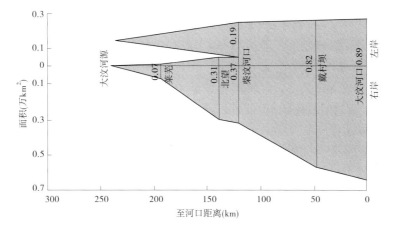

图 2.4-23　大汶河沿程面积增长示意图

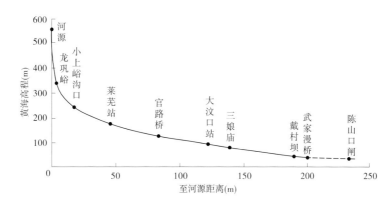

图 2.4-24　大汶河纵剖面图

2.5　全面查清黄河流域标准以上河湖的数量与分布

河湖普查的目标之一是全面查清标准以上河湖的数量与分布等基本情况。尽管过去在不同时期采用不同的手段和方法对黄河流域河湖的数量与分布进行了调查和统计工作,形成一些阶段性的成果,但迄今为止,黄河流域的河湖数量和位置仍不完整清晰,河湖的特征信息不全面、不准确,没有形成系统的、权威的河湖数据信息。本次普查查清黄河流域标准以上河流共 4 157 条,其中直接流入黄河且面积大于 1 000 km² 的 1 级河流 88 条,直接入黄且面积大于 10 000 km² 的河流 11 条;查清黄河流域标准以上湖泊 146 个,其中水面面积大于 10 km² 的湖泊 23 个,水面面积大于 100 km² 的湖泊 3 个。这些完整的具有权威性的河湖数据信息,为谋划水利长远发展,为流域或国家制定经济社会发展战略提供了重要的基础依据。下面根据河湖数量以及特征信息进行分析和统计,包括按河湖类型统计、按跨界统计等,同时分析反映流域特征的各种形态系数。

2.5.1 河流统计

2.5.1.1 按河流类型统计

河湖普查将河流按技术处理方法的差异进行了分类。这一分类方法有别于以往常用的自然地理分类,主要是为了方便河湖普查工作,便于获取普查所需的特征数据和资料。根据普查规定及黄河的具体情况,黄河流域的河流主要分为山地河流、平原水网区河流和内流河流三种类型。

山地河流,顾名思义是指主要流经山区和丘陵区的河流,这类河流一般上、中游河床相对狭窄,河谷深切、流速快。山地河流落差大、高程变化明显,其集水区域等特征可以通过 DEM 数据直接提取,黄河流域绝大部分的河流属山地河流,共普查山地河流 3 909 条。

平原水网区河流,是指平原自然河流(部分河流的上游在山区)与灌溉渠道混合在一起,交错排列,犹如网状。平原河网区的特点是水面比降平缓,河网错综复杂,水流方向不定,河渠人工控制建筑物多。平原水网区河流的河道主要有自然河道和人工渠道两种类型,如宁蒙河套灌区及黄河河口区的河流就属于平原水网区河流。

由于平原水网区河流集水区域边界无法清晰准确划分,流域分水线很难确定,因此平原水网区选定河流的原则为:在分水线能清晰准确划分的较大区域边界内,根据重要性选定常年自然汇流的骨干河流作为平原河流,再由骨干河流逐级向周边延伸选取河流,直至河流所在区域面积小于 50 km^2。黄河流域共普查了 144 条平原河网区河流,分别是宁夏的 131 条引排水渠沟和山东河口区的马新河、生态河、刁口河等 13 条河流。由于平原河网区河流只普查了宁夏和黄河河口的河流,没有对内蒙古河套灌区的河流开展普查,而且已普查的平原河网区河流亦只普查了河长数据,其他如比降、面积、河源、河口等特征数据都没有普查,因此对 144 条平原河网区河流不进行统计分析。

内流河流,是指河道地表水流不直接流入黄河水系,而是自行消失在沙漠中或流入洼地形成闭合湖(淖)的河流。内流河流多数分布在降水稀少的沙丘荒漠区,水量少,多数为季节性的间歇河流。如鄂尔多斯内流区的河流以及宁夏的部分山地平原散流区河流。

黄河流域内流河主要指鄂尔多斯内流区河流(以下简称内流区或内流区河流),经统计,标准以上河流为 104 条。另外,在宁夏也有少量的内流河,沙珠玉河也是内流河。考虑到宁蒙地区部分的散流区河流虽然大部分时间消失在沙丘地,但还有地表流痕与黄河或渠道相连,一旦发生暴雨洪水,地表水流还有可能流入黄河或渠道,而且每一条河的地下径流都能比较集中地和黄河有较密切的水力联系,按照河湖普查的编码规则,可以将宁蒙部分散流区的河流和沙珠玉河虚拟地按照黄河支流对待,合并到山地河流进行统计分析。

黄河流域各河流类型的数量统计见表 2.5-1。

表 2.5-1 黄河流域各河流类型标准以上河流数量统计表

类型	数量(条)	比例(%)
山地河流	3 909	94.0
内流区河流	104	2.5
平原水网区河流(缺内蒙古河套灌区部分)	144	3.5
合计	4 157	100.0

由表 2.5-1 可以看出,黄河流域 94.0% 的河流为山地河流,平原水网区河流占普查的 3.5%,鄂尔多斯内流区河流占 2.5%。

下面重点统计分析 3 909 条山地河流和 104 条内流区河流。

2.5.1.2 按集水面积分级统计

黄河流域按河流面积阈值统计河流数量表见表 2.5-2,黄河流域各级面积河流数量统计表见表 2.5-3,黄河流域各级面积河流所占比例统计图见图 2.5-1。

表 2.5-2 黄河流域按河流面积阈值统计河流数量表

河流面积阈值分级（km²）	合计（条）	山地河流（条）	内流区河流（条）
≥50	4 013	3 909	104
≥100	2 041	1 968	73
≥1 000	199	195	4
≥3 000	68	66	2
≥10 000	17	17	0

表 2.5-3 黄河流域各级面积河流数量统计表

河流面积分级（km²）	合计（条）	山地河流（条）	内流区河流（条）
[50,100)	1 972	1 941	31
[100,1 000)	1 842	1 773	69
[1 000,3 000)	131	129	2
[3 000,10 000)	51	49	2
10 000 以上	17	17	0
合计	4 013	3 909	104

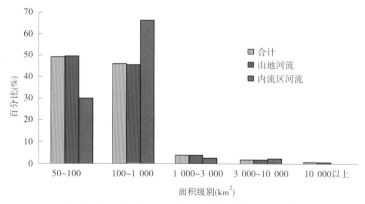

图 2.5-1 黄河流域各级面积河流所占比例统计图

由表 2.5-3 可知,黄河流域山地河流中,50~100 km² 的河流有 1 941 条,占 49.6%; 100~1 000 km² 的有 1 773 条,占 45.4%;1 000~3 000 km² 的有 129 条,占 3.3%; 3 000~10 000 km² 的有 49 条,占 1.3%;10 000 km² 以上的有 17 条,仅占 0.4%。也就是

说,黄河流域山地河流中95%的河流面积小于等于1 000 km²,面积大于1 000 km²的河流仅占5%,共195条。

面积大于10 000 km²的17条山地河流分别为黄河、洮河、湟水、大通河、祖厉河、清水河、乌加河、大黑河、无定河、汾河、渭河、葫芦河、泾河、马莲河、北洛河、洛河和沁河。

鄂尔多斯内流区共普查50 km²标准以上的河流104条,其中面积在50～100 km²的河流有31条,占29.8%;100～1 000 km²的有69条,占66.3%;1 000～3 000 km²和3 000～10 000 km²的各有2条,各占1.9%。在鄂尔多斯内流区河流中,面积在100～1 000 km²的河流最多,占66.3‰,面积大于1 000 km²的河流仅有4条,占3.8%,分别为摩林河、陶来沟、摩林河支流察哈尔沟和黑炭淖尔沟,均在内蒙古境内,其中摩林河是最大的河流,流域面积为6 970 km²,河长187 km。

图2.5-2是黄河流域山地河流条数和流域面积关系图。可以看出,给定标准以上河流集水面积成倍地增加,相应的河流条数成倍地减少。

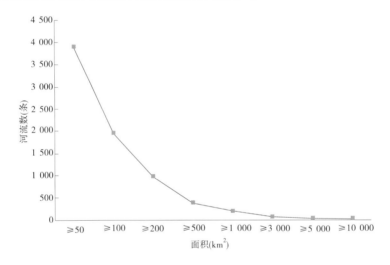

图2.5-2　流域面积与河流数量关系图

2.5.1.3　按河长分级统计

黄河流域按河长统计河流数量表见表2.5-4,黄河流域各级河长河流数量统计表见表2.5-5,黄河流域各级河长所占比例统计图见图2.5-3。

表2.5-4　黄河流域按河长统计河流数量表

河长分级(km)	合计(条)	山地河流(条)	内流区河流(条)
≥7	4 013	3 909	104
≥50	506	494	12
≥100	127	125	2
≥500	7	7	0
≥1 000	1	1	0

表 2.5-5　黄河流域各级河长河流数量统计表

河长分级(km)	合计(条)	山地河流(条)	内流区河流(条)
[7,50)	3 507	3 415	92
[50,100)	379	369	10
[100,500)	120	118	2
[500,1 000)	6	6	0
1 000 以上	1	1	0
合计	4 013	3 909	104

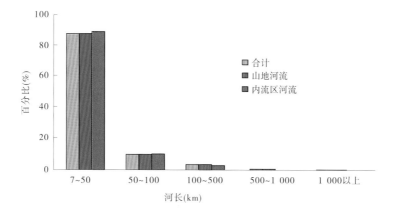

图 2.5-3　黄河流域各级河长所占比例统计图

由表 2.5-5 和图 2.5-3 可知,在普查标准以上的 3 909 条山地河流中,河长在 7～50 km 的河流有 3 415 条,占 87.4%;河长在 50～100 km 的有 369 条,占 9.4%;河长在 100～500 km 的有 118 条,占 3.0%;河长在 500～1 000 km 的有 6 条,占 0.2%;河长大于 1 000 km 的仅 1 条,占 0.03%。可见,在普查的山地河流中,96.8% 的河流河长在 100 km 以下。河长大于 500 km 的 7 条河流分别为黄河、渭河、汾河、北洛河、洮河、大通河和黑河。

在普查标准以上的 104 条鄂尔多斯内流区河流中,河长在 7～50 km 的河流有 92 条,占 88.5%;河长在 50～100 km 的有 10 条,占 9.6%;河长在 100～500 km 的有 2 条,占 1.9%。鄂尔多斯内流区河流河长均小于 500 km;最长的为跨内蒙古鄂托克旗和杭锦旗的摩林河,河长为 187 km。在普查的内流区河流中,98% 以上的河长小于 100 km。

2.5.1.4　按河流级别统计

《全国河湖基本情况普查实施方案》规定:独立的直接入海的干流为 0 级,流入 0 级的河流为 1 级支流,流入 1 级支流的河流为 2 级支流,以此类推,黄河为 0 级,直接流入黄河的河流为 1 级支流,如渭河、洛河等。按河湖普查的河流编码规则,将鄂尔多斯内流区以及宁夏地区诸多山地平原散流区作为虚拟的黄河区间 1 级河段(河流)对待,内流区的独立河流或流入湖(淖)的河流为 2 级,流入 2 级河流的支流为 3 级,以此类推。

黄河流域河流数量按河流级别统计见表 2.5-6 和图 2.5-4。

表2.5-6　黄河流域按河流级别统计河流数量表

河流级别	山地河流		内流区河流	
	条	比例(%)	条	比例(%)
0 级	1	0.03	0	0
1 级	535	13.7	0	0
2 级	1 560	39.9	46	44.2
3 级	1 180	30.2	43	41.3
4 级	469	12.0	14	13.5
5 级	134	3.4	1	1.0
6 级	30	0.77	0	0
合 计	3 909	100	104	100

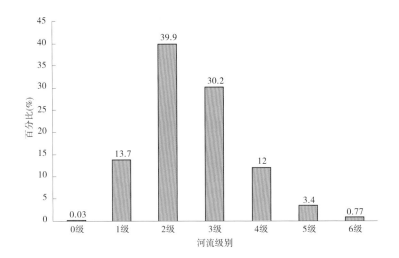

图2.5-4　黄河各级山地河流条数所占比例统计图(不含内流区)

由表2.5-6和图2.5-4可知,黄河山地河流级别分为7级。0级就是黄河干流;1级河流就是直接入黄的河流,共535条,占13.7%,其中面积大于1 000 km² 的河流有88条,面积大于3 000 km² 的河流有41条,面积大于10 000 km² 的河流有11条;2级河流1 560条,占39.9%,比例最大;3级河流1 180条,占30.2%;4级、5级河流分别为469条和134条,分别占12.0%和3.4%;6级河流30条,占0.77%。

鄂尔多斯内流区是黄河虚拟的一级区间河段,内流区内的河流分为2~5级河流。其中2级和3级河流占的比例较大,分别为44.2%和41.3%;4级河流次之,占13.5%;5级河流最少,仅占1.0%。详见表2.5-6和图2.5-5。

表2.5-7是黄河流域山地河流不同流域面积级别的干支流条数分布统计,可以看出,面积在50~1 000 km² 的河流在1~6级中均有分布,面积在1 000~10 000 km² 的河流,

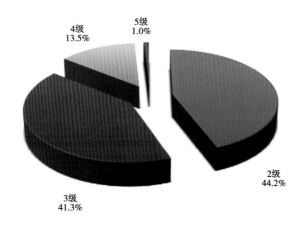

图 2.5-5　鄂尔多斯内流区各河流级别所占比例统计图

分布在 1~4 级中,面积在 10 000 km² 以上的河流,分布在 0~3 级中。也就是说,面积小的河流分布较广,面积大的河流分布较窄。

表 2.5-7　黄河流域山地河流不同面积级别的干支流分级条数统计表

流域面积(km²)	河流条数	河流干支流条数						
		0 级	1 级	2 级	3 级	4 级	5 级	6 级
[50,100)	1 941		185	709	648	298	79	22
[100,1 000)	1 773		262	771	511	166	55	8
[1 000,3 000)	129		47	63	16	3		
[3 000,10 000)	49		30	13	4	2		
10 000 以上	17	1	11	4	1			
合计	3 909	1	535	1 560	1 180	469	134	30

　　鄂尔多斯内流区河流与山地河流的分布规律则不相同。表 2.5-8 是鄂尔多斯内流区不同流域面积级别的河流分布统计表。

表 2.5-8　鄂尔多斯内流区不同面积级别河流的分布统计表

流域面积(km²)	河流条数	河流干支流条数			
		2 级	3 级	4 级	5 级
[50,100)	31	7	15	9	
[100,1 000)	69	36	27	5	1
[1 000,3 000)	2	1	1		
[3 000,10 000)	2	2			
合计	104	46	43	14	1

　　由表 2.5-8 可见,鄂尔多斯内流区河流分布在 2~5 级河流中,其中流域面积

50 ~ 100 km² 的河流分布在 2、3、4 级中，主要是 3 级，约占一半；面积在 100 ~ 1 000 km² 的河流在 4 个级别中均有分布，主要分布在 2 级，占一半以上，其次为 3 级，5 级最少，仅有 1 条；面积在 1 000 ~ 3 000 km² 的河流，2 级和 3 级各 1 条；面积在 3 000 ~ 10 000 km² 的河流只有 2 条，全部为 2 级河流。由此可见，面积越大的河流，其河流级别相对越高；面积越小的河流，其河流级别越低，分布也越广。

2.5.1.5 按二级流域(水系)统计

河湖普查对全国二级流域(水系)进行重新编码，黄河干流分为 8 个区段和 7 个水系，共有二级流域(水系)15 个，即洮河、湟水、无定河、汾河、渭河、洛河、大汶河 7 条河流和由其河口分开的 8 个干流区间。

黄河流域按二级水系统计标准以上河流数量表见表 2.5-9，黄河流域七大水系河流数量分布图见图 2.5-6。

表 2.5-9　黄河流域按二级水系统计河流数量表　(单位:条)

水系	≥50 km²	≥100 km²	≥1 000 km²	≥3 000 km²	≥10 000 km²
洮河	158	72	8	1	1
湟水	208	95	4	3	2
无定河	105	66	8	3	1
汾河	207	118	12	3	1
渭河	677	349	35	14	5
洛河	117	59	3	2	1
大汶河	52	27	4	1	0
合计	1 524	786	74	27	11

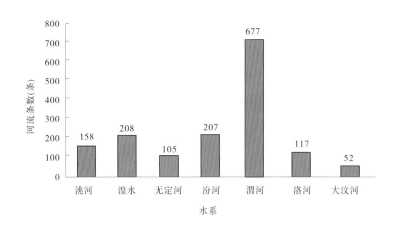

图 2.5-6　黄河流域七大水系河流数量分布图

由表 2.5-9 和图 2.5-6 可以看出，在黄河流域的七大水系中共有 1 524 条河流，约占全流域河流条数的 38.0%。其中渭河水系河流最多，为 677 条，占七大水系的 44.4%，占全流域河流的 16.9%；湟水水系和汾河水系次之,分别为 208 和 207 条,均占七大水系的约 13.6%；洮河水系、洛河水系、无定河水系分别有 158 条、117 条和 105 条河流,占七大水系的 10.4%、7.7% 和 6.9%；大汶河水系河流数最少,为 52 条,仅占七个水系河流数的 3.4%。

2.5.1.6 按黄河上、中、下游统计

根据河道特征、自然地理、地貌和水系分布以及水沙特征等,黄河分为上、中、下游三个区域及鄂尔多斯内流区。

河源至河口镇为上游,河口镇至桃花峪为中游,桃花峪至黄河河口为下游。由于鄂尔多斯内流区是以地下水按多方向补给黄河流域,因此将该区作为一个独立的特殊区域进行统计分析。按黄河上、中、下游和鄂尔多斯内流区统计河流情况见表 2.5-10。

表 2.5-10 黄河流域按上、中、下游和鄂尔多斯内流区统计河流数量表 （单位:条）

分区	≥50 km²	≥100 km²	≥1 000 km²	≥3 000 km²	≥10 000 km²
上游	2 052	999	100	30	7
中游	1 736	910	87	33	9
下游	120	58	7	2	
内流区	104	73	4	2	
合计	4 012	2 040	198	67	16

经统计,黄河流域上、中、下游分别有标准以上河流 2 052、1 736 条和 120 条,分别占全流域的 51.1%、43.3% 和 3.0%,鄂尔多斯内流区有 104 条河流,占全流域的 2.6%,见图 2.5-7。

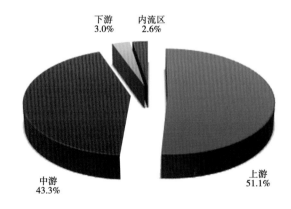

图 2.5-7 黄河流域上、中、下游和内流区河流条数占全流域比例图

2.5.1.7 按跨界类型统计

河湖普查河流跨界类型分为跨国并跨省、跨国、跨省、跨县以及县界内五类。黄河流域没有国际河流,只有跨省、跨县和县界内三种类型。

黄河流域按跨界类型统计河流数量见表 2.5-11 和图 2.5-8。

表 2.5-11　黄河流域按跨界类型统计河流数量表

类型	合计(条)	山地河流(条)	内流区河流(条)
跨省	294	282	12
跨县	1 381	1 352	29
县界内	2 338	2 275	63
合计	4 013	3 909	104

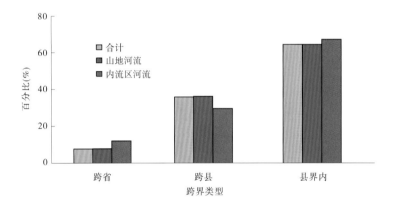

图 2.5-8　黄河流域不同跨界类型河流所占比例图

由表 2.5-11 和图 2.5-8 可知,在黄河流域 4 013 条普查标准以上的河流中,跨省河流 294 条,占 7.3%;跨县河流 1 381 条,占 34.4%;县界内河流最多,为 2 338 条,占 58.3%。

在 294 条跨省河流中,山地河流 282 条,约占 96%;鄂尔多斯内流区河流只有 12 条,不足 4%。

在 282 条跨省山地河流中,100~1 000 km² 的河流最多,有 142 条,占 50.4%;其次是 50~100 km²,有 73 条,占 25.9%;面积在 1 000~3 000 km² 和 3 000~10 000 km² 河流所占比例在 10% 左右;10 000 km² 以上的河流最少,共 13 条,占 4.6%。鄂尔多斯内流区跨省河流主要分布在 50~100 km² 和 100~1 000 km² 两个区间,分别占 41.7% 和 58.3%。黄河流域跨省河流分布情况统计表见表 2.5-12,黄河流域跨省河流分布情况图见图 2.5-9。

表 2.5-12　黄河流域跨省河流分布情况统计表

分类	合计(条)	山地河流(条)	内流区河流(条)
≥50 km²	294	282	12
≥100 km²	216	209	7
≥1 000 km²	67	67	
≥3 000 km²	35	35	
≥10 000 km²	13	13	

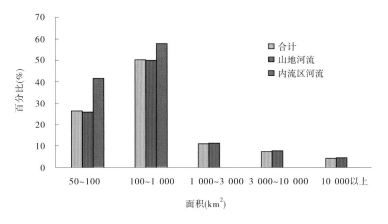

图 2.5-9　黄河流域跨省河流分布情况图

黄河流域跨省山地河流在七大水系的分布情况见表 2.5-13 和图 2.5-10。

表 2.5-13　黄河流域跨省河流各水系分布情况表 （单位:条）

水系	不同级别面积(km^2)					
	50～100	100～1 000	1 000～3 000	3 000～10 000	10 000 以上	合计
洮河		2	4		1	7
湟水	4	3			1	8
无定河	0	8	3	1	1	13
汾河						0
渭河	23	46	6	6	5	86
洛河		2			1	3
大汶河						0

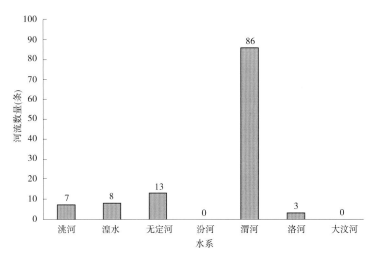

图 2.5-10　黄河流域跨省河流水系分布情况图

由表 2.5-13 和图 2.5-10 可以看出,在黄河流域七大水系中,渭河水系跨省河流最多,为 86 条,占全流域跨省河流的 29.3%;其次无定河水系有 13 条,占 4.4%;洮河水系和湟水水系分别为 7 条和 8 条,洛河水系有 3 条,汾河水系和大汶河水系没有跨省河流。

2.5.2 流域特征系数分析

流域特征系数是指流域的平均宽度、形状系数、河网密度、不均匀系数等。下面重点分析黄河和七大水系的河流特征系数。需要说明的是,流域特征系数是指流域的自然地理特征的反映,因此计算流域特征系数时,河长必须是流域中最长的或接近最长的一条河的河长。

2.5.2.1 流域平均宽度和流域形状系数

流域平均宽度为流域面积与河长的比值,流域形状系数是流域面积与河长平方的比值。黄河流域及其七大水系流域平均宽度和流域形状系数见表 2.5-14 及图 2.5-11、图 2.5-12。

表 2.5-14　黄河流域及其七大水系流域平均宽度和形状系数统计表

水系	河长(km)	流域面积(km²)	流域平均宽度(km)	流域形状系数
黄河	5 687	813 122	143	0.03
洮河	699	25 520	37	0.05
湟水	643	32 878	51	0.08
无定河	477	30 496	64	0.13
汾河	713	39 721	56	0.08
渭河	830	134 825	162	0.20
洛河	445	18 876	42	0.10
大汶河	231	8 944	39	0.17

注:湟水的河长为大通河河源至湟水入黄口的长度。

由表 2.5-14 和图 2.5-11 可见,黄河流域及其七大水系中,流域平均宽度最大是渭河水系,为 162 km;其次为黄河流域,为 143 km;其余水系的流域平均宽度均在 64 km 以下;最小的为洮河水系,仅 37 km。

由表 2.5-14 和图 2.5-12 可以看出,在七大水系中,流域形状系数最大的是渭河水系,其次为大汶河水系。黄河流域形状系数只有 0.03,其次是洮河为 0.05。

2.5.2.2 流域河网密度

流域内干支流总河长与流域面积的比值为河网密度,表示单位面积内占有的河流长度。黄河流域及其七大水系河网密度统计见表 2.5-15、图 2.5-13。

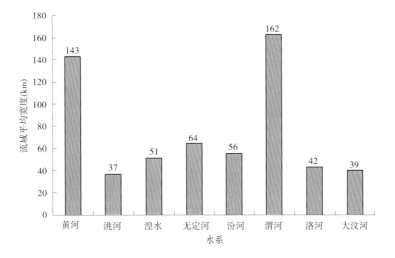

图 2.5-11   黄河流域及其七大水系流域平均宽度示意图

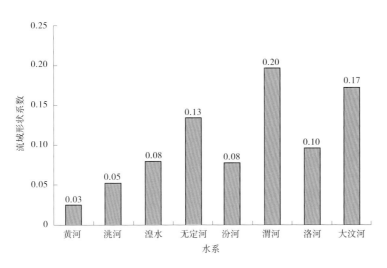

图 2.5-12   黄河流域及其七大水系流域形状系数示意图

表 2.5-15   黄河流域及其七大水系河网密度统计表

水系	干支流总河长（km）	流域面积（km²）	河网密度（km/km²）
黄河	140 257	813 122	0.17
洮河	5 103	25 520	0.20
湟水	6 488	32 878	0.20
无定河	3 519	30 496	0.12
汾河	7 358	39 721	0.19
渭河	24 524	134 825	0.18
洛河	3 878	18 876	0.21
大汶河	1 595	8 944	0.18

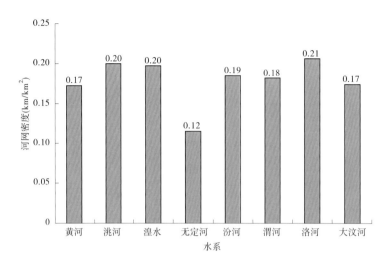

图2.5-13　黄河流域及其七大水系河网密度示意图

　　由表2.5-15和图2.5-13可以看出,黄河流域及其七大水系的河网密度比较均匀,除无定河为0.12 km/km² 外,其余都在0.17~0.21 km/km²,洛河最大,为0.21 km/km²。

2.5.2.3　水系不均匀系数

　　水系不均匀系数是指流域中干流的一岸支流总河长与另一岸支流总河长之比。黄河流域水系不均匀系数(为方便比较,取支流总长度大的一岸与支流总长度小的一岸比较)见表2.5-16及图2.5-14。

表2.5-16　黄河流域及其七大水系不均匀系数统计表

水系	右岸支流总长(km)	左岸支流总长(km)	不均匀系数
黄河	83 524	51 046	1.64
洮河	2 242	2 162	1.04
湟水	1 592	4 527	2.84
无定河	1 940	1 102	1.76
汾河	2 891	3 754	1.30
渭河	4 248	19 446	4.58
洛河	2 059	1 374	1.50
大汶河	892	472	1.89

　　由表2.5-16可以看出,黄河右岸支流总长度是左岸支流总长度的1.64倍。在黄河流域的七个二级水系中,左岸支流总长度大于右岸支流总长度的河流有湟水、汾河和渭河;右岸支流总长度大于左岸支流总长度的河流有洮河、无定河、洛河和大汶河。左右岸河长最不均匀的水系为渭河水系,左岸支流长度约为右岸支流长度的4.58倍;其次为湟水,左岸支流总长度为右岸支流总长度的2.48倍。最均匀的水系为洮河,右岸支流总长度和左岸支流总长度基本一样,右岸比左岸仅长80 km;其次较均匀的为汾河水系,左岸

支流总长度是右岸支流总长度的 1.3 倍。详见图 2.5-14。

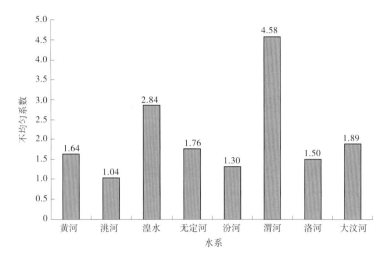

图 2.5-14　黄河及其七大水系不均匀系数示意图

2.5.2.4　河流比降

黄河干流平均比降为 0.596‰,黄河流域标准以上河流中比降最大的河流为隆务河的支流姜曲,比降为 68.3‰;比降最小的河流为黄河下游支流金堤河,仅为 0.081‰,可见最大比降和最小比降跨度非常大。

表 2.5-17 是黄河流域上、中、下游和内流区标准以上河流平均比降统计表,由表可以看出,上游各河流的比降的平均值大于中游的平均值,而中游的平均值又大于下游的平均值。

表 2.5-18 及图 2.5-15 为黄河干流及七大水系干流的平均比降统计。可以看出,七大水系的比降均大于黄河干流的比降,这符合普勒非尔定律:在流域内相互贯通的河网系统中,任何一条支流在河口附近的河床坡降,都会大于或略大于它们的干流坡降。

表 2.5-17　黄河流域上、中、下游和内流区平均比降统计表

区域	项目	比降(‰)	河名	上一级河流	所在水系或区间
上游	最大值	68.3	姜曲	隆务河	洮河以上
	最小值	0.116	黑河	黄河	洮河以上
	平均值	14.13			
中游	最大值	63	白云峡	石头河	渭河水系
	最小值	0.093	二四区涝河	黄河	洛河—大汶河区间
	平均值	11.06			
下游	最大值	9.3	锦阳川	玉符河	大汶河以下
	最小值	0.081	金堤河	黄河	洛河—大汶河区间
	平均值	2.15			
内流区	最大值	8.53	孤山涧	八里河	
	最小值	1.41	乌兰淖沟	—	
	平均值	4.59			

在七大水系中,湟水平均比降最大,为4.16‰;其次为洮河和大汶河,分别为2.48‰和2.03‰;洛河和无定河比较接近,分别为1.79‰和1.73‰;渭河的平均比降较小,为1.27‰;汾河平均比降最小,为1.1‰。

表2.5-18　黄河干流及其七大水系干流平均比降统计表

水系	黄河	洮河	湟水	无定河	汾河	渭河	洛河	大汶河
平均比降(‰)	0.596	2.48	4.16	1.73	1.1	1.27	1.79	2.03

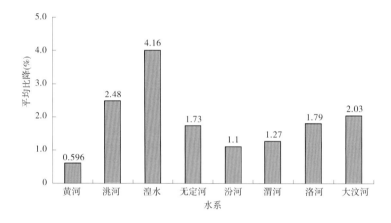

图2.5-15　黄河干流及其七大水系干流平均比降示意图

2.5.3　湖泊统计

湖泊是指陆地上的贮水洼地,是由湖盆、湖水及其中所含物质组成的宽阔水域的综合自然体。湖泊常按湖盆的成因、湖水进出情况、湖水与海洋沟通情况、湖水矿化度等进行分类。如河成湖、人工湖、堰塞湖等是按湖盆成因分类的,由原河流改道、在洼地形成湖盆,再经过人工筑堤坝拦蓄洪水形成新的湖泊,如黄河的东平湖。按湖泊与海洋沟通情况可分外流湖和内流湖,外流湖指湖水能通过河流汇入海洋的湖泊,如扎陵湖、鄂陵湖、乌梁素海。内流湖是指地表水注入湖(淖)不能通过河流汇入海洋,如鄂尔多斯内流区内的众多内流湖。湖泊按湖水矿化度的大小可分为淡水湖(矿化度<1 g/L)、咸水湖(矿化度为1~35 g/L)和盐湖(矿化度≥35 g/L)。外流湖大部分是淡水湖,内流湖大部分为咸水湖或盐湖。

本次湖泊普查主要依据自然形成湖泊的规模,同时考虑自然属性进行分类统计。对于由修建水利工程形成的水库、塘坝,均不在普查范围之内,如三盛公、东平湖水库。

常年湖泊水面面积在1 km²以上的湖泊被确定为普查统计的对象,面积在10 km²以上的湖泊被确定为重点普查统计对象(包括名称、位置、水面面积、水质、数量和分布等)。对于一些不符合普查标准要求但具有重要意义的湖泊,如重要干涸湖泊(罗布泊)和一些比较著名的有水湖泊(杭州西湖、北京昆明湖等),属于特殊湖泊,也在普查之列。黄河流域普查水面面积在1 km²以上的湖泊共146个,其中包括特殊湖泊2个,分别是内蒙古包头九原区的永丰村南湖和内蒙古磴口县的哈尔呼热湖,均为干涸湖泊(按水面面积 1 km² 统计)。东平湖是按水库处理的,没划为湖泊。

黄河流域 146 个湖泊的特征统计见附表 2,下面重点对 146 个湖泊进行统计分析。

2.5.3.1 按面积阈值统计

黄河流域按面积阈值统计湖泊数量表见表 2.5-19,黄河流域各级水面面积湖泊数量统计表见表 2.5-20,黄河流域湖泊按面积级别统计分布示意图见图 2.5-16。

表 2.5-19 黄河流域湖泊按面积阈值数量统计表

面积阈值级别	湖泊数量(个)	比例(%)
≥1 km²	146	100
≥10 km²	23	15.8
≥50 km²	3	2.1
≥100 km²	3	2.1
≥500 km²	2	1.4

表 2.5-20 黄河流域各级水面面积湖泊数量统计表

水面面积(km²)	湖泊数量(个)	比例(%)
[1,10)	123	84.2
[10,50)	20	13.7
[50,100)	0	0
[100,500)	1	0.7
500 以上	2	1.4

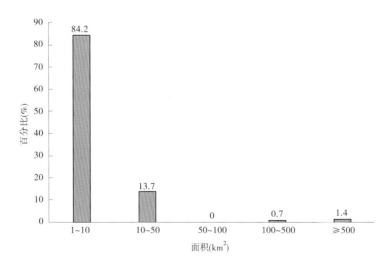

图 2.5-16 黄河流域湖泊按面积级别统计分布示意图

由表 2.5-19、表 2.5-20 和图 2.5-16 可以看出,黄河流域共普查水面面积大于 1 km²

湖泊 146 个,其中 1 ~ 10 km² 以上 123 个,占普查湖泊总数的 84.2%;10 ~ 50 km² 的湖泊 20 个,占普查湖泊总数的 13.7%;50 ~ 100 km² 的湖泊 0 个;100 km² 以上的湖泊 3 个,占普查湖泊总数的 2.1%,分别是乌梁素海、扎陵湖和鄂陵湖,面积分别为 130 km²、528 km² 和 644 km²。

2.5.3.2 按二级水系统计

黄河流域按水系(区间)统计湖泊数量表见表 2.5-21。

表 2.5-21 黄河流域按水系(区间)统计湖泊数量表

水系(区间)	湖泊数量(个)	比例(%)
洮河	1	0.7
湟水	1	0.7
无定河	2	1.4
汾河	1	0.7
渭河	1	0.7
洮河以上	47	32.2
湟水—无定河区间	88	60.2
汾河—渭河区间	4	2.7
渭河—洛河区间	1	0.7
合计	146	100

注:湟水—无定河区间含内流区的湖泊。

由表 2.5-21 可见,黄河流域湖泊主要分布在各水系的区间,共 140 个,约占普查湖泊的 95.9%,主要分布在洮河以上和湟水—无定河区间,即主要分布在青海省和内蒙古鄂尔多斯内流区。青海省有 43 个湖泊,鄂尔多斯内流区有 43 个湖泊,各占黄河流域湖泊总数的 29.5%;七大水系共有 6 个湖泊,仅占 4.1%。

黄河流域七大水系中,洛河和大汶河水系没有湖泊,无定河水系 2 个,洮河、湟水、汾河、渭河水系各 1 个。

2.5.3.3 按咸淡水属性统计

普查湖泊咸淡水属性按矿化度分为淡水湖(矿化度 <1g/L)、咸水湖(矿化度 1 ~ 35 g/L)、盐湖(矿化度 ≥35 g/L)。黄河流域按咸淡水属性统计湖泊数量见表 2.5-22,按咸淡水属性分布示意图见图 2.5-17。

表 2.5-22 黄河流域按咸淡水属性统计湖泊数量表

分类	湖泊数量(个)	比例(%)
淡水湖	61	41.8
咸水湖	59	40.4
盐湖	25	17.1
其他	1	0.7
合计	146	100

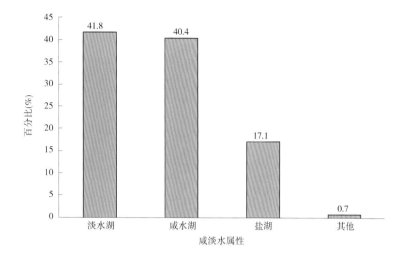

图 2.5-17 黄河流域湖泊按咸淡水属性分布示意图

由表 2.5-22 和图 2.5-17 可以看出,黄河流域湖泊主要为淡水湖和咸水湖,分别占全流域湖泊的 41.8% 和 40.4%;盐湖共 25 个,占全流域湖泊的 17.1%;另外,还有 1 个青海省共和县的干海,因没有资料,无法统计其咸淡水属性。

2.5.3.4 按跨界类型统计

湖泊的跨界类型和河流一样,分为 5 种,分别为跨国并跨省、跨国、跨省、跨县和县界内。

黄河流域湖泊只有跨省、跨县和县界内 3 种情况。黄河流域湖泊按跨界类型统计分布情况见表 2.5-23 和图 2.5-18。

表 2.5-23 黄河流域按跨界类型统计湖泊数量表

分类	湖泊数量(个)	比例(%)
跨省	2	1.4
跨县	8	5.5
县界内	136	93.1
合计	146	100

由表 2.5-23 和图 2.5-18 可以看出,黄河流域约 93.1% 的湖泊是在县界内,跨县湖泊 8 个,约占 5.5%,跨省湖泊只有 2 个,分别为红碱淖和震湖,其中红碱淖跨陕西神木县和内蒙古伊金霍洛旗,震湖跨宁夏西吉县和甘肃会宁县。

2.5.3.5 按省(区)统计(含跨省湖泊)

黄河流域只有红碱淖和震湖是跨省湖泊,按省(区)统计湖泊分布详见表 2.5-24。

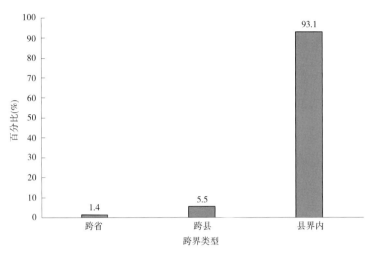

图 2.5-18　黄河流域湖泊按跨界类型分布示意图

表 2.5-24　黄河流域按省(区)统计湖泊数量分布表

省(区)	湖泊数量(个)	备注
青海	43	
四川	5	
甘肃	1+0.5	震湖是跨甘肃和宁夏湖泊
宁夏	14+0.5	震湖是跨甘肃和宁夏湖泊
内蒙古	71+0.5	红碱淖是跨内蒙古和陕西湖泊
陕西	4+0.5	红碱淖是跨内蒙古和陕西湖泊
山西	6	
河南	0	
山东	0	
合计	146	

由表 2.5-24 可见,在黄河流域九省(区)中,内蒙古湖泊最多,为 72 个,其中 1 个为跨省湖泊,内蒙古湖泊大部分位于鄂尔多斯内流区,共 43 个;其次为青海省,43 个湖泊;宁夏再次之,共 15 个湖泊,其中 1 个为跨省的震湖;山西 6 个湖泊;四川 5 个湖泊;陕西 5 个湖泊,其中 1 个为跨省的红碱淖;甘肃 2 个湖泊,其中 1 个为跨省的震湖,另一个为尕海湖;河南省和山东省在黄河流域没有湖泊。

2.5.4　湖泊特征分析

《全国河湖基本情况普查实施方案》规定:常年水面面积在 10 km² 及以上湖泊,除普查其水面面积外,还需普查其形态特征,主要包括平均水深、最大水深和湖泊容积。要求有条件的省(区)开展现场测量,没有条件的省(区)收集以往资料。

黄河流域共普查常年水面面积在 10 km² 及以上湖泊 23 个,受时间和经费等因素的限制,只有陕西省开展了红碱淖的现场测量工作,其余都没有普查其形态特征。

红碱淖湖区湖泊容积测量工作于 2012 年 4 月初至 5 月中旬完成各项外业工作,2012

年 5 月底完成内业数据整理、数字化地形图成图、1:10 000 地形图编绘、湖泊容积计算及报告编写等工作。根据湖泊容积计算成果,红碱淖湖泊最大水深 5.1 m,平均水深 2.75 m,水域面积 33.2 km²,其中陕西境内 27.3 km²,内蒙古境内 5.9 km²。湖泊容积 1.071 亿 m³,其中陕西省境内容积为 0.894 亿 m³,内蒙古境内为 0.177 亿 m³。

鄂陵湖和扎陵湖是黄河上的两颗明珠,扎陵湖居西,鄂陵湖居东,两湖相距 28 km。据黄委 1979 年 7 月施测资料,扎陵湖水面高程在 4 293 m 时,水面面积 526 km²,周长 123 km,平均水深 8.9 m,最大水深 13.1 m,容积 46.7 亿 m³;鄂陵湖水面高程在 4 269 m 时,水面面积 611 km²,周长 153 km,平均水深 17.6 m,最大水深 30.7 m,容积 107.6 亿 m³。

2014 年 5 月 21 日至 6 月 10 日,黄委水文局和青海省水文局开展扎陵湖、鄂陵湖容积测量工作。其主要成果如下:以测量期间平均水位作为计算水位,扎陵湖湖面高程为 4 290.8 m 时,水面面积为 544.7 km²,东西长 37.4 km,南北宽 23.51 km,平均水深 9.0 m,最大水深 13.5 m,容积 49.0 亿 m³;鄂陵湖湖面高程为 4 270.1 m 时,水面面积为 650.8 km²,东西宽 37.2 km,南北长 37.8 km,平均水深 17.8 m,最大水深 32.1 m,容积 115.9 亿 m³。

黄河流域水面面积大于 10 km² 的湖泊特征统计表见表 2.5-25。

表 2.5-25 黄河流域水面面积大于 10 km² 的湖泊特征统计表

湖泊名称	水面面积 (km²)	咸淡水 属性	平均水深 (m)	最大水深 (m)	湖泊容积 (亿 m³)	所在省	跨界 类型
阿涌尕玛错	20.5	1	−1	−1	−1	青海	5
阿涌贡玛错	29.2	1	−1	−1	−1	青海	5
阿涌哇玛错	25.2	1	−1	−1	−1	青海	5
鄂陵湖	644	1	(17.6)	(30.7)	(107.6)	青海	5
尕拉拉错	20.3	1	−1	−1	−1	青海	5
岗纳格玛错	31.3	1	−1	−1	−1	青海	5
寇察	19.1	1	−1	−1	−1	青海	5
龙热错	16.8	2	−1	−1	−1	青海	5
日格错岔玛	15.6	1	−1	−1	−1	青海	5
扎陵湖	528	1	(8.9)	(13.1)	(46.7)	青海	4
桌让错	11.8	1	−1	−1	−1	青海	5
巴汗淖	12.1	3	−1	−1	−1	内蒙古	5
哈素海	15.4	1	−1	−1	−1	内蒙古	5
红碱淖	33.2	1	2.75	5.1	1.071	陕西、内蒙古	3
胡同察汗淖尔	20	2	−1	−1	−1	内蒙古	5
牧羊海子	16.1	2	−1	−1	−1	内蒙古	5
沙湖	31.5	2	(1.5)	(4.5)	(0.473)	宁夏	5
乌梁素海	130	1	−1	−1	−1	内蒙古	5
星海湖	23.4	1	(2)	(3.2)	(0.858)	宁夏	5
伍姓湖	10.9	1	(3.47)	(6.1)	(0.125)	山西	5
硝池	13.7	3	(4.07)	(7.1)	(0.765)	山西	5
盐池	48.2	3	(0.9)	(2.1)	(0.261)	山西	5
尕海湖	20.5	1	−1	−1	−1	甘肃	5

注:带括号的为现有资料,−1 为无资料;咸淡水属性:1—淡水湖,2—咸水湖,3—盐湖;跨界类型:1—跨国并跨省,
2—跨国,3—跨省,4—跨县,5—县界内。

2.6 提供全新的黄河水文测站地理特征信息

本次河湖普查,将黄河流域现有水文站点的地理特征等信息重新普查一遍,提供了全新的黄河水文测站地理特征数据以及有关的信息。

黄河流域现有基本水文站 381 个,水位站 65 个,雨量站 2 290 个。按国普办的要求,流域和各省(区)对自己管辖的水文站点坐标位置要进行现场测量(黄委管辖的水文站有 118 个,水位站 45 个,雨量站 765 个)。其方法是统一将 GPS 置于基本断面岸边最高水尺或中常水岸边较高水尺处观测或置于水位计和雨量计处观测,按度、分、秒记至 0.1″。根据水文站地理坐标数据,再通过内业"3S"技术,重新量算水文站以上的控制面积和河长,使水文站点地理特征数据的质量和精度有很大的提高。

根据国普办的统一规定,普查了标准以上流域的年均降雨深、径流深及河流的实测和历史调查最大洪水。

下面介绍黄河流域水文站网的历史沿革和现有水文站网的分布情况,黄委管辖的水文站特征信息以及有关的水文特征信息。

2.6.1 黄河流域水文站网的发展

水文测站是收集和提供水文要素的场地和基层测报单位,水文站网是由各类水文测站组成的水文资料收集系统。水文站布设要根据需要和可能,着眼于依靠站网结构发挥整体功能。所谓站网的整体功能,就是指在时间上、空间上能按照实用精度的要求,对水文资料进行内插、外延和移用,为防汛抗旱、水利工程管理运用以及水文计算分析等提供雨、水、沙信息以及实时情报预报信息。

据考证,黄河流域现代意义的水文测站始于清代,最早的站点根据当地引灌渠或防洪筑堤而设,还谈不上是站网。如清康熙二十三年(1684 年),黄河夺淮时期,在徐城(今徐州)设水志观水位;康熙四十八年(1709 年),在宁夏青铜峡硖口石崖上设水志观测水位涨落。现故宫保存的档案有《黄河万锦滩、硖口、沁河木栾店和洛河巩县历史洪水水情》资料[10],见表 2.6-1。

清乾隆元年(1736 年)以后,先后在黄河上游兰州和下游杨桥、黑岗口等 11 处险工防洪重地设立了水位站。

民国时期,黄河流域开始利用近代科技,于 1912 年在山东泰安设立第一个雨量站。黄河流域最早设立的水文站是 1915 年在大汶河设立的南城子水文站,1919 年在黄河干流设立了山东泺口水文站和河南陕县水文站。

20 世纪 30 年代,以 1931 年江淮和 1933 年黄河发生大洪水为契机,时任黄河水利委员会主任的李仪祉提出和实施了《治理黄河工作纲要》,其中包括布设水文站网的计划,这是黄河流域第一次正式实施的水文站网规划。截至 1937 年,全河水文站总数有 43 处,水位站 29 处,雨量站 185 处。以后因受日本侵略战争和国民党发动的内战影响,社会动荡不安,水文站网发展滞缓,到 1949 年底全河保持水文站 43 处,水位站增加到 48 处,雨量站减少到 45 处。但很多水文站测验项目和时段缺测,如水文站中水位、流量、含沙量三项资料齐全的只有 6 处,占总站数的 14.0%。

表 2.6-1　清代水志设立概况表

河名	站名	地点	观测起止年份	搜集资料年数
黄河	碛口	宁夏青铜峡大山嘴 (今青铜峡大坝左端)	康熙四十八年～宣统三年 (1709～1911 年)	89
沁河	木栾店	河南武陟小南门及 龙王庙处	乾隆元年～宣统二年 (1736～1910 年)	16
黄河	老坝口	江苏清江浦	乾隆二年～乾隆五十三年 (1737～1788 年)	27
黄河	徐州	江苏徐州城北石坝	乾隆十年～道光三十年 (1745～1850 年)	54
黄河	万锦滩	河南陕县水文站 基本断面上游 800 m 处	乾隆三十年～宣统三年 (1765～1911 年)	132
洛河	巩县	河南巩县(今巩义市)	乾隆三十一年～咸丰五年 (1766～1855 年)	37
黄河	顺黄坝	江苏	嘉庆八年～道光二十八年 (1803～1848 年)	27

新中国成立后,黄委和沿黄各省(区)根据治黄与发展生产的需要,陆续恢复和加速发展了一批新站,到 1955 年底,全河共有基本水文站 208 处(委属 93 处)、水位站 130 处(委属 84 处)、雨量站 623 处,分别为 1949 年的 4.8 倍、2.7 倍和 13.8 倍,从而改变了过去站网稀少、测验项目残缺的被动局面。

1956 年 2 月在全国水文工作会上,对黄河流域的水文站管理作了明确的分工,经水利部审批后执行。黄河流域水文站网规划和实施分工意见,见表 2.6-2[11]。

表 2.6-2　黄河流域水文站网规划与实施分工表

单位	负责地区
黄委	1.黄河干流及贵德以上各支流; 2.陕北、晋西各支流; 3.泾河干支流、渭河干流及宝鸡以上各支流; 4.洛、沁、汶河及潼关至花园口区间的小支流
青海省	青海省境内各支流(除贵德以上)
甘肃省	泾河以外甘肃省境内各支流,包括渠道的进退水
内蒙古	内蒙古自治区境内的各支流,包括渠道的进退水
山西省	汾河干支流及涑水河
陕西省	1.陕西境内渭河宝鸡以下各支流 2.北洛河干支流

从表2.6-2可以看出,黄委主要负责黄河干流、唐乃亥以上区域、黄河主要洪水和泥沙来源区的站网规划与实施管理。

从此以后,黄河流域站网规划和实施管理大体上按照表列分工意见执行。但也有部分变动,如1957年黄委将大汶河测站交由山东省管理,上游贵德至巴沟区间的支流站交由青海省管理。以后部分省(区)为满足当地防洪和经济建设需要,在黄委负责区内设立了一些水文(位)站,黄委实际负责管辖区域面积约31.0万 km²,约占全流域面积的38%。

1958年全国开展轰轰烈烈的"大跃进",黄河流域也掀起了大搞水利、水电、农田基本建设和水土保持建设高潮,与此同时,黄河流域的水文站网规划于1958年2月获水利部批准实施。"大跃进"的形势促使黄河水文站网大发展,到1960年底,全河基本水文站为441处(含渠道站75处)、水位站117处、雨量站826处。至此,黄河流域形成了比较完整的基本骨干站网。全河基本水文站布设平均密度为2 056 km²/站,已超过了全国平均水平。

1960年以后,为了适应黄河的自然情况和治黄工作的新要求,前后又三次修订了站网规划,但是在20世纪60、70年代因受国民经济三年暂时困难和十年"文化大革命"的影响,流域站网曾出现低谷,如1963年只有基本水文站280处、水位站64处、雨量站852处。改革开放以后,全河又逐渐恢复和发展了一批小河站,到了1984年,黄河流域水文测站达到历史最高值,共有基本水文站512处(委属156处)、水位站78处(委属44处)、雨量站2 483处(委属832处)。以后再度因水文经费短缺以及上游部分地区自然条件艰苦、交通不便、生活困难等而裁撤了一批小河站和配套雨量站。

至1990年,全河有水文站451处(委属139处)、水位站63处(委属35处)、雨量站2 357处(委属763处)。

1996年,黄委根据水文测验规范要求和黄河的实际情况,对黄委负责管理区域内的水文(位)站和雨量站进行了全面的审查,并提出委属站网的调整意见,以满足当时和今后一个时期黄河防汛、综合治理开发与水资源管理等方面的要求,与此同时,各省(区)对本辖区的水文站网也作了部分调整和发展。

本次河湖普查,流域和各省(区)上报的水文站共381处,水位站65处,雨量站2 290处,其中黄委管辖的水文站、水位站和雨量站分别是118处、45处和756处,各占全流域站处的31.0%、69%和33%。表2.6-3是黄河流域各时期水文测站的统计[12,13]。

水文站点统计有两种方法,一是按独立的建站(机构)统计,二是按观测项目统计。例如,在甲河某测验断面建立A水文站,观测流量等水文要素,A水文站又同时观测甲河附近的引水渠道A1断面和A2断面的引水流量。如果按独立的建站统计则为1处水文站,如按观测项目统计则为3处水文站,也就是说,按观测项目统计的测站数要大于按独立建站统计的测站数。表2.6-3中1990年以前水文站数是按观测项目统计的,1990年以后水文站数按独立的测站建设统计。

2010年黄河流域水文部门统计的水文站381处中还包括了非水文部门的42处。其中大河站104处,区域代表站153处,小河站124处,大河站是控制面积为3 000～5 000 km²以上大河干流上的水文站,要求两站之间的流量递变率不大于10%～15%。区域站收集区域水文资料进行水文规律分析,同时解决无资料地区的水文特征值内插问题。小河站主要进行不同下垫面的暴雨洪水的产汇流特性分析,一般控制面积约几百平方千米。

表2.6-3　黄河流域各时期水文测站统计　　　　　　　　　　　　　（单位:个）

年份	水文站		水位站		雨量站		年份	水文站		水位站		雨量站	
	全河	委属	全河	委属	全河	委属		全河	委属	全河	委属	全河	委属
1920	2	2			3		1970	368	124	67	41	1 229	332
1925	2	2			5		1975	434	141	61	38	1 457	347
1930	2	2	5	5	4		1980	512	159	76	42	2 371	808
1935	35	26	23	18	190		1985	502	157	78	47	2 464	835
1940	26	16	5	2	74		1990	451	139	63	35	2 357	763
1945	47	26	26	16	71		1995	341		51		1 940	
1950	58	28	55	39	66		2000	346		55		1 952	
1955	208	93	130	84	623		2005	348		55		1 959	
1960	441	178	117	91	826	270	2010	381	118	65	45	2 290	756
1965	388	139	71	41	1 022	263							

黄河流域雨量站2 290处,包括水文站雨量观测322处,水位站雨量观测9处,而独立的雨量站是1 959处。水位站是指独立的站,不含水文站的水位观测项目。表2.6-4是黄河流域各省(区)的水文站统计,表2.6-5是黄河流域2010年水文站、雨量站站网密度统计表[13]。

表2.6-4　黄河流域各省(区)的水文站统计表

省(区)	大河站	区域代表站	小河站	合计	黄委管辖站
青海	15	14	6	35	14
四川	1	1	0	2	2
甘肃	24	30	11	65	22
宁夏	5	9	32	46	3
内蒙古	5	24	18	47	5
陕西	23	37	13	73	30
山西	11	23	18	52	13
河南	12	11	5	28	23
山东	8	4	21	33	6
合计	104	153	124	381	118

表 2.6-5　黄河流域 2010 年水文站、雨量站站网密度统计表

序号	水系名称	集水面积（km²）	水文站		雨量站	
			站数	平均密度（km²/站）	站数	平均密度（km²/站）
1	黄河上游区上段	206 107	22	9 368	95	2 169
2	洮河	25 520	13	1 963	34	751
3	湟水	32 878	22	1 494	87	378
4	黄河上游区下段	131 402	72	1 825	289	455
5	黄河中游区上段	72 521	33	2 198	316	229
6	窟野河	8 710	7	1 244	52	168
7	无定河	30 496	11	2 772	92	331
8	黄河中游区下段	16 286	6	2 714	100	163
9	汾河	39 721	25	1 589	229	173
10	渭河（干）	62 369	37	1 686	272	229
11	泾河	45 458	31	1 466	220	207
12	北洛河	26 998	8	3 375	78	346
13	黄河下游区	27 261	11	2 478	124	220
14	大汶河	8 944	26	344	58	154
15	洛河	18 876	15	1 258	140	135
16	沁河	13 069	7	1 867	67	195
17	黄河干流		35		35	
18	鄂尔多斯地表内流区	46 505	0		2	23 252
19	合计	813 122	381	2 134	2 290	355

表 2.6-5 中黄河上游区上段指下河沿以上区域（不含洮河、湟水），上游区下段指下河沿—河口镇；中游区上段指河口镇—龙门（不含窟野河、无定河），中游区下段指龙门—三门峡（不含渭河、汾河）；下游区指三门峡以下（不含洛河、沁河、大汶河）；大汶河水文站包括了部分重要渠道站。从表中可以看出，黄河流域水文站网平均密度为 2 134 km²/站，雨量站网平均密度为 355 km²/站，基本达到世界气象组织（WMO）推荐的容许最稀站网密度。从站网分布看，自然环境较好、水资源利用程度高的区域和洪水、泥沙主要来源区站网密度较高；自然条件差、人口稀少、水资源利用程度低、国民经济较落后的地区则站网密度低，这也符合站网布设的一般原则要求。但若作进一步分析，目前还有局部地区站点过于偏稀，以及存在水文空白地区现象，有待今后进一步分析解决。

2.6.2　新的黄河流域水文站特征值信息

表 2.6-6 列出了黄委管辖的部分水文站的特征值，黄委管辖的 118 个水文站特征值详见附表 3。表中包括了水文站站名、地址、地理坐标、集水面积、河长、设站年份和测验项目。黄河流域基本水文站分布图见附图 1。

表 2.6-6　黄委管辖的国家基本水文站特征信息部分示意表

序号	测站名称	河流	水文站坐标		集水面积（km²）	河长（km）	设站年份	水文站地址		测验项目									
			经度	纬度				市（县）	乡镇、村	流量	水位	降水	蒸发	水质	输沙率	颗分	水温	冰情
1	吉迈（四）	黄河	99°39′20″	33°46′06″	45 318	664	1958	达日县	吉迈	1	1	1	1		1		1	1
2	门堂	黄河	101°02′39″	33°46′29″	59 856	919	1987	久治县	门堂乡	1	1	1					1	1
3	玛曲（二）	黄河	102°04′58″	33°57′39″	86 299	1 264	1959	玛曲县	黄河大桥	1	1	1		1	1		1	1
4	军功	黄河	100°38′42″	34°41′04″	98 716	1 495	1979	玛沁县	军功乡	1	1	1	1		1		1	1
5	唐乃亥	黄河	100°09′18″	35°29′59″	122 277	1 643	1955	兴海县	唐乃亥乡	1	1	1		1	1		1	1
6	贵德（二）	黄河	101°23′27″	36°02′24″	142 872	1 828	1954	贵德县	河西乡	1	1	1		1	1		1	
7	循化（三）	黄河	102°26′41″	35°52′13″	154 510	1 980	1945	循化县	积石镇	1	1	1		1	1		1	
8	小川	黄河	103°19′34″	35°56′08″	190 980	2 198	1948	永靖县	刘家峡镇	1	1	1		1	1		1	
9	上诠（六）	黄河	103°16′29″	36°03′38″	191 908	2 128	1942	永靖县	盐锅峡镇	1	1	1	1		1		1	
10	兰州	黄河	103°48′53″	36°03′50″	232 592	2 194	1934	兰州市	滨河路	1	1	1		1	1		1	
11	安宁渡（二）	黄河	104°40′50″	36°34′54″	250 684	2 327	1953	白银市	水泉乡	1	1	1	1		1		1	

从附表3中可看出：

（1）水文站的地理位置坐标数据从现在应用的度、分两位全部改成度、分、秒三位。新的地理坐标全部采用手持 GPS 仪统一放置在测流断面岸边最高水尺或中常水岸边较高位置进行现场测量，同时抽取 3% ~ 5% 的站点进行第二次现场复核，最后将观测到的坐标值标记在 1:5 万地形图上进行合理性校核，使水文站的地理坐标位置从技术上、方法上达到一致性，在精度上比以前有很大提高。

（2）水文站集水面积和河长是在清查河流数字水系、流域边界的基本特征的基础上，重新提取水文站以上的流域边界、河道线计算的。附图 1 列出了黄河流域 2012 年基本水文站分布图。经分析，本次普查的委管水文站的集水面积和河长数据与现在应用的数据比较，除有两个站因测验断面位置迁移及 5 个站因地处沙漠和平原河网区有较大的变化外，其他各站的变化都没有超过允许误差标准，但水文站的特征值数据的精度整体上有很大的提高。

（3）黄河干流上设站最早的是陕县、添口站（1919 年设），其次是潼关站（1929 年设），再次是兰州、龙门、高村、利津站（1934 年设），吴堡站（1935 年设），花园口站（1938 年设），青铜峡站（1939 年设）；黄河支流上设站最早的是咸阳站（1931 年设），其次是张家山站（1932 年设），武陟、洑头站（1933 年设），黑石关、河津站（1934 年设），泾川站（1936 年设），民和、享堂站（1939 年设）。以上都是黄河上的老水文站。经统计，委属站在 1949 年以前设立的共有 25 个，占现有站的 21.2%，改革开放（1978 年）以来新设立 17 个站，占现有站的 14.4%。

2.6.3 标准以上河流的流域降水和径流量成果

按照河湖普查实施方案的要求，普查流域面积大于 100 km² 的所有河流多年平均流域降水深和径流深，时段取 1956 ~ 2000 年系列。为此，黄委河湖组参照黄河流域第二次水资源调查评价成果、水文年鉴、水情手册等现有资料进行统计分析，下面重点介绍黄河流域按水资源分区和省（区）统计的有关主要成果（表中的面积仍采用原计算面积）[14]。

2.6.3.1 黄河流域多年平均降水深为 447.1 mm

表 2.6-7 和表 2.6-8 分别为黄河流域水资源二级区和各省（区）年均降水量统计表。从各水系看，年均降水深最大的是三门峡至花园口区间，年均降水深为 659.5 mm；其次是花园口以下地区，年均降水深为 647.8 mm。降水深最少的是兰州至河口镇区间，年均降雨深为 261.7 mm，其次是鄂尔多斯地表内流区，年均降水深为 271.9 mm。

从各省（区）看，降水深最大的是四川省，年均降水深为 703.2 mm；其次是山东省，年均降水深为 691.5 mm。降水深最少的是内蒙古，年均降水深为 272.8 mm；其次是宁夏，降水深为 286.1 mm。

表 2.6-9 和表 2.6-10 是黄河流域各水资源二级区、各省（区）降水深的年代变化统计。

从全流域看，黄河流域降水深从 20 世纪 50 年代（只有 4 年资料）到 90 年代是逐渐减少的，50 年代年均降水深为 475.4 mm，到 90 年代减少为 421.3 mm，减少 11.4%。如果将 1956 ~ 1979 年作为前期，1980 ~ 2000 年作为后期（以下同），则黄河流域后期年均降水深比前期减少约 6.1%。从各水资源二级区和省（区）看，龙羊峡以上地区和四川省的降

表 2.6-7 黄河流域水资源二级区年均降水量统计表

水资源二级区	计算面积（km²）	年均降水量	
		（mm）	（亿 m³）
龙羊峡以上	131 340	485.9	638.1
龙羊峡—兰州	91 090	478.9	436.2
兰州—河口镇	163 644	261.7	428.5
河口镇—龙门	111 272	433.5	482.4
龙门—三门峡	191 109	540.5	1 032.9
三门峡—花园口	41 694	659.5	274.9
花园口以下	22 621	647.8	146.5
内流区	42 271	271.9	114.9
黄河流域	795 041	447.1	3 554.4

表 2.6-8 黄河流域各省（区）年均降水量基本特征统计结果

省（区）	计算面积（km²）	年均降水量	
		（mm）	（亿 m³）
青海	152 250	445.3	678.0
四川	16 960	703.2	119.3
甘肃	143 241	469.2	672.1
宁夏	51 392	286.1	147.0
内蒙古	150 962	272.8	411.8
山西	97 138	518.9	504.1
陕西	133 301	520.6	694.0
河南	36 164	647.3	234.1
山东	13 633	691.5	94.27
黄河流域	795 041	447.1	3 554.6

表 2.6-9　黄河流域各水资源二级区各时段降水深年代统计表

（单位：mm）

水资源二级区	计算面积（km²）	1956~1959年	1960~1969年	1970~1979年	1980~1989年	1990~2000年	1956~2000年	1956~1979年	1980~2000年
龙羊峡以上	131 340	461.3	494.9	482.7	507.9	469.5	485.9	484.2	487.8
龙羊峡—兰州	91 090	476.1	491.4	486.8	480.0	460.2	478.9	487.0	469.7
兰州—河口镇	163 644	285.5	273.8	265.9	239.4	258.7	261.7	272.5	249.5
河口镇—龙门	111 272	510.5	463.9	428.4	416.8	397.7	433.5	456.9	406.8
龙门—三门峡	191 109	584.0	576.9	530.7	551.1	490.5	540.4	558.8	519.3
三门峡—花园口	41 694	740.7	687.5	641.9	672.5	608.5	659.5	677.4	639.0
花园口以下	22 621	702.7	684.1	649.5	568.3	665.5	647.8	672.8	619.2
内流区	42 271	287.9	305.1	274.2	252.0	251.9	271.9	289.3	251.9
黄河流域	795 041	475.4	469.7	444.6	443.9	421.3	447.1	460.2	432.1

表 2.6-10　黄河流域各省（区）各时段降水深年代统计表

（单位：mm）

省（区）	计算面积（km²）	1956~1959年	1960~1969年	1970~1979年	1980~1989年	1990~2000年	1956~2000年	1956~1979年	1980~2000年
青海	152 250	441.5	451.5	444.4	463.6	425.1	445.3	446.9	443.4
四川	16 960	605.9	728.5	673.4	723.4	724.3	703.2	685.1	723.9
甘肃	143 241	467.6	500.3	476.1	459.8	444.0	469.2	484.8	451.5
宁夏	51 392	304.7	311.5	285.6	261.9	278.6	286.1	299.6	270.6
内蒙古	150 962	301.4	287.3	279.5	250.5	263.3	272.8	286.4	257.2
山西	97 138	590.6	550.6	508.6	508.8	482.5	518.9	539.8	495.0
陕西	133 300	590.1	552.4	506.8	537.9	463.1	520.6	539.7	498.7
河南	36 164	725.9	671.8	636.8	650.7	603.1	647.3	666.3	625.7
山东	13 633	739.1	725.0	687.2	606.5	725.0	691.5	711.6	668.5
黄河流域	795 041	475.4	469.7	444.6	443.9	421.3	447.1	460.2	432.1

水深是后期比前期大外，其他都是后期比前期减少，其中内流区和宁夏减少比例最大，分别是12.9%和9.7%。

2.6.3.2　黄河流域多年平均天然径流深为74.77 mm

表2.6-11和表2.6-12为黄河流域各水资源二级区和省（区）天然径流量统计表。

表2.6-11　黄河流域各水资源二级区地表天然径流量分布

水资源二级区	计算面积（km²）	年径流量	
		（mm）	（亿 m³）
龙羊峡以上	131 340	157.4	206.7
龙羊峡—兰州	91 090	145.8	132.8
兰州—河口镇	163 644	10.81	17.69
河口镇—龙门	111 272	38.2	42.51
龙门—三门峡	191 109	63.05	120.5
三门峡—花园口	41 694	124.6	51.96
花园口以下	22 621	87.31	19.75
内流区	42 271	6.17	2.61
黄河流域	795 041	74.77	594.5

表2.6-12　黄河流域各省（区）地表天然径流量分布

省（区）	计算面积（km²）	年径流量	
		（mm）	（亿 m³）
青海	152 250	135.8	206.8
四川	16 960	267.2	45.32
甘肃	143 241	85.2	122.1
宁夏	51 392	18.5	9.51
内蒙古	150 962	13.9	20.98
山西	97 138	46.48	45.15
陕西	133 301	67.13	89.48
河南	36 164	114.0	41.23
山东	13 633	102.6	13.99
黄河流域	795 041	74.77	594.5

从各水资源二级区看，年均径流深最大值是龙羊峡以上地区，年径流深为157.4 mm，其次是龙羊峡—兰州区间，径流深为145.8 mm；年均径流深最小值是内流区，年径流深为6.17 mm，其次是兰州—河口镇区间，为10.81 mm。

从各省（区）看，年均径流深最大值为四川省的267.2 mm，其次是青海省，年径流深为135.8 mm。表2.6-13和表2.6-14是黄河流域水资源二级区和省（区）按年代统计径流量变化表。

表 2.6-13　黄河流域各水资源二级区各时段地表天然径流量统计表

（单位：亿 m³）

水资源二级区	计算面积（km²）	1956~1959 年	1960~1969 年	1970~1979 年	1980~1989 年	1990~2000 年	1956~2000 年	1956~1979 年	1980~2000 年
龙羊峡以上	131 340	164.9	220.9	205.3	244.0	176.4	206.7	205	208.6
龙羊峡—兰州	91 090	141.6	155.4	127.4	136.3	110.8	132.8	141.4	122.9
兰州—河口镇	163 644	23.03	17.84	17.26	15.51	17.97	17.69	18.45	16.8
河口镇—龙门	111 272	49.92	44.61	45.08	39.96	37.88	42.51	45.69	38.87
龙门—三门峡	191 109	138.6	142.0	112.6	126.5	95.9	120.5	129.2	110.5
三门峡—花园口	41 694	78.01	61.85	42.1	54.52	40.14	51.96	56.31	46.99
花园口以下	22 621	19.5	22.64	19.07	13.26	23.73	19.75	20.63	18.75
内流区	42 271	2.93	3.10	2.18	2.41	2.61	2.62	2.69	2.52
黄河流域	795 041	618.5	668.3	571.0	632.5	505.4	594.5	619.4	565.9

表 2.6-14　黄河流域各省（区）各时段地表天然径流量统计表

（单位：亿 m³）

省（区）	计算面积（km²）	1956~1959 年	1960~1969 年	1970~1979 年	1980~1989 年	1990~2000 年	1956~2000 年	1956~1979 年	1980~2000 年
青海	152 250	188.7	222.9	197.1	237.2	179.7	206.8	206.5	207.1
四川	16 960	35.06	48.23	45.36	52.59	39.71	45.31	44.84	45.85
甘肃	143 241	119.0	148.6	125.1	125	93.7	122.1	133.8	108.6
宁夏	51 392	9.84	11.03	9.4	8.35	9.06	9.48	10.15	8.72
内蒙古	150 962	27.35	22.09	21.28	18.51	19.46	20.94	22.63	19.01
山西	97 138	59.17	53.29	43.23	40.54	38.56	45.14	50.08	39.51
陕西	133 300	106.5	98.32	82.38	97.91	74.09	89.49	93.04	85.44
河南	36 164	59.32	48.17	33.63	43.54	33.2	41.24	43.97	38.12
山东	13 633	13.49	15.55	13.46	8.85	17.88	13.99	14.34	13.58
黄河流域	795 041	618.5	668.3	571.0	632.5	505.4	594.5	619.4	565.9

从全流域看,黄河流域 20 世纪 60 年代径流量最大,为 668.3 亿 m³,其次是 80 年代,径流量为 632.5 亿 m³。径流量最小为 90 年代的 505.4 亿 m³,其次为 70 年代的 571.0 亿 m³。全流域后期(80 年代后)年均径流量比前期(80 年代前)年均径流量偏小 8.6%,大于降水的减少比例。

2.6.4 标准以上河流的实测和调查最大洪水

按照河湖普查实施方案的要求,以现有的《历史洪水调查研究》《黄河流域水情手册》《黄河水文年鉴》等水文成果为依据,普查标准以上河流(或河段)的实测和历史调查最大洪峰流量。本次普查 1 072 个站点最大洪水。在普查实测最大洪水的站点中,有 4 个站(点)洪峰流量大于 20 000 m³/s,均发生在黄河干流上,其中吴堡站实测最大洪水是 1976 年 8 月 2 日的 24 000 m³/s;有 11 个站点历史调查洪水洪峰大于 20 000 m³/s,其中 10 个站发生在黄河干流上,1 个发生在洛河上,最大调查洪峰发生在 1843 年 8 月 10 日三门峡史家滩村,为 36 000 m³/s。

表 2.6-15 是黄河流域部分水文站(或地点)实测和调查最大洪水统计表。

表 2.6-15 黄河流域部分水文站实测和调查最大洪水统计表

河名	水文站实测最大洪水			调查历史最大洪水		
	站名或地名	实测流量（m³/s）	发生时间（年-月-日）	调查地点	调查流量（m³/s）	发生时间（年-月-日）
黄河	唐乃亥	5 450	1981-09-13			
黄河	兰州	5 900	1946-09-13	兰州西流沟	8 500	1904-07-18
黄河	青铜峡	6 230	1946-09-16	青铜峡镇	8 010	1904-07-21
黄河	巴彦高勒	5 290	1981-09-22		7 060	1904
黄河	河口镇	5 310	1967-09-20			
黄河	府谷	12 800	2003-07-30			
黄河	吴堡	24 000	1976-08-02	吴堡县柏树坪	32 000	1842-07-22
黄河	龙门	21 000	1967-08-11	河津县船窝村	31 000	道光年间
黄河	潼关	15 400	1977-08-06			
黄河	陕县	22 000	1933-08-10	三门峡史家滩村	36 000	1843-08-10
黄河	三门峡	8 900	1977-08-07			
黄河	小浪底	17 000	1958-07-17	孟津县小浪底村	32 500	1843-08-10
黄河	花园口	22 300	1958-07-18			
黄河	黑岗口			开封黑岗口	30 000	1761

续表 2.6-15

河名	水文站实测最大洪水			调查历史最大洪水		
	站名或地名	实测流量（m³/s）	发生时间（年-月-日）	调查地点	调查流量（m³/s）	发生时间（年-月-日）
黄河	孙口	15 900	1958-07-20			
黄河	泺口	11 900	1958-07-23			
黄河	利津	10 400	1958-07-25			
洮河	红旗	2 360	1964-07-26		4 810	1845
湟水	民和	1 290	1999-08-05	兰州市红古区红古城	4 700	1847
大通河	享堂	1 540	1989-07-23			
皇甫川	皇甫	11 600	1989-07-21	府谷县皇甫村	7 100	1929
孤山川	高石崖	10 300	1977-08-02			
窟野河	温家川	14 000	1976-08-02	神木县贺家川镇	15 000	1946-07-18
秃尾河	高家川	3 500	1970-08-02	神木县万镇高家川村	5 900	1869
佳芦河	申家湾	5 770	1970-08-02			
秋水河	林家坪	3 670	1967-08-22	临县林家坪村	7 700	1875-07-17
三川河	后大成	4 070	1966-07-18	柳林县后大成村	5 600	1875-07-17
屈产河	裴沟	3 380	1969-07-27	石楼县裴沟村	5 270	1888
无定河	白家川	4 980	1966-07-18	绥德县薛家峁镇	12 200	1919-08-06
清涧河	延川	6 090	1959-08-20	延川县城关镇	11 200	道光年间
延河	甘谷驿	9 050	1977-07-06	延安市甘谷驿镇	6 300	1917-09-03
汾河	河津	3 320	1954-09-06	河津市城区办柏底村	3 970	1895
渭河	华县	7 660	1954-08-19		8 120	1933
渭河	咸阳	8 010	1954-08-18	咸阳市西关外	11 600	1898-08-03
泾河	张家山	7 520	1966-07-27	泾阳县王桥镇	18 800	道光年间
北洛河	洑头	6 280	1994-09-01	蒲城县永丰镇蔡北村	10 700	1855-07
洛河	黑石关	9 450	1958-07-17	黑石关	10 200	1935-07
伊河	龙门镇	7 180	1937-08	洛阳市龙门镇	20 000	223
沁河	武陟	4 130	1982-08-02	阳城县润城镇九女台	14 000	1482
大汶河	戴村坝	6 930	1964-09-13	泰安大汶口镇卫驾庄村	10 300	1918-06

2.7 鄂尔多斯内流区和沙珠玉河流域正式划归黄河流域

经过认真、深入的调研和分析,认为"鄂尔多斯高原含水层以白云系屑裂孔隙型砂岩组成为主,各含水层间缺乏稳定连续的隔水层,构成约 1 000 m 深厚单一的具有潜水盆地的含水系统""鄂尔多斯高原接受降水入渗补给后,经过地下中深部流径分别由东、北、西三面向黄河及支流河谷排泄,构成鄂尔多斯高原完整的中深部地下水系统"[15]。说明内流区的地表地下水转换和黄河有水力联系,属同一集水系统。从地表、地下水资源总量和流域集水面积有机联系这个角度,正式提出将鄂尔多斯内流区(河湖普查新量算面积为 46 505 km²)划归黄河流域。

同样,由于沙珠玉河流域地下水类型属松散岩类孔隙水,沙珠玉河以黄河为基准面,以地下潜流或半承压水形式注入黄河[16],故提出把沙珠玉河流域(河湖普查新量算面积为 8 264 km²)重新划入黄河流域。

鄂尔多斯内流区和沙珠玉河流域划归黄河流域的重要意义表现为:

(1)长期以来,黄河流域的集水面积都是以地表水汇流作为流域面积范围。如新中国成立初,黄河流域的集水面积为 745 000 km²,这是"以地面的水是否注入黄河来划分流域的界限",在当时称之为"自然地理的观点"。在以后很长时间里,都是以这个观点支撑着黄河流域的面积量算。

众所周知,按照水文学的概念,每条河流都有自己的流域或称集水区。集水区是由河流出口断面和断面以上流域分水线所包围的面积。集水区又分地表集水区和地下集水区。通过出口断面的水量是由该断面以上的地表径流和地下径流汇集而成的。如果地表集水区的分水线与地下集水区的分水线重合,称为闭合流域,否则称非闭合流域。在多数情况下,河流都是闭合流域,平时习惯称呼的流域一般指地表集水区。但是对于少数非闭合流域,例如鄂尔多斯内流区和沙珠玉河流域,只要地下水系统和地表水系统有水力联系,都应该作为一个集水系统考虑。而这两部分径流在汇流过程中是相互联系的,是可以互补和转换的,特别是在非雨期(或非汛期),河口断面的水量中,地下径流的比例很大,有的甚至超过地表径流。现代水资源调查评价必须充分考虑地下水与地表水之间的转化关系,要做到地表和地下水资源的统一调查与评价,既要强调地表水资源量,也要重视地下水资源量。

按照水文学的观点,非闭合流域只要地下水系统和地表水系统有水力联系,都应该作为一个集水系统考虑。这次把鄂尔多斯内流区和沙珠玉河流域划归黄河流域,使黄河流域的集水面积增加了约 5.48 万 km²,更重要的是将流域的集水面积概念从过去的狭隘的"自然地理的观点"改变为广义的水文学观点,这也是学术观点与应用结合的一个范例。

(2)沙珠玉河流域在 20 世纪 70 年代以前曾属于黄河流域[17],在 70 年代重新量算黄河流域面积时,因其地表水没有汇入黄河,就被排除在黄河流域面积之外。据当时量算面积的主要负责人讲,"当时还没有把水资源总量和集水面积联系起来的观念,只强调地表洪水汇流,由于一念之差,把沙珠玉河划出黄河流域,现在看来很有必要重新划归黄河流域"。

鄂尔多斯内流区地处黄河中部,四周被黄河干支流包围。在 20 世纪 90 年代,黄委已初步了解内流区的地下水和黄河有水力联系,因此在很多有关技术报告或专著中,将内流区的面积隐含在黄河流域的面积内。在黄委过去进行的两次黄河流域水资源调查评价中,又都是把内流区作为单独的水资源三级区进行地表、地下水资源调查评价。但是以上种种做法,都是在没有正式明文规定的情况下进行的。在开展"黄河流域特征值复核与补充"项目时,我们对鄂尔多斯内流区和沙珠玉河流域地质水文条件进行了深入的调研和分析后,从水文学的概念出发正式提出把鄂尔多斯内流区和沙珠玉河流域划归黄河流域,详见本书 3.4 节。这一建议得到许多专家和黄委领导的肯定与支持,认为将以上两地区划入黄河流域"依据充分"。在本次河湖普查中,国普办也给予肯定和同意。

可以预见,将鄂尔多斯内流区和沙珠玉河流域划归黄河流域,对黄河流域今后的治理规划和科研等工作都会突显出重大的现实意义。

2.8 提出界定黄河河口区面积的新原则和新范围

以往量算黄河河口区的面积时,都是以当时的入海流路两岸大堤(或生产堤)以及堤端外延线作为流域分界线。此次普查通过分析和考察,综合考虑河口尾闾频繁摆动特点、河口入海流路近期治理规划和维持河口三角洲自然保护区可持续发展等因素,提出了新的界定黄河河口区范围的原则,并重新确定黄河河口区的面积。

20 世纪 70 年代黄委在量算黄河河口区面积时,取利津站断面至当时的刁口河入海流路两岸大堤(或生产堤)以及它们向滨海区延伸之间的面积,用求积仪在地形图上量算得黄河河口区的面积为 574 km²。这一数据一直沿用到现在。21 世纪初,黄委开展"黄河流域特征值复核与补充"项目和黄河流域河湖普查工作时,对黄河河口三角洲进行了深入的调研和现场查勘,在分析黄河河口演变规律和特点的基础上,根据新时期黄河河口综合治理的新思路和维持黄河健康生命的新理念,提出了新的界定黄河河口区面积的新原则是:

(1)黄河河口区的面积应包括黄河河口泥沙淤积延伸形成的新陆地;

(2)河口区的面积应包括今后黄河尾闾可能摆动改道的范围(反映黄河河口近期的演变规律)和黄河河口入海流路总体规划区范围(反映新时期黄河河口采取"相对稳定、轮流行河"的治理新思路)以及黄河河口三角洲国家重点自然保护区范围(黄河河口三角洲的生态环境保护是黄河维持健康生命的重要标志之一);

(3)河口区面积范围内的天然地表径流基本滞留在本区域而不流到外流域;

(4)符合中华人民共和国水利部第 21 号令规定(水利部 21 号令总则中有"前款所称黄河河口是指以山东省东营市垦利县宁海为顶点,北起陡骇河口,南至支脉沟河口之间扇形地域以及划定的容沙范围")。

根据以上原则,新界定的黄河河口区面积范围:北岸取马新河规划流路左岸管理界起点(利津站断面以下约 2 km)至徒骇河口,南岸取十八户规划流路右岸管理界起点(十八户闸下)至永丰河口,以及两河口与低潮海岸线连线范围内,面积约 4 615 km²。这一新的界定原则和范围,将传统的以现行入海流路两岸大堤为界,改变为以现代河口准三角洲范围作为河口区面积。这一界定既遵循了黄河河口的演变规律,同时也体现了新时期黄河河口治理新思路和维持黄河健康生命的新理念,使"河口区的面积更加科学和合理"(黄委主任办公会议纪要),详见3.5节。

第3章 有关流域特征问题的论述和处理

3.1 关于河源的论述暨黄河、渭河等河源的界定

3.1.1 普查河源的意义

水是人类社会赖以生存和发展的不可替代的资源，是人类社会可持续发展的最基本条件之一。人类的祖先都是逐水而居住，沿河湖而生息，当人们看到河道里的水年复一年不停地由上而下流动时，自然而然会"饮水思源"，河道里的水是从哪里来的？因而探索神秘的水源成为世人所关注和向往的事情，尤其是大江大河的河源，从古至今都经历过众人多次的探寻和考察。据考证，两千多年前战国时代名著《尚书·禹贡》，有"导河积石"之说，唐代贞观年间（公元635～641年），有登高"观览河源"和"率部迎亲于河源"。元代都实奉命探查河源（1280年），这是历史上有记载的首次对河源的查勘。如淮河追寻河源也有两千多年历史，《尚书·禹贡》记载："导淮自桐柏山，东会于沂泗，东入于海"。特别是北魏郦道元著《水经注》（公元500年左右）中曰"淮水出南阳平氏县（今桐柏县西约40km）胎簪山，东北过桐柏山"，追寻和描述的河源十分清楚。河源表示河流最远的地方，也是最高的地方，是河流的源头，它表示河流自然地理特征的属性。同时，河源也是悠久的历史进程和人类长期认可的产物，它包含着源远流长的历史文化底蕴，这是社会文化的属性。例如，在淮河河源处，秦汉时就修建淮渎庙、淮祠，是历代朝廷祭祀淮河之地。新中国成立后，淮源三口"淮井"被水利部门修建成淮源民俗博物馆。很多河流在其河源人口集中的地方建立标志性河源县制，如湟水上游的湟源县、泾河上游的泾源县、渭河上游的渭源县、沁河上游的沁源县、涞水上游的涞源县，它们都说明很多著名的河源已超越了水文地理的概念，成为自然地理和历史文化的综合标志，很多河流源区已成为人们探险、考察的神秘地，成为群众旅游、观光的风景区。

3.1.2 河源的定义和内涵

以前，描述河源都是粗略地说发源于某某河、某某山麓，河源可能是一条很大的支流，或者为一大片山涧溪流。关于河源的定义，目前国内外尚无严格的标准。苏联百科全书指"河源是河流开始的地方"，我国《辞海》对河源的解释是"河流补给的源头，通常是溪涧、泉水、冰川、沼泽或湖泊"，《现代汉语词典》注解源头是"水发源的地方"。

以上表明河源可以理解为由两部分组成：一是源头，二是源头以下小部分的溪沟、泉、

冰川、沼泽、湖泊等汇合区。河源是既有点又有面的汇合区，即河源区。至于河源区的大小，应视河流的大小和特点而定，一般大江大河可以是几百到上千平方千米，中小河流可以是几十到几百平方千米。

河流的源头是河流最远、最高的地点，是河流自然地理特征的象征点，也是量算河流的起始点。河流的源头可以用地理坐标测定，很多大江大河的源头是定在山麓，如：珠江——1985 年经水利部珠江委多方勘定，珠江发源于云南省曲靖市沾益县马雄山麓，马雄山是牛栏江、南盘江、北盘江的分水岭，是珠江的正源，海拔 2 444 m；雅鲁藏布江——在雅鲁藏布江的三个源头中，中源源头是海拔 5 590 m 的杰马央宗冰川；辽河——主流上游老哈河源于河北省平泉县光头山；黑河——发源于祁连山南麓的青海省祁连县八一冰川的素珠莲峰（海拔 5 564 m）；岷江——发源于阿坝州松潘县岷山南麓的弓杠岭；乌鲁木齐河——发源于天山一号冰川；长江——发源于青海省南部的唐古拉山脉主峰格拉丹冬冰峰西南侧的姜根迪如冰川（沱沱河上游），海拔 6 548 m。

河流源头以下的河源区是河流的发源地，一般都是由泉水、小溪、沼泽、湖泊、冰川等水源组成的，河源区有的是山川美丽的风景区，有的是原始的深山老林区，有的是终年积雪的冰川区。至于河源区的大小，应视河流的大小和特点而定，如：湟水河源区为哈利涧河汇入口以上的汇流区，面积约 700 km²，河长约 80 km；洛河河源区为洛源镇以上的北川河与木岔河的汇流区，面积约 90 km²；塔里木河最上游叶尔羌河发源于喀喇昆仑山，河源区有 5 条冰川，面积都超过 100 km² 等。

3.1.3 如何确定河源

3.1.3.1 河源确定原则

目前，确定河源的原则和方法有几种，下面作简单的介绍和评论。

1．河源按"唯长唯远"原则确定

"唯长唯远"论就是在某一流域内，从流域出口断面起，向上溯源，选择一条最长的河流，河源就在最长河流的最上游处，也就是说，从出口断面沿河流到河源的距离最长和最远。

这个原则的最大优点是河源具有唯一性，只要在流域中从出口断面向上溯源，找到最长的河流，河源的定位不会因人因时而异。这个原则认为河长是确定河源的唯一条件，这和世界上把河流长度作为河流大小排名榜的第一位是一致的。

用这个原则来确定河源位置，对于一般中小河流是无可非议的，但是，对于某些大江大河或有知名度的河流，目前并非遵循这个原则，例如渭河一直沿用历史上习惯的流经渭源县的河流作为正源（49 km），而不是取较长的秦祁河（68 km）为正源；泾河也不是取最长的马莲河的河源作为源头，而是取流经泾源县的较短干流河源作为源头。又如淮河在正阳关以上有两支，靠西北向的一支为颍河，长 557 km，沿西方向的一支为淮河干流，长 360 km，但自古以来一直把发源于河南桐柏山的沿西方向的一支作为淮河的正源。在国外，如密西西比河以最长支流量算全河长（6 020 km，世界第四长河），但从其正源至河口的长度只有 3 950 km。又如亚马孙河，按正源马腊尼翁河算起长度为 6 437 km，而按最长支流乌卡利河起算全长 6 751 km（公认世界第一长河）。再如伏尔加河，正源在干流，干流和支流喀马河汇合口处以上的干流长 1 850 km，少于支流长 1 882 km。以上例子不胜枚举。

这有可能是因为命名河名时的认识有限或考察涉及地域不全,但也说明确定河源不能只考虑"唯长唯远"的原则,必须综合考虑其他的一些因素。

2. 按"水量唯大"或"面积唯大"原则确定

西方很多国家按照水量最大或面积最大的原则来确定河源的位置,例如美国和英国就是按水量最大原则确定河源位置,其方法是从河流的流域出口断面向上溯源,如遇两条以上支流,选择水量最大或流域面积最大的一条支流作为干流,以此类推向上溯源选择,直到干流的最上源就是河源区。主张这种原则的理由是:河流的形成和河流的动力主要是靠水的力量,它们同属于河流的地理和水文属性。在国内外,比较河流大小或干支关系时也选择河流的集水面积和河流的水量进行排名或区分干支,例如 2 000 多年前祖先们选择桐柏山作为淮河的发源地,而没有选择比淮河长 200 km 的支流颍河河源作为发源地,就是因为干流水量比支流颍河大,且河道顺直。

3. 按"多原则综合判定"原则确定

河源一般按"唯长唯远"原则确定,若有异议可按"多原则综合判定,科学支撑约定俗成"的原则处理。这就是说,当有异议时,可根据干支流的河长比例和集水面积比例、干支流河口处近期高分辨率遥感影像资料、干支流河流名称等资料综合评判,并与相关水利部门协商确定河流河源和干支流关系。

4. 自然地理和社会人文多因素综合考虑

黄委河湖组在开展"黄河流域特征值复核与补充"项目及参加全国河湖普查工作时,提出了确定河源的原则和方法。首先认为河流的源头是指沿着流域的干流向上溯源,直至交于流域的分水线,此交点就是该河流(干流)的源头,亦是量算河长的起始点。确定流域干流的方法为:从流域出口断面向上游溯源,若遇到两条以上支流,首先要在多条支流中选择一条作为干流的延伸。按 2.3.1 节所述,确定干流的原则为:①以最长的一条为干流;②以集水面积最大的一条为干流;③在各支流的长度、面积接近时,以水量明显大的一条为干流;④当各支流的长度、面积、水量均接近时,取河道宽广、河谷平缓顺直、上下段自然延伸的一条为干流;⑤充分尊重历史上较合理且具有人文传承意义的传统称呼。可知,干流或河源已不是用一条简单的原则或一项地理指标来确定,而是包含了多种地理特征和历史人文因素。干流确定以后,河源问题也就迎刃而解了。

在确定河源的这些原则中,我们有以下两点认识:

(1)河流长度是构成河流的主要地理特征,应把河长作为确定干流的首选项。也可以理解干流是该流域(水系)中最长的一条河,在大多数的流域中,最长的河流就是干流。

(2)目前,国内外有些流域的干流和河源的命名是根据历史传统沿用下来的,因而出现流域内最长的河流与干流不一致、正源与最长河流不一致的情况,这种历史传承下来的不一致,我们目前很难完全改变。对于这些河流,在实际工作中可以作这样的约定:当过去未曾确定干流(主要指上游部分的划分)和河源位置时,应以河流"唯长、唯远"作为确定干流和河源位置的原则。而对于某些过去已经认定干流和河源位置的河流,本次普查应综合参照自然因素和社会因素,对于历史上延用至今但有明显错误的,应予改正;对于历史上延用至今,基本上正确,具有历史渊源、人文传承意义的,可以尊重历史,继续沿用。

3.1.3.2 源头坐标的测定

源头是具有象征意义的河流地理特征标志。目前确定源头的方法基本上有三种:

①河流向上溯源交于分水岭,其交点就是河流的源头;②在数字综合水系图上搜索河槽线最上端处,其最小集水面积定义为 0.2 km²;③河流上源开始有水的地方,有"水"才能称"源","水"包括泉水、小溪、沼泽、湖泊、冰川融水等。前两种方法符合"唯远为源"、"唯高为源"的原则,查勘或量算时不会因人、因时而异。水文学观点认为,任何一个流域,都是由流域边界和流域内河网水系组成的,流域边界就是流域分水岭。假如有一场覆盖全流域的降水,在分水岭以内的雨水将会全部(除蒸发外)汇流到该流域的出口断面(包括地表水和地下水),流域分水岭就是该流域内大小水系(干、支流)的源头。其中干流上延与分水岭的相交处(指内侧)或干流河槽线最末端处(靠近分水岭),应是降雨汇流的最长路径。其概念清晰明了,易操作。对于"有水即源"的观点,则有以下缺陷:①在有水的泉、溪地点,往往在雨季或丰水年可能有水,而在枯水期或干旱年就没有水,尤其是干旱半干旱地区的河流,其上游末端很多是季节性河流(或称间歇性河流),枯水季节河床干涸裸露,到了雨季或丰水年才形成水流。对于冰川来说,冰川融水点或冰川雪线会随季节或全球气温变化而变,不可能是一个固定的地方。②泉水是从哪里来的? 泉水的源在何处? 淮河千百年来一直把淮源镇三口井视为淮河的源头,称为"淮源"。清代乾隆皇帝十分怀疑,并提问这井水又是从哪里来的呢? 后派人调查,最终查明,"淮,始于大复,潜流地中,见于阳口"。"大复"即桐柏山太白顶,这说明"淮井"的泉水是从它的上源潜流下来的。同样,冰川融化并不是只局限在雪线附近滴水的地方,整个冰川在春夏季阳光照射下都有融化的可能。不然每年有几十厘米厚的雨雪叠加在冰川上,千年万年后冰川将会"涨上天"了。

《中国国家地理》杂志中有专家认为:"冰川末端未必是河流起点,有的河流从冰川下的洞隙中流出来,有的在冰面上就初具规模";"有些河流的源区是一片沼泽地,也无法说清哪里的水是源头";"我想到这样一个问题:由于气候变化与降水量的不同,每年冰川的积雪厚度都是在变化着的,积雪的化水位置也是在变化着的……也就是说,那个刚刚被我们用现代仪器所精确测定的所谓源头的位置不也是在变化着吗? 甚至在一天之中也是在变化着"。因此,有"水"即"源"说,其源头的位置会因人、因时而异。

3.1.4 黄河河源

黄河是中华民族的摇篮。在古人的心目中,黄河之水来自神圣的天边,那是一个神秘而美丽的地方,因此黄河的源头历来为世人所向往和关注。

对黄河河源的了解和认识是渐进的。新中国成立后曾出现过关于黄河源头的百家争鸣局面。

黄委水文局在完成"黄河流域特征值资料复核与补充"项目的同时,也对黄河源头问题进行了研讨和量算。通过对黄河源的历史考证、各家成果和观点的分析,在对黄河源区水文、地质地貌特征认识的基础上,提出了确定黄河河源的原则,并对黄河源头进行了界定。

3.1.4.1 历史上对黄河河源认识的回顾和考证

据考证,两千多年前战国时代名著《尚书·禹贡》有"导河积石"之说,这是最早有关黄河河源的记载,它隐含说出黄河是从千里之外的积石山流过来的。唐代贞观九年(公元 635 年),侯君集、李道宗奉命征讨吐谷浑,转战星宿川,曾登高"观览河源"。贞观十五年(公元 641 年)文成公主进藏,藏王远道"率部迎亲于河源",前后都到了星宿海,提到了河源,但没有指明河源的具体位置。元代都实奉命探查黄河源(1280 年),这是历史上有记载的首次对河源的查勘,后据查勘资料编写的《河源志》中写道:"……群流奔辏,近五十里,汇二巨泽,名阿剌脑儿","阿剌脑儿"指今扎陵、鄂陵两湖。在元代楚文图书中有:"水从地涌出如井,其井百余,东北流百余里,汇为大泽,曰火郭脑儿","火郭脑儿"指今星宿海,说明元代已指明黄河发源于星宿海以西的河流。明代洪武帝十五年(1382 年),禅师宗泐去西藏经黄河源,作有《望河源》诗,描述了"河源出自抹必力赤巴山,番人呼黄河为抹楚"。"抹必力赤巴山"即今巴颜喀拉山,"抹楚"即"玛曲"之谐音,说明当地藏民将黄河称玛曲。清康熙四十三年(1704 年)和五十六年(1717 年)先后派人到青海探寻河源和测量绘图,有折奏曰:"初九日至星宿海……三河东流入扎陵泽",根据查勘资料先后编绘《星宿河源图》和《皇舆全览图》,图中注明三河之中间一条为河源。清乾隆二十六年(1761 年)齐召南编写《水道提纲》,内容有"黄河源出星宿海西,巴颜喀拉山之东麓,二泉流数里合而东南,名阿尔坦河"。乾隆四十七年(1782 年)又派人往青海"穷河源、祭河神",并编写《河源纪略》,卷中有"星宿海西南有一河,名阿勒坦郭勒,蒙语阿勒坦即黄金,郭勒即河也,此河实系黄河上源"。从《河源纪略》附图看出,阿勒坦郭勒即三河居中的一条,应是玛曲正源。清同治二年(1863 年)编制了具有经纬度的《大清一统舆图》,其中标出"河源"二字在中支的"阿尔坦河",以后在《大清帝国全图》(1905 年)《中国地图》(1908 年)等中,都把"黄河源"三字标在马楚河(玛曲),说明在明清时期已确定黄河河源为玛曲。

3.1.4.2 黄河河源的大讨论

新中国成立以来,黄委会同有关部门于 1952 年组织了一次历时 4 个月的南水北调和黄河河源考察,取得了大量宝贵的第一手资料。通过分析考证,黄委正式确定约古宗列曲(玛曲)为黄河正源(当地藏民把黄河称玛曲,因玛曲上游流经约古宗列盆地,查勘队将这段河流起名约古宗列曲)。以后黄委,一些大专院校、科研单位,以及青海省政府部门等又先后组织人员对黄河河源区进行多次查勘和研究。但是,长期以来学术界对如何确定黄河河源一直持有不同的看法,曾出现过百家争鸣、各持己见的局面。其中尤为明显的是1978 年,以青海省测绘局为主邀有关专家学者一起对黄河河源区进行考察,接着由青海省政府主持召开扎陵、鄂陵两湖名称和黄河源问题科学讨论会,会议纪要有这么一段话:"会议认为,定卡日曲为黄河正源比约古宗列曲更为合适"。会后除将纪要转抄各有关单位外,还出版了《黄河河源考察文集》。但是在没有得到上级主管部门审批的情况下,《人民画报》、新华社西宁分社就将"卡日曲为黄河正源"进行了宣传和报道,紧接着又写进了部分中小学教科书。1979 年新版的《辞海》条目将黄河河源更改为卡日曲,随后许多新版地图也跟着作了更改。这种匆忙更改黄河河源的做法引起一些学者的不满,从而引起了一场关于黄河河源的大讨论。下面列举各家对黄河河源的不同看法:张维民(黄委设计院,1978 年曾考察过黄河河源区)认为"黄河的玛曲、卡日曲和多曲均为河源,黄河应为多源";陈端平(中国自然科学研究所)在《关于黄河源问题》一文中主张"划定河源的主要标准是河源的长度和流量,并以长度为主导……不能以原则去迁就传统习惯",提出"将卡日曲作为正源较为适当";董坚锋(黄委水文局,1978 年主持河源区的查勘)认为确定河源"不能用一条简单原则或一项地理指标来定",提出应"以多种地理因素以及历史记载、群众习惯看法等诸多方面综合判定","把黄河正源玛曲改为只比它长 18.5 km 的卡日曲是没有意义的";尤联元、景可(中科院地理所,1978年曾参加黄河河源区查勘)曾发表《何处黄河源》《黄河河源区地貌发育的初步研究》《黄河源再议》等文章,通过分析河源的自然地理、历史地位和基本情况后认为"黄河应该具有南北二源,其中卡日曲应作为正源";孙仲明(中科院地理所)、赵苇航(扬州师院)在发表的《从河源的划分依据试论黄河河源问题》《再论黄河之源问题》文章中,提出了对黄河河源的几点看法:"1. 要尊重主管河流部门的意见;2. 要尊重历史习惯传统;3. 河源是学术问题,应通过讨论解决;4. 对黄河源的流域特征值应做基础工作,求得可靠的数据";马秀峰(黄委水文局)在题为《黄河源头不是卡日曲》文章中提出,"主张更改黄河源头的同志尚未拿出令人信服的正确依据";钮仲勋(中科院地理所)在《也谈黄河源》一文中,从地理学的角度和尊重历史传统习惯出发,认为"两者比较,玛曲似较卡日曲为优……应以玛曲作为正源";胡尔昌(黄委设计院)发表文章的题目为《黄河正源定玛曲为妥》;郭敬辉(中科院地理所)在《对黄河源问题的意见》一文中提出"河源问题不是一个纯科学问题……黄河源应以河流主管部门的意见为依据……不应忙于把玛曲正源更改为卡日曲";1981年出版的《中国自然地理》中写道:"黄河河源位于青海省巴颜喀拉山北麓,流经约古宗列盆地""……近来有人提出卡日曲是黄河的正源,这个问题有待于进一步研究";另外还有很多论著,如贾玉红等的《再探黄河源》、赵济的《对于黄河河源的一些认识》、黄盛璋的《黄河上源的历史地理问题与测绘的地图新考》、田尚的《黄河河源探讨》等,都对黄河河源提出过不同的观点,这里不再细说。由此可见,黄河河源是大家关心的问题,也是具有争议的问题。

3.1.4.3 确定黄河河源的原则

迄今为止,国内外尚无一个确定河源的统一或唯一标准。目前我国确定河源的依据,归纳起来主要有两方面的因素,即自然因素和社会因素。自然因素包括河长、面积、水量、地质地貌、河流形态、比降等,社会因素包括近现代社会经济、人口、文化和历史上的认识与传统习惯等。由于对确定河源的依据有不同的认识和理解,因而可能会得出不同的结论。

我们在量算黄河流域特征值时,虽然没有对河源给出一个非常科学的定义和严格标准,但提出了确定河源的一些原则。主要从两方面考虑:其一认为河长和集水面积(含水量)是构成河流的主要特征因素,可以理解河源应是该河流离河口最远的补给地方。因此,我们把河长和集水面积作为确定河源的首选项。其二是目前国内外并非都是河流取最长者为干流,或者河源取最远者为源头。在确定黄河河源时,我们主张综合地参照自然因素和社会因素,既要考虑河流的长度、面积、水量、河谷形态、河流走势,也要注重人们对河源合理的传统习惯沿用等诸方面的综合判断,并非是"唯河长论""唯面积论",也不是"唯历史传统论"。

3.1.4.4 黄河河源的界定

黄河在扎陵湖以上靠近鄂陵镇附近(扎陵湖以上23.8 km)分为两条河流,靠南面一条称卡日曲,靠西面一条称约古宗列曲,两条中究竟取哪一条作为黄河河源区的干流,这是长期争论的焦点。如果干流确定了,则河源问题也就迎刃而解。黄河河源区河流形势图见图3.1-1。

1. 河长、面积、水量比较

河长和集水面积应是构成河流的主要特征,国内外在排列河流大小次序时,一般都是根据河流的长短和流域面积的大小,而两者又决定了水量的多少。约古宗列曲和卡日曲

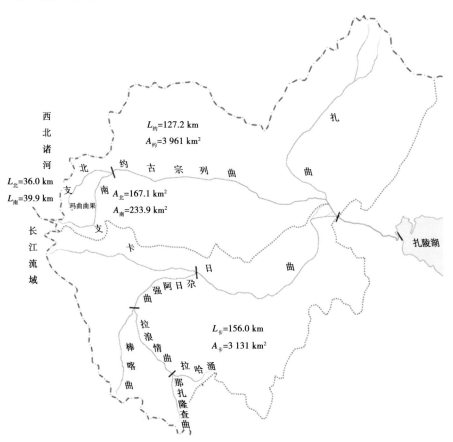

图 3.1-1　黄河河源区附近河流形势图

两条河流的特征值成果见表 3.1-1。

表 3.1-1　约古宗列曲、卡日曲特征值统计表

项目	约古宗列曲	卡日曲
河长（km）	127.2	156.0
面积（km²）	3 961	3 131
流量（m³/s）	7.1（1979 年年平均）	5.9（1979 年年平均）
	1.92（1978 年 8 月 6 日）	2.9（1978 年 8 月 6 日）

　　卡日曲河长比约古宗列曲长 28.8 km，其差值占卡日曲河长的 18.5%，而约古宗列曲的面积比卡日曲大 830 km²，其差值占约古宗列曲面积的 21.0%。表 3.1-1 中流量栏的上行是 1979 年黄委考察报告推算的年平均值，下行是 1978 年查勘时实测瞬时流量，由于缺少系统水量资料，很难判定两河的水量大小。据黄委水资源调查评价成果，多年平均径流深 50 mm 这条等值线刚好通过两条支流的中间，考虑到两河邻近，应属同一气候和地质地貌系统，加上河长和集水面积接近，可以认为两者水量差别不大。在两河的河长、面积、水量要素各有所长，但差别又不太大的情况下，还必须增加其他因素进行比较。

2. 河流形态、走向、比降等比较

当河源区有两条或两条以上支流且其河长、面积接近时,一般根据河流溯源贯通原理,选择河流宽广,河谷平缓、顺直,上下段自然延伸的一条作为干流。在航测图或卫星图片上可清晰看出,南面的卡日曲有一个近 90° 的转弯,约古宗列曲河势顺直,与黄河流向保持一致。

河道比降也是判别干支流的一个因素,在约古宗列曲和卡日曲汇合口以上五六十千米河段内量得约古宗列曲河段比降为 1.0‰,卡日曲为 1.7‰,约古宗列曲河道比卡日曲平缓。另外在汇合口上游附近,有两条小沟道把卡日曲和约古宗列曲之间联结起来,与卡日曲联结点的河底高程分别为 4 315 m 和 4 309 m,与约古宗列曲联结点的相应河底高程分别为 4 305 m 和 4 303 m,小沟道的水流方向是从卡日曲流向约古宗列曲,说明卡日曲是约古宗列曲的支流。

从源区的地理形势看,卡日曲的流向向南拐了一个弯,流经宽度不到 4 km 的山川狭地;约古宗列曲则是流淌在一个约 1 000 km² 宽广平缓的盆地(约古宗列盆地)中。从源头看,卡日曲源头处于黄河和长江的分水岭;而约古宗列曲源头位于巴颜喀拉山系主峰雅拉达泽山的东麓,西南与长江的通天河相邻,西北与内陆河格尔木河遥望,处于三大流域的鼎立之地,雅拉达泽山主峰高程 5 214 m,被称为"雪山的儿子",守望着黄河河源,气势十分雄伟。

3. 历史传统称呼

若某河流从未确定干流和河源,也就不存在传统称呼问题,即可以按照河流的主要地理特征来确定该河流的干流和源头。若某河流历史上已定名干流和河源并沿用至今,则首先要考证和复核干流的命名与河源的定位是否合理或大体合理,是否具有传承的历史和文化的意义,否则将调整或重新定名和界定源头。经考证,从明至清人们就对黄河河源进行实地查勘,并有较多的文献记载,如清代的《水道提纲》以及各水道地图,都把扎陵湖以西的三条河的正中一条作为黄河的河源。虽然当时的科技水平有限、绘图精度很差,但对黄河正源的认识基本正确。当地的藏民很早就把黄河干流称为玛曲,把甘肃玛曲县以西约一千千米的黄河称玛曲,并延伸到玛曲的源头(今约古宗列曲)。可见,汉语中的黄河与藏语中的玛曲是一致的。

1952 年黄委组织河源考察,确认约古宗列曲为黄河河源。20 世纪 70 年代黄委量算黄河流域特征值,其成果经水电部批准刊印公布,成果中对河源的提法是"黄河发源于约古宗列曲"。新中国成立后,从国家元首、政府部门到社会团体、科研单位等多次在黄河源头区(玛曲曲果)树立"黄河源"碑。

综上所述,从河源的自然地理特征到当地的历史渊源、人文传承,无论是历史的,还是现实的,确认约古宗列曲为黄河正源都是合情合理的,有说服力的。

本次确定黄河河源仍沿用具有历史传承意义的提法,但新划定了黄河河源区的范围,同时改正了原黄河源头的地理坐标和高程数据的错误(见图 3.1-2 和图 4.2-7)。

《08 本》成果和本次河湖普查在新的影像图或纸质地形图上,确认黄河发源于约古宗列曲,黄河的源头界定在约古宗列曲最上游的两条小沟的汇合口沿较长的南支相交到外流域分水线上,该交点即为黄河源头的位置,亦是量算黄河干流河长的起点,其地理坐标:东经 95°55′02″、北纬 35°00′25″,黄海高程:4 724 m。

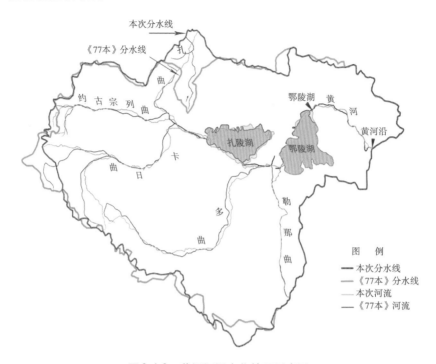

图 3.1-2 黄河河源变化情况示意图

本次界定黄河河源区是指约古宗列曲最上游的部分,包括南北两条小河(约古宗列曲南北支)以及周围遍布的泉水、溪沟、湖盆、冰川,面积约为 800 km²,当地藏民称玛曲曲果为"孔雀河源泉"。

前国家主席亲手题写的"黄河源"碑,竖立在黄河河源区的中央——玛曲曲果,具体坐标为东经 95°59′、北纬 35°02′。这座石碑通体高 2.999 m,碑身高 1.999 m,表明碑立于 1999 年新中国成立 50 周年之际,碑宽 0.546 4 m,隐喻黄河河长为 5 464 km,碑体背面镌刻有《黄河源碑铭》,见图 3.1-3。

图 3.1-3 "黄河源"碑

碑铭道:"巍巍巴颜,钟灵毓秀,约古宗列,天泉涌流。造化之功,启之以端,洋洋大河,于此发源。

揽雪山,越高原,辟峡谷,造平川,九曲注海,不废其时,绵五千四百六十公里之长流,润七十九万平方公里之寥廓。博大精深,乃华夏文明之母;浩瀚渊泓,本炎黄子孙之根。张国魂以宏邈,砥民气而长扬。浩浩荡荡,泽被其远,五洲华裔,瓜瓞永牵。

自公元一九四六年始,中国共产党统筹治河。倾心智,注国力,矢志兴邦。务除害而兴利,谋长河以久远。看岁岁安澜,沃土茵润,山川秀美,其功当在禹上。

美哉黄河,水德何长!继往开来,国运恒昌。立言贞石,永志不忘。"[18]

需要说明的是,我们这里讨论的黄河河源,有别于黄委以水资源利用和水生态环境保护为目的的黄河河源区与黄河源头区。在那些范畴,黄河河源区是指龙羊峡(或唐乃亥水文站)以上的区域,面积为 12.23 万 km²,年均水量约 207 亿 m³,占全黄河水量的 36%,被誉为黄河的"水塔""蓄水池",亦是我国著名的"三江源自然保护区"(长江、黄河、澜沧江)的重要组成部分。黄河源头区是指玛多县城(或黄河沿水文站)以上的区域,面积 2.12 万 km²,区内有黄河流域最大的两个淡水湖,即扎陵湖(藏语查灵,白色的意思)和鄂陵湖(藏语俄灵,青色的意思),是黄河上的两颗明珠,两湖的蓄水量约 150 亿 m³。一千多年前,我们的祖先就进入两湖寻找我们母亲河的源泉。

3.1.5 湟水、渭河、泾河、洛河、沁河河源

3.1.5.1 湟水河源

1. 基本情况

湟水是黄河上游最大的一条支流,发源于青海省海晏县境内的包忽图山,干流全长 369 km,流域面积 32 878 km²。湟水穿流于峡谷(巴燕峡、扎马隆峡等)与盆地(西宁盆地、大通盆地、乐都盆地和民和盆地等)间,形成串珠状河谷。早在 5 000 年前,原始人类就在湟水两岸居住、繁衍、生息,孕育了灿烂的河湟文化。湟水养育了青海省约 60% 的人口,被誉为青海省的"母亲河"。

在湟水上游的日月山下,有一个著名的湟源县,县名之意即湟水之源。湟源在春秋时称"西戎羌地",相传这里是 3 000 多年前西王母的故里。湟源丹噶尔古城建于明代,距今有 600 多年历史,现保存完好。

从湟源县西北行约 39 km,就到了湟水最上游的海晏县,海晏县以上湟水分为两支,西面一支叫麻皮寺河,又称包忽图河,东面一支叫哈利涧河。麻皮寺河流经的金银滩(海拔 3 400 m)是著名的高原草原,草原面积约 500 km²,过草原就进入包忽图山,见图 3.1-4。

《海晏县地名志》记:"湟水源于海晏县包忽图沟,源头称包忽图曲沁;流经塔塔滩的河段称哇日曲;在嘛学寺以南 7 km 处与嘛学寺曲沁相汇,到海晏县水文站称群科曲沁;水文站以下称湟水。"

2011 年 9 月,黄委、青海省河湖普查组共同查勘湟水河源。查勘组从西宁出发,途经湟源县、海晏县,在海晏县与县水利局同志座谈,并邀局长陪同查勘。驱车北上过金银滩、嘛学寺、塔塔滩,约行 40 km 到达幸福滩游牧民定居点,此处离湟水北面的河源出山口约

图 3.1-4 湟水河源区示意图

1 km,因前面正在修路,车辆无法前行。据县水利局局长讲,"进山只能步行或骑马,前两天刚下过大雨,现在骑马也很难走,而且来回需要七八个小时。进入山里河流分成好几条支沟,每条支沟都有碗口大的泉水出露"。据观察,包忽图河出山口后,由一股水流分成 $2 \sim 3$ 股,目估流量 $1 \sim 2 \ m^3/s$,清澈的水流向幸福滩、金银滩,滋润着两岸的草场,养育着这片生灵。考虑到时间和安全问题,没再前行,用 GPS 测了所在的位置坐标,拍了几张照片,见图 3.1-5,画了一张示意图,就折回。

图 3.1-5 湟水河源出山口后分散在金银滩的分汊小河

2. 湟水河源的界定

经过内业分析和外业查勘,和青海省的同志认真讨论,确定湟水河源区为海晏以上的包忽图河,面积约700 km²,干流河长约80 km。沿包忽图河主槽线溯源至流域边界交点处为湟水的源头,其地理坐标为:东经100°54′54″、北纬37°15′36″,海拔4 200 m。

选择包忽图河为湟水河源区的理由是:

其一,河源区是干流最远处的部分,其源头符合"唯远、唯高"的原则。

其二,历史上称"湟水发源于大坂山南麓"或"发源于海晏县的包忽图河"或"发源于海晏县的包忽图山"等,都是大致相同,和本次确定的河源是一致的。

其三,河源区最远处是巍峨壮观的包忽图山。河流流出山口后,便是一片绚丽多彩的高原平坦草原。建在草原上的嘛学寺是具有几百年历史的著名藏传佛教寺院。当年王骆宾的一曲《在那遥远的地方》就是在风景如画的金银滩草原创作的,为纪念词曲作家王骆宾,当地人们在这里修建了王骆宾纪念馆。另外,在金银滩这片茫茫草原上,我国建设的第一个核武器试验基地就坐落于此,我国第一颗原子弹、第一颗氢弹均诞生于此,更为这里蒙上了一层神秘的色彩。

相信,湟水河源区的确定,会使这里得天独厚的自然风光、美好神秘的人文景观、藏传佛教的文化底蕴让更多的人向往。

3.1.5.2　渭河河源

1. 基本情况

渭河是黄河的第一大支流,发源于西秦岭山脉东麓,面积134 825 km²,干流全长830 km。渭河东西贯穿富饶的八百里秦川,孕育了灿烂的渭河流域文明。中华人文始祖伏羲、女娲,中华民族始祖轩辕黄帝和神农炎帝在此起源,华夏文明史以渭河为轴线翻转辐射,成就了周、秦、汉、唐盛世文明,成为中华文明史的"文化之轴"。

渭河上游有个渭源县,因地处渭河的发源地而得名。秦汉时设首阳县,至西魏始称渭源县。渭源县境内融合了仰韶文化、马家窑文化、齐家文化等三大古文化,流传着大禹导渭、夷齐西隐、老子飞升以及秦始皇、隋炀帝、唐太宗、左宗棠西巡溯源的传说。

渭源县历史悠久,文化灿烂,自然风光秀美,旅游资源独具特色,见图3.1-6。这里有纪念大禹治水的禹王庙,庙侧有三泉,呈"品"字形,故称"品字泉"。相传唐太宗李世民西征经过此地,以马鞭探此泉的深浅,不慎马鞭掉入泉中,霎时不见,当他回到长安时,那根马鞭竟出现在长安城的护城河里,该泉因此得名为"遗鞭泉"。一座碑亭镌刻有顾颉刚先

图3.1-6　渭源县城的"大禹导渭"塑像和渭河源碑

生在1938年即兴口占的联语:"疑问鼠山名,试为答案岐千古;长流渭川水,溯到源头只一盂。"石碑左右两侧分别是禹王庙和龙王庙。相传禹王庙建于明代,清宣统元年重建。在渭源县城中心,有一座紫红色的曲拱单孔木桥横跨清源河两岸,它就是渭河第一桥——灞陵桥。它是古代桥梁的标本,更是渭河源头的一张名片。

在渭源县附近,渭河分出几条支流,北面支流唐家河,发源于关山,河长19 km,源头海拔2 500 m;中部支流叫龙王沟(又称禹河、后沟),河长10 km,源头在鸟鼠山,海拔2 500 m;南边是清源河,源头在篡篡山,河长30 km,海拔3 500 m,见图3.1-7。

图3.1-7　渭河河源区示意图

2. 渭河河源的几种提法

对于渭河的发源地,目前主要有以下几种提法:

其一,发源于渭源县西10 km的鸟鼠山。《山海经》记载:"鸟鼠同穴之山……渭水出焉,东流注于河";《尚书·禹贡》记载:"(大禹)导渭自鸟鼠同穴";《汉书地理志》记载:"禹贡鸟鼠同穴山在西南,渭水称出,东至船司空入河";北魏郦道元《水经注·渭水》记载:"渭水出首阳县首阳山渭首亭南谷山,在鸟鼠山西北,此县有高城岭,岭上有城号渭源城,渭水出焉";《甘肃水利志》(1998年12月出版)记载:"渭河发源于渭源县西南鸟鼠山,河源高程3 230 m";《中国江河》(2000年出版)记载:"发源于甘肃省渭源县的鸟鼠山";陕西省水利厅编《中国水力资源复查成果》(陕西卷)中有"渭河发源于渭源县西南部的鸟鼠山北侧";黄委编《渭河流域重点治理规划》中有"发源于甘肃渭源县鸟鼠山"。

其二,发源于渭源县西南30 km的豁豁山,即篡篡山。甘肃省水利厅编《中国水力资源复查成果》(甘肃卷)中提出渭河"发源于渭源县西南部高程3 495 m的豁豁山";甘肃省渭源县水利局编《渭河流域简介》中有"渭河发源于渭源县南部豁豁山";《77本》指渭河河源为篡篡山,源头高程3 230 m。

其三,渭河河源三源说:北源的唐家河,源头在关山;中源的龙王沟,又称禹河,源头在鸟鼠山;南源清源河,源头在鳌鳌山,称渭河"三源合注"。

3. 本次渭河河源的界定

根据河源的确定原则和方法,经过外业查勘和内业分析,本次确定渭河干流河源区为渭源县以西包括龙王沟(又称禹河)和清源河流域,面积约 300 km²。源头为清源河向上溯源至鳌鳌山,地理坐标为:东经 104°03′16″、北纬 34°57′51″,海拔 3 508 m。

本次确定渭源县以西的龙王沟和清源河为渭河河源区,是因为龙王沟具有千年历史文化传承意义的河源特征,有"品字泉""禹王庙"等遗迹,清源河具有现代生态环境意义的河源特征。现今渭源县以及渭河河源区已经成为甘肃省的名胜古迹和自然风光旅游区,已开发出"渭河探源""首阳古韵""太白云海"等 10 多处景点。

确定清源河鳌鳌山为渭河源头,是因为它是河源区中最长的河流,海拔最高,河道常年有水且水量大,这里青山绿水,植被茂盛,当地人都称这是渭河的正源。

河源区没有将唐家河包括进去,是因为唐家河流域属黄土丘陵沟壑区,长年断流,人烟稀少,早已失去河源的意义。

3.1.5.3　泾河河源

1. 基本情况

泾河是渭河的重要支流,发源于六盘山东麓,流经宁夏、甘肃、陕西三省(区),于高陵县陈家滩注入渭河,全长 460 km,流域面积 45 458 km²。

泾河是中华民族发祥地之一,历史悠久,文化灿烂。毛主席的"六盘山上高峰,红旗漫卷西风"词句就源于此,早已脍炙人口。

泾河上游的泾源县因泾河之源而得名,素有"秦风咽喉,关陇要地"之称,同时有"高原绿岛"的美誉。距离泾源县城南 20 km 的老龙潭俗称"泾河垴",是泾河的发源地之一。《西游记》中记述的唐代宰相魏征梦斩泾河老龙王的故事就发生在这里。在去老龙潭的山道旁边,有清代县令胡纪谟奉皇帝诏书查勘泾河源头的记载石刻(1790 年)。距县城东北 10 km 的秋千架,河谷狭窄,柱石高耸对峙,传说是穆桂英荡秋千的地方;一代天骄成吉思汗屯兵避暑、木兰围猎的凉天峡雄奇秀美、层林蔽日;与西北道教名山崆峒山连接的秋千架奇峰刺天、幽泉涧鸣;有"小九寨"美誉的十里荷廊——荷花苑,更是山含情、水含笑、碧荷含尽诗情与画意。

泾河上游在沙南镇以上分为两条河,一条为支流香水河,发源于月牙山,河长 27 km,面积 173 km²;另一条是泾河干流。在干流上游又分出两条河流,一条为龙河,另一条为良天峡,见图 3.1-8。

泾河河源区山清水秀,群峰争绿,林茂草丰,飞瀑流泉,鸟语花香,既有北国之雄,又具南国之秀,人称黄土高原上的"绿岛",1995 年被评为省级风景名胜区。这里的风景名胜主要有老龙潭、小南山、二龙河、鬼门关等。

2. 泾河河源的几种提法

其一,泾河二源说,即南源出于泾源县老龙潭,北源发于固原大湾镇,两河在甘肃平凉汇合后折向东南。

其二,《77 本》和《中国江河》(2000 年版),称泾河发源于六盘山马尾巴梁;《黄河志》

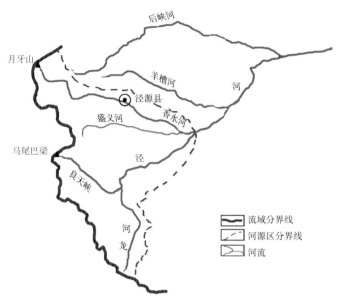

图 3.1-8　泾河河源区示意图

(1994年版)称泾河发源于六盘山东麓。

此外,也有人提出河源在马莲河的上游,理由是马莲河与泾河汇合口以上的马莲河河长为 624.7 km,泾河河长为 455.1 km,马莲河比泾河长 170 km。按"唯长唯远"的原则,则泾河河源应定在泾河支流马莲河(马莲河上游又称环河,环河上游称东川,东川上游称十字河)向上溯源的十字河,源头在白于山东南麓的杨家东台,海拔 1 800 m。

3. 本次泾河河源的界定

根据河源的确定原则,经过分析和现场查勘,本次确定泾河河源区为沙南镇以上,包括泾河干流和支流香水河,面积约 380 km²。泾河的源头定在泾河干流(又名良天峡)向上溯源至分水岭马尾巴梁处,地理坐标为:东经 106°14′24″、北纬 35°24′46″,海拔 2 650 m。

3.1.5.4　洛河河源

1. 基本情况

洛河古称雒水,是黄河三门峡以下最大的支流。它发源于陕西省洛南县,由西向东流经河南省的卢氏县、洛宁县、宜阳县、洛阳市,到偃师市杨村附近接纳伊河,在巩义市巴家门村注入黄河,全长 445 km,流域面积 18 876 km²。洛河流域是我国原始农业最早起源地之一,拥有源远流长的河洛文化,享誉全国的洛书、渑池仰韶文化遗址、偃师尸乡沟商代古城遗址等都在此流域。

在洛河上游洛南县以西有个洛源镇,海拔 1 350 m,位于两条支流的交汇处,向西北的一支叫北川河(又名龙潭河,见图 3.1-9),河长约 15 km,向西的一支叫木岔河(见图 3.1-10),河长约 10 km。洛源镇因洛河发源于此而得名,见图 3.1-11。

黄委、陕西河湖组于 2011 年 9 月联合对洛河河源进行查勘,从西安出发到洛南县,再向西沿洛河上行约 45 km 后,就到达北川河与木岔河交叉口的洛源镇,邀洛源镇镇长同行,先驱车沿北川河而上,行约 10 km 后,下车步行约 2 km,到达秦岭东南麓的龙潭瀑布,瀑布4~5 m高,下面是龙潭池,潭水深约1 m,清湛湛,碧汪汪,潭水边的岩石被苔藓覆盖,仿佛一湖翡翠。据传,盘古时东海龙王的女儿迷恋这里的水和景,常飞临凡间到此洗浴,因而当地人称为龙潭泉(见图3.1-9)。据镇长介绍,洛河就发源于龙潭瀑布的上端,再向上约2.5 km就是洛河的最高分水岭——草链岭。因向上无路可走,查勘组折回到洛源镇再向西行,沿木岔河查勘西源,车行4~5 km到大坪村前,发现木岔河中已没有水了,沿途只有零星的几户农家,原有的沟痕已被现代公路挤到一边,成为雨季的排水沟。继续行车3~4 km,至周家台子,这里的山脊是洛河与灞河的分界处,已被公路切割,也是我们要找的木岔河源头,测得此处地理坐标为:东经109°49′23″、北纬34°17′25″(见图3.1-10)。

图3.1-9　北川河现场查勘图片　　　图3.1-10　木岔河源头现场查勘图片

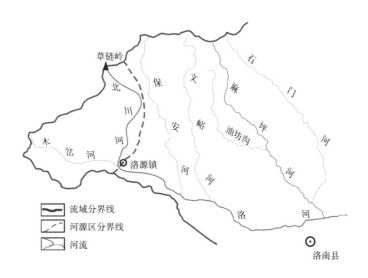

图3.1-11　洛河河源区示意图

回到北川河和木岔河的交叉口处,见河源呈现"Y"字形,目估北川河的流量是木岔河的2~3倍。这里的老百姓,都把北川河作为洛河的河源。

2.洛河河源的几种说法

目前,洛河河源共有两种说法:

其一,据《伊洛河志》记载,洛河之源有二:西源为蓝田县灞源乡木岔河竿园泉,北源为洛南县洛源镇黑彰村龙潭泉,即二源说;

其二,20世纪70年代,黄委出版的《黄河流域特征值资料》,选定西面的木岔河为洛河河源。

2000年出版的《中国江河》专著中,指洛河发源于东秦岭华山东南麓,陕西蓝田县木岔河。

3.洛河河源的界定

按照河源的确定原则,根据外业查勘和内业分析:洛河河源区为洛源镇北川河与木岔河以上的汇流区,面积约90 km²,源头为北川河主槽线溯源至分水岭(草链岭)处,地理坐标为:东经109°49′23″、北纬34°17′25″。其理由有以下几点:

其一,20世纪70年代,确定洛河河源为木岔河,当时的缘由是该支流是洛河干流由东向西的自然顺直延伸,而且在1:5万的地形图上标注的洛河名称也延伸到木岔河。通过本次外业查勘和内业分析,无论从河道长度、流域面积、汇集水量,还是源头高程等方面比较,北川河都比木岔河要大,所以只定木岔河为洛河河源不尽合理。

其二,北川河常年有水,因洛河第一潭——龙潭泉而闻名,沿河大小跌水滩地十几个,两岸万木葱茏,怪石嶙峋,近处清溪潺涌,远处层峦叠嶂,风景美不胜收。源头草链岭,海拔2 646 m,是洛河流域的最高点,草链岭看守着洛河源。

本次确定的洛河河源区既保留了历史上木岔河的河源,又将在河道长度、流域面积、水量、比降等方面都占很大优势的北川河包括进去,河源区成为北川河和木岔河的汇合区。这里有很多神秘美丽的传说,有雄峰幽谷、流泉飞瀑、奇石古树等天然美景。据洛源镇镇长介绍,政府将在北川河加大投资,规划成洛河河源自然风景旅游区,建成后将吸引更多的旅游探险者来游玩观光和探险。

3.1.5.5 沁河河源

1.基本情况

沁河古称沁水,也称少水,发源于山西省沁源县太岳山南麓,经安泽、沁水、阳城、晋城进入河南济源、沁阳、博爱、温县至武陟白马泉汇入黄河,全长495 km,落差1 844 m,流域面积13 069 km²。

沁河上游沁源县,因沁河之源而得名,建制于北魏孝庄帝建义元年(528年),在此之前这里叫谷远县。谷远县设置于西汉,其名的由来也与沁河发源地羊头山有关。据古史传说,神农炎帝曾在羊头山见有丹雀衔来一株九穗嘉禾,炎帝就把它播撒在田间,后来长出一把嘉禾,据说味道香甜,食之可长生不死。《魏书·地形志》记有"羊头山下神农泉北有谷关,即神农得嘉禾处"。

2.河源区水系

沁河在上游沁源县西阳镇以上有三条河:东边一条是发源于羊头山(亦称谒戾山)的紫红河,河长52 km,面积为385 km²;中间一条为赤石桥河(赤石河),河长38 km,面积为417 km²;西边一条为发源于西北部绵山东麓二郎神沟的沁河干流。见图3.1-12。

图 3.1-12　沁河河源区示意图

以上三水系区域中有红崖峡谷、古人类遗迹、点将台、战国和氏璧通道、介子推故居、秦代双层悬棺、夜明珠、龙王庙、二郎神栖息处等景点几十余处。这里风景秀美、森林茂盛、水网密布、植物动物种类众多,自然植被覆盖率近 90%,原始生态体系保存完整,植物分布层次明显,兼之交通极为便利,因此旅游开发潜力非常巨大。

3. 沁河河源的几种说法

其一,郦道元在《水经注》中把沁河东源紫红河作为正源,所以说沁河发源于羊头山。羊头山横亘于武乡、沁县、平遥、沁源交界处,赤石桥河与紫红河皆发源于此山。赤石桥河在郭道镇境内又与源于西北部绵山东麓二郎神沟的西源相汇,故曰"三源齐注,经泻一隍"。

其二,沁河多源说,沁河之源出处有六,即:官滩乡活凤村、景凤乡西沟、白狐窑乡马泉村、赤石桥乡涧底村、聪子峪乡水峪村、王陶乡河底村。其中主要水源出于河底村村后的二郎神沟。

其三,沁河发源于沁源县西北部绵山东麓的二郎神沟,流经郭道镇境后与北源赤石桥河、东源紫红河汇合。

其四,2004 年《焦作日报》组织考察沁河河源时,据当地人说,沁河的发源地不在二郎神沟,而在点将台沟,并称纠正了水文资料上有关沁河发源的错误记载;太岳山森林经营局所立石碑称"沁河起源于太岳林局将台林场苗圃"。这两种说法与"源出二郎神沟"虽有区别,但所指相同。

其五,《77 本》以赤石桥河为沁河河源。

4. 本次沁河河源的界定

根据河源的确定原则和方法,本次确定沁源县郭道镇以西的沁河干流(原二郎神沟)为沁河河源区,面积约 300 km²。源头位于沁河干流向上游延伸至西北部绵山分水岭的牛角鞍,地理坐标为:东经 111°59′13″、北纬 36°47′14″,海拔 2 566 m。郭道镇以西的原二郎神沟定为沁河河源区,其河道最长、水量最多,符合"唯长唯远"原则。

3.2 关于河口的论述暨黄河、渭河等河口的确定

3.2.1 普查河口的意义

河湖普查工作的一项重要内容就是普查不同类型的河口位置,测定其地理坐标和高程。河口是河流与其汇入对象连接处,它表示一条河流的终点。河流汇入对象可以是海洋、湖泊、水库、河流,也可以汇入农灌渠道或直接消失于沙漠。根据汇入对象的不同类型,河口可以分为入海河口、入湖河口、入库河口和支流河口等。

界定河口位置的意义,从地理学角度讲,河口是流域或河流的重要地理特征值,普查对象就是找准河流的河口位置,量测其地理坐标和高程,从而确定量算河流长度的终点。从水文学角度讲,河口是河流所在流域汇流的出口断面,普查对象之一就是统计通过河口断面的平均径流量(或泥沙量)。因此,河口定位既具有地理特征的象征意义,又具有水文计算和河道治理的实际应用意义。

3.2.2 不同河口类型的特点

3.2.2.1 入海河口

1. 受河道洪水和海洋潮汐、海流的影响

入海河口是一个半封闭的海岸水体,与海洋自由沟通,入海河口位置受河道径流和海洋潮汐、海流的影响。潮汐影响指不同年月日的涨退潮水位的影响,一般河口受到的潮汐影响要比洪水影响大,而且有规律性。将潮汐影响所及的河段作为河口区。根据潮汐影响程度,将河口区分为河流近口段、河口段和口外海滨段。

河流近口段,又称河流段,一般指潮汐界和潮流界之间的河段。潮汐界系潮汐涨落影响的最远点,潮流界系涨潮时海流上溯的最远点。

河口段,又称河口过渡段,上起潮流界,下迄河口口门。口门位置可根据河口地区多年平均水位线与外海海平面的交汇点确定。也有把河口三角洲干流的分汊点或三角港的顶点作为河口段的上界,下界口门位置根据河口两侧海岸线或岛屿前缘的连线确定。河口段是径流与潮流相互消长的地区,也是盐水与淡水的混合地带。

口外海滨段又称潮流段,是从河口口门至滨海外界的区段,在大陆架较窄的地区,它的下界直接和大陆架相连。

根据不同的地质地貌条件,河口区潮汐涨退的潮水位变幅一般在 3 m 左右,黄河河口区潮汐差为 0.6~2.0 m 不等。

2. 受河流输移泥沙的影响

对于很多入海河流的河口,由于河流携带输出物对河口的填充,河口三角洲不断推进与扩展。例如五六千年来,长江口营造了约 30 000 km² 的三角洲;又如黄河是有名的多泥沙河流,每年有大量泥沙淤落在河口及滨海区,因此黄河河口具有很大的延伸速度和造陆能力,同时会出现主流摆动、出汊,并有可能决口改道。黄河现行(指 1855 年以来)河口三角洲决口改道已达 50 余次。新中国成立后,黄河河口经历了 4 次人工改道,说明黄河河口位置是经常变动的,大的变动是河流改道,小的变动是河口向外延伸。

以上说明,入海河口的位置会随着海潮的波动和河流泥沙的淤积而变化。

3.2.2.2 入湖(库)河口

在不同的湖泊中,入湖河口的水文情况不相同,河口的位置及变化亦不相同。如河流入湖流速减小,会产生口门拦门沙和湖泊的整体泥沙淤积;湖泊年平均水位的多年变化,会影响河口水面平均比降的变化,以及湖泊的波浪等都会对河口的位置变化产生较大的影响。

入库河口与入湖河口相似,但由于水库每年都进行蓄泄调节库水位,因此入库河口的位置往往随水库类型、水库运用、河流的水情及泥沙淤积等引起的水文情势变化而变化。

3.2.2.3 支流河口

对于大多数支流,河口位置比较固定,很容易确定其位置。对于多泥沙的支流河口,因泥沙问题使河口段经常变化,例如黄河的一级支流汾河、渭河、沁河河口等,为了约束洪水和固定主槽,在多沙河流的河口段修建了堤防或控导护岸工程。对于这些河流,河口的位置确定必须考虑工程的影响,河口定位可能因工程而变。

3.2.2.4 消失于沙漠的河口

有些河流出山口后就进入沙漠或戈壁滩地,由于沿途蒸发和渗漏,水流在沙漠中逐渐消失。若出山口的径流(洪水)较大,水流在沙漠的流程就延长;若出山口的径流小,则流程短而消失。在沙漠,河口位置是不固定的,在长期缺水或枯水期,往往在沙漠里只留下一条干涸的河槽痕迹。

有些河流出山口后就被引入人工渠道,水流进入田间灌溉耗尽,如遇暴雨洪水,过剩的渠水可能会沿排水渠引入上一级河流。这种自然河流和人工渠道混合在一起的河渠混合性河流,河网比较复杂,很难划分水域和确定河口的位置。

3.2.3 确定河口的方法

河口是一条河流的终端,是汇集河口以上流域内径流量、输沙量的重要断面,因此河口位置不能侵占上一级河流,上一级河流的水流,不能流入本河流的河口断面。合理、准确地确定河口位置是准确量算河长及获取流域水文数据的必要条件。

河口位置一般有如下一些确定的方法:

(1)若河流以单一河槽注入上一级河流(湖、海),则取该河槽中心线与上一级河流(湖、海)岸边连线或中常水岸边连线的交点作为河口。若河流分成若干汊道注入,则取其中最大的(指水量和过水断面)一股汊道按本原则确定河口。

(2)入海河口位置取河流中泓线与海岸平均低潮水位线的交点。

(3)对于消失在沙漠中的内陆河,河口则为近十几年河流流入沙漠的最远端。

上述确定河口的方法对于大多数河流来说是适宜的。但是,黄河流域是多泥沙流域,黄河中下游的几条较大入黄支流的河口段都具有河床纵向冲淤、横向摆动的特点。为了控制洪水泛滥和河床变化,在河口段修筑了大堤或控导护岸工程。对于这些河流的河口定位,就必须根据具体情况具体分析,应地而定。按照全国河湖普查工作的要求,黄委河湖组对黄河以及渭河、汾河、沁河、洛河、大汶河等河口进行了调研、内业分析和现场查勘,

并对这些河流的河口位置进行了界定。

下面具体介绍这几条河流河口的基本情况、位置确定方法和具体坐标定位。

3.2.4 黄河河口

3.2.4.1 黄河河口基本情况和特点

黄河河口区基本情况请参见 3.5.1 节,这里仅列出 1855 年以来现行河口三角洲 10 次大改道的示意图和新中国成立后黄河河口经历的 4 次人工改道流路的统计表,见图 3.2-1 和表 3.2-1。从图表中可以看出,黄河河口的位置是经常变动的,大的变动是平均 12 年左右一次流路改变(扣去 1855 年改道初期 20 多年的无规则漫流及抗日战争期间花园口扒口改道的 7 年),河口位置迁移几十到上百千米,小的变动是河口向外海每年平均延伸 1.0 ~ 2.0 km。

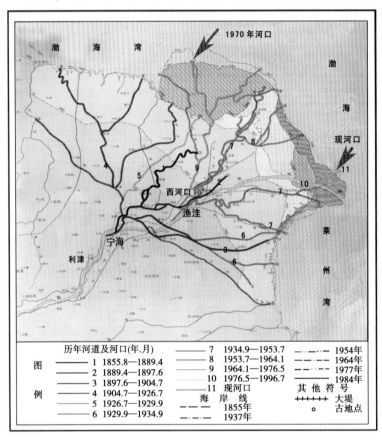

图 3.2-1　黄河河口区流路演变图

清水沟(含清 8 汊)流路为黄河现行入海流路,自 1976 年行河以来,已行河 36 年。清水沟流路行河以来的流路演变可分为原河道行河和清 8 汊行河两个时期。清水沟流路原河道位于现行清 8 汊流路的南部,行河至 1996 年西河口以下河长达到 60 km,结合油田开发实施了清 8 改汊,清 8 汊入海方向为东偏北,清水沟流路两岸已建设了较系统的河防工程,继续行河工程建设投资小。因此,今后黄河入海流路继续轮流使用清水沟流路。

表 3.2-1 1949 年以来黄河河口四次流路基本情况

项目		神仙沟	刁口河	清水沟	清 8 汊
改道地点		小口子	罗家屋子	西河口	清 8 汊断面
入海地点		神仙沟	刁口河	清水沟	清 8 汊
改道时间(年-月)		1953-07	1964-01	1976-05	1996
行水年限		10 年 6 个月	12 年 5 个月	20 年	至今
流程缩短(km)		11	22	37	16
年均来水量(亿 m^3)		471	424	271	
年均来沙量(亿 t)		12.36	10.84	6.58	
同流量水位 (1 000 m^3/s)	改道初期(m)	11.63	11.79	13.18	
	改道末期(m)	11.63	13.39	13.90	
	水位增加(m)	0	1.6	0.72	
造陆面积(km^2)		286	500	370	
流路延长(km)		27	33	35	

3.2.4.2 黄河河口的确定

根据黄河河口流路演变规律和《黄河口综合治理规划》的安排,从黄河河口"相对稳定"的原则考虑,此次黄河河口的位置取清水沟清 8 汊为现行河道,并采用《联合国海洋公约》第九条关于河流的河、海分界处的规定:"河口下界在入海和两岸低潮位横贯河口的边线"。根据"2010 年山东黄河河道大断面图",将清 8 汊河上 3 个大断面河床平均高程中泓连线延长至海岸低潮线相交,在该交点量算得黄河河口的地理坐标为东经 119°15′20″、北纬 37°47′04″,高程(黄海)0.24 m(和《2004 年山东河道大断面》资料延伸的河口位置基本一致)。

3.2.5 渭河、汾河、沁河、洛河、大汶河河口的确定

3.2.5.1 渭河

1. 渭、黄汇合处的基本情况

渭河在潼关附近流入黄河小北干流。小北干流河床宽 5～8 km,主流左右摆动,历史上有"三十年河东,三十年河西"之说。渭河入黄口也频繁上提下挫,最上可达渭淤 3～5 断面(北洛河入渭口以上)。新中国成立后,由于受渭河来沙和三门峡水库初期运用方式的影响,渭黄汇合口河床高程(潼关高程)升高了 4～5 m,渭河下游变成类似黄河下游的宽浅游荡性河床。20 世纪 70 年代后,渭河河口段正式修建堤防,华县以下堤距 3～4 km,主槽宽约 200 m。80 年代初,小北干流主流不断西摆,大片滩地崩塌入河,使渭河河口上提 3 km,渭、北洛河泄流不畅,为此在大荔朝邑滩开始修建牛毛湾护滩控导工程。新中国成立初,渭河河口定在渭黄交汇处的港口附近(渭淤 1 断面);20 世纪 60 年代,由于汇流

区泥沙严重淤积,又把渭河河口上移到吊桥(渭拦5断面);70年代末,黄委又确定渭河河口位置在潼关县秦东镇柳家村。

2. 渭、黄汇合处现状和渭河河口的定位

为了进一步防止黄河西摆,保护滩区人民安全,抑制渭河河口上提,20世纪末完成牛毛湾南延工程。工程从汇淤6至汇淤2断面,全长5 500 m,按防御龙门20 000 m³/s流量标准修筑。现牛毛湾南延工程既是小北干流的控导护岸工程,又是渭河入黄口的控制节点,渭河入黄口只能在牛毛湾工程南终端节点与黄河右岸(也是渭河右岸)之间摆动。为了疏导渭河洪水入黄流路,使黄、渭中常洪水在三门峡水库上游形成合力,冲刷降低潼关高程,2010年实施完成了渭河入黄流路调整工程。该工程全长800 m,由西向东略偏南方向。计划二期工程再向东延长800 m,按防御当地黄河5 000 m³/s流量洪水标准修筑,当黄、渭出现较大洪水时,洪水仍会漫过工程连成一片,但渭河主流一般不会改变,见图3.2-2。

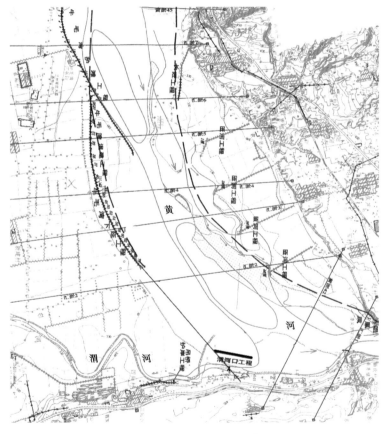

图3.2-2　渭河河口位置示意图

通过外业查勘和内业分析,将渭河河口的位置定在牛毛湾工程南端和渭河流路调整工程西端连线的延长线与现行渭河中泓线的交点处,其地理坐标是东经110°14′31″、北纬34°36′52″。

3.2.5.2 汾河

1. 汾河河口基本情况

汾河由北向南穿行在太行山和吕梁山之间,于山西河津县城附近流入黄河小北干流。在平枯水期,汾河在小北干流东面滩地上由北向南自成约 30 km 长的河槽,河槽宽 50 ~ 80 m,河东边是 50 ~ 100 m 高的黄土塬陡坡。当汾、黄发生洪水,滩槽淹没,黄汾连成一片汪洋。由于小北干流河床冲淤、摆动干扰和治河工程的作用,汾河入黄口的位置也经常变动。为了堵塞黄河串沟,防止黄河倒灌入侵汾河,20 世纪 70、80 年代修建了汾河口堵串工程,全长 12 km(黄淤 67 ~ 65 断面);90 年代至 2004 年又向南延伸完成了西范工程,全长 4.5 km(黄淤 65 ~ 64 断面)。早期人们把汾河河口定在河津县城附近,20 世纪 70 年代,黄委确定汾河河口位置在堵串工程南端河津县连伯滩上的湖潮村,随着黄河堵串工程的延伸,90 年代又将河口位置下移至西范村,可见汾河河口的位置随工程而变化。

2. 汾河河口现状和定位

2010 年实施完成的汾黄大堤(又称汾河入黄大堤),北起连伯滩西范路堤,南至庙前工程 6 号坝,基本上和汾河主槽平行,全长约 20 km(黄淤 65 ~ 62 断面),堤高 5 m,堤面宽 8 m,能抵御黄河当地 10 000 m³/s 洪水,见图 3.2-3。

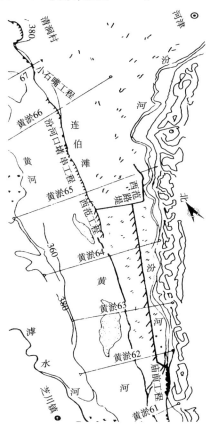

图 3.2-3　汾河河口位置示意图

工程将汾河和黄河隔开,一旦遇洪水漫滩,汾、黄洪水互不侵占,这样汾河在大堤保护区段内将是独立的不受黄河影响的河道。

通过外业查勘和内业分析,确定汾河河口的位置在汾河中泓线与黄河堵串工程南部延长工程南终端和庙前护岸工程垂直线的交叉点,量得地理坐标为东经110°29′47″、北纬35°21′40″。

3.2.5.3 沁河

1.沁河河口基本情况

沁河在五龙口以下是 90 km 长的平原冲积河床,两岸建有大堤,堤距 1～2 km,主槽宽 50 m 左右。沁河左岸大堤在西小庄白马泉闸处和黄河大堤相连,在连接处立有"沁河口"标志碑;右岸大堤在方陵村附近与黄河大堤相连。平枯水期,沁河进入黄河大堤内,在北岸滩地自成 20～30 km 长的河槽,一直延伸到京广铁路以东和黄河主槽连接。20 世纪 70 年代,黄委将沁河河口定在武陟县姚旗营附近,见图 3.2-4。

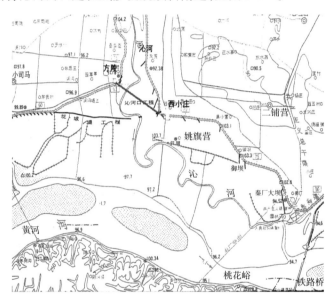

图 3.2-4　沁河河口位置示意图

2.沁河河口的定位

通过外业查勘和内业分析,确定沁河河口为沁河中泓线和沁河两岸大堤和黄河大堤连接点连线的交点,地理坐标为东经113°24′01″、北纬35°02′06″。理由是:

(1)沁河入黄口附近的黄河,河宽 6～7 km,两岸修有大堤和控导工程,黄河在其间游荡、迁徙和摆动。如发生较大洪水,河道将会产生滞洪和淤积,洪水将在堤岸的约束下向下游演进。根据黄河的特殊性,沁河入黄口处的黄河大堤可视为黄河岸边,并据此界定沁河入黄口位置。

(2)平枯水期,沁河在黄河滩上自成河槽,但毕竟是进入了黄河的河道内。沁河在黄河滩上的河槽和黄河主槽连接点不止一个,经常变动,大水时沁河、黄河就连成一片。

（3）20 世纪 60 年代确定桃花峪为黄河中、下游的分界处，当时沁河进入黄河滩地与黄河主槽汇合点在桃花峪以西约 2 km 处，因此将沁河划归黄河中游。现在沁河进入黄河滩地与黄河主槽汇合点下移到桃花峪以东 20 km 处，如果以黄河主槽为岸边连线，则沁河将划为黄河下游范围了，这显然不尽合理。

（4）1999 年，沁河河务部门和黄委在沁河大堤和黄河大堤连接处共同树立的"沁河口"标志性建筑物，确定了沁河河口的位置。

3.2.5.4　洛河和大汶河

1. 洛河河口

洛河于河南省巩义市巴家湾注入黄河。洛河河口段左岸是邙岭台地，右岸是嵩山北坡余脉，河床比较稳定。在洛河入黄口的黄河上段有神堤工程，下段有沙鱼沟工程（地方工程），在沙鱼沟工程的上端筑有南北向的生产堤，能保护由生产堤和沙鱼沟工程围起来的土地不受洛河、黄河中小洪水的侵占。这两个工程是黄河的控导护岸工程，对洛河入黄也能起到控制作用。此次确定洛河河口位置为左岸巴家湾和右岸七里铺连线与河道中泓线的交点，地理坐标为东经 113°03′34″、北纬 34°49′11″，见图 3.2-5。

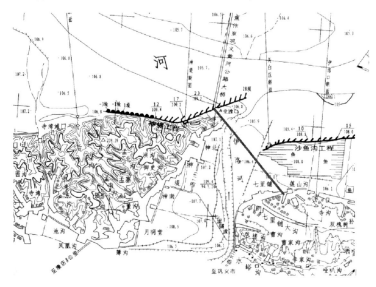

图 3.2-5　洛河河口位置示意图

2. 大汶河河口

大汶河是黄河下游的最大支流，由东向西注入东平湖，湖水通过陈山口闸流入黄河，见图 3.2-6。过去习惯上把戴村坝以上称大汶河，戴村坝到入东平湖口称大清河，有时也把大清河入东平湖口作为大汶河河口。本次河湖普查将大汶河从河源到入黄口统称大汶河（水系），同时注明原分段河名；并确定陈山口闸的位置为大汶河河口，其地理坐标为东经 116°12′18″、北纬 36°07′10″。

以上几条河流都是在多沙河流的河口段修建了堤防或控导护岸工程，对于这些河流，就不能简单地取河流中泓线与上一级河流岸边连线的交点作为河口的位置，而必须考虑工程的影响，河口定位可能因工程而变。

图 3.2-6 陈山口闸及其下游河道

3.3 关于干支流关系的论述暨湟水干支流的确定

3.3.1 河网水系的形成和汇流规则

河网水系是由地质地貌和降雨条件相互作用形成的。河网水系的形成可以是上万年,也可以是千百年。当一场降雨在闭合流域内形成地表积水后,很快从坡面注入河网,从河网汇集到流域出口,这个过程称流域汇流。河网汇流的一般规律是:①水从高处向低处流动;②水从比降大的河流流向比降小的河流;③水从小河流流向大河流。这就是河网水系水流运动的自然法则。

河网结构类似树状结构,树分树干和树枝,树枝再衍生分枝,树从根部吸取营养,通过树干输送到树枝,再到分枝,然后进入树叶,而河网水系则相反,水流先是从溪沟汇集到小河,再从小河汇集到大河,直到流域出口处。

按自然法则演化形成的河网,服从协同性与结构性法则。

3.3.1.1 河网的协同性法则

(1)任何河流水系都是由各个支流的水量补给上一级河流(或称干流)的,所有这些水道共同构成互相沟通的河网系统,并且具有十分良好的协调性,以致其中没有一条支流在过低的汇合点上汇入它们的上一级河流;或者说任何一条支流在河口附近的河床坡降,都会大于或略大于它们的上一级河流的坡降。这个普遍性的规律,西方学者称为普勒菲尔(Playfair)定律。

(2)两条河流交汇,如无特殊的地质情况,则与交汇点以下河段流路的夹角较大的河流多为干流,夹角较小的河流则多为支流。

河流的协同性法则又可以通俗而简练地综合表述为:两条河流交汇,低、平、规顺者为干流,高、陡、直交者为支流。

河网的协同性法则,不涉及河的长度、面积和流量等有单位的绝对标量,因而为古人判断、区分干流、支流带来方便。

114

3.3.1.2 河网的结构性法则

目前,国际上多用 Horton 和 Strahler 的河流分级原则,揭示河网的结构性规律。其方法是在某一固定比例的地图上,确定某公认长度为最小而不再分叉的河流,称为 1 级河流;2 条 1 级河流交汇后称为 2 级河流,2 条 2 级河流交汇后,称为 3 级河流;以此类推,2 条 k 级河流交汇后,称为 $k+1$ 级河流;第 k 级河流与小于 k 级的河流交汇,河流的级别不变。例如若干 1 级或 2 级河流汇入 3 级河流,则仍为 3 级河流。以此类推并统计每级河流的数目,量测它们的长度和面积,则美国水文学家霍尔顿(R. E. Horton)首先发现,各级河流的级别与数目、级别与长度、级别与面积,几乎都近似地服从各自相应的几何级数定律。

马秀峰教授曾依据这个法则,统计了黄河流域 9 个面积分级的河流数目,绘出了黄河流域面积 F 与河流数目 n 之间的关系,见图 3.3-1。他还统计了黄河干流唐乃亥水文站以上大于 1 000 km² 入黄支流和黄河干流(玛曲)交汇段的河床坡降以及它们之间的比值,其中支流河口段河床坡降的变化范围是 0.355‰~12.51‰;干流与相应支流交汇段,河床坡降的变化范围是 0.185‰~4.28‰;支、干流河床坡降之间的比例(简称"支干比",下同)变化范围是 1.042~9.86。它们的共同特点是:任何一条支流与干流之间的支干比都大于 1。因此,古人把玛曲作为黄河上游的干流,把包括卡日曲在内的其他与玛曲交汇的河流当作支流,完全符合河网结构性法则。

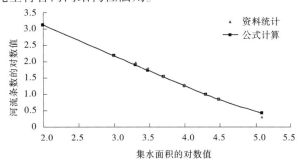

图 3.3-1 黄河流域河流数目与集水面积的关系图

3.3.2 水系形态分类

干流与其沿途接纳的各级支流,共同形成复杂的脉络相通的干支流水网系统或水系。每条河流都有自己的干流和支流,干支流共同组成这条河流的"水系"。河流通常分为上游、中游和下游三个河段,不同河段和水系结合又分别称为上游干支流、中游干支流和下游干支流。

根据干支流组合而成的不同流域轮廓及各种脉络几何形状,可以对水系进行相应分类,不同的水系形态可以产生不同的汇流水情,尤其对洪水汇流的影响比较明显。比较常见的水系形状有:

(1)树枝状水系。干支流呈树枝状,是水系发育中最普遍的一种类型,一般发育在抗侵蚀力较一致的沉积岩或变质岩地区。该型水系形状遍布于黄河上中游地区。

（2）扇形水系。干支流组合而成的流域轮廓形如扇状的水系,如泾河、大汶河上游水系。

（3）羽状水系。干流两侧支流分布较均匀,近似羽毛状排列的水系。其汇流时间长,暴雨过后洪水过程缓慢。如大通河,干流粗壮,支流短小且对称分布于两侧,是羽状水系的典型代表。

（4）平行状水系。支流近似平行排列汇入干流的水系。当暴雨中心由上游向下游移动时,极易发生洪水,如洛河和伊河。

（5）格子状水系。由干支流沿着两组垂直相交的构造线发育而形成的水系。如闽江水系就是典型的格子状水系。

此外还有梳状水系、放射状水系及向心状水系。梳状水系支流集中于一侧,另一侧支流少;放射状水系往往分布在火山口四周;向心状水系往往分布在盆地中。通常大河有两种或两种以上水系类型。

3.3.3 理清干支流关系的目的

河湖普查的一项重要内容就是要查清各大流域河网水系的干支流关系,并在此基础上编制河流代码和名录。

为体现河流统计的科学性、客观性和唯一性,在普查时河流统计采用干支流分级逐类递推统计方法。在统计河流以及编码之前需要弄清河流的干支流关系,即确定干支流关系是统计和编码的前提。

河流统计方法:先确定流域的干流,干流只有一条,再统计流入干流的河流(称一级支流),然后统计流入一级支流的河流(称二级支流),逐级进行下去,直至所有大于给定标准的各级支流。

河流编码方法:首先对流域范围内所有的一级河流(区域)和二级河流(水系)进行编码,然后根据水系拓扑关系(结构),按照不遗漏任何区域的要求,对边界能清晰确定或认定的流域(区域)进行分级全覆盖编码。

河流编码方案在按干支拓扑关系对河流进行分级(如一级支流、二级支流等)的基础上,根据河流集水面积、河长等河流属性进行分类(规模)编码,并逐类递推,穷尽所有河流。

3.3.4 确定干支流的原则和方法

现在国内外还没有一个统一的、公认的、比较科学合理的确定干支流关系的方法。目前有关判断干支流的原则或方法有以下几种:

（1）河长"唯长唯远"论。"唯长"就是从流域出口处溯源而上,找出最长的河流即为干流;"唯远"就是找出河源距河口距离最远的河流作为干流。

（2）集水面积最大者为干流。"面积最大"就是从流域出口溯源而上,遇到分支寻找分支集水面积最大者作为干流。

（3）《全国河湖普查工作实施方案》规定:干支流关系一般按河长"唯长唯远"的原则确定,有异议时按"多原则综合判定、科学支撑约定俗成"的原则处理。即干流一般根据河流最长的原则确定,当有异议时,可以根据干支流的河长比、面积比、河口处影像资料、河流名称等资料进行综合判定,并与流域、省(区)水利普查办协商确定。

(4)黄委河湖组在 2005 年开展"黄河流域特征值复核与补充"项目时,曾制定了干支流判别原则,参见 2.3.1 节,这里不再赘述。

(5)其他原则。主要包括:①各支流交汇处以上河段,比降小者为干流,比降大者为支流;②各支流和交汇口以下河段形成的夹角,夹角大者为干流,夹角小者为支流;③各支流交汇口以上哪条支流本身的河流多且河网密度大者为干流。

综合考虑以上几种干支流的确定原则和方法,笔者认为,应按多原则进行综合判断比较合理,具体方法如下:

(1)对于多数河流来说,应把河长和集水面积作为确定干流的首选项。如果河长和集水面积接近,那么可以将水量、河道比降、河网结构与密度、河流形态等进行对比,综合判定。

(2)对于著名的大江大河,在历史上已经命名了干流和河源,但和最长或面积最大的河流不一致时,不仅要参照自然因素,而且还要参照社会历史因素进行综合判断。对于历史上沿用至今但发现明显不合理或错误的干流,应给予改正;对于历史上沿用至今、基本合理,又具有历史渊源、人文传承意义的,应尊重历史文化继续沿用。关于这一点,笔者有如下看法:众所周知,人类祖先选择定居点时首先挑选接近水源的地方,傍河湖而居,逐水草而栖。人类的生存和进步与地域已结下不解之缘,人类的历史和文化已成为地域的灵魂,地域也成了族群集体的记忆。干流及河源的确定和命名,是出现人类文明后在悠久的历史进程中逐渐产生的,尤其是著名的大江大河的命名,都蕴含着人类源远流长的文化底蕴和历史背景,是世居先民长期认可的产物,并通过传奇的神话故事、历史文献记述和建庙宇、树碑文等形式一代代传承下来,并深深地印刻在人们的心里。这种传承下来的社会属性往往可以超越自然地理属性。例如人们常说黄河是中华民族的摇篮和母亲河,如果以河流的长度、面积以及水量等自然地理特征来衡量,则黄河远不如长江,黄河的河长、集水面积、水量分别只占长江的 80%、45%、5%。但是没有人会提出将中华民族的摇篮和母亲河改为长江,当然此处无意否认长江及长江流域在现代中华文明中的伟大意义。再如淮河流域,距今 3 000 年的夏、商、周甲骨文和以后的钟鼎文中多次出现的"淮"字,就是指淮河。古代淮河与长江、黄河、济水齐称"四渎"。2 000 多年前的《尚书·禹贡》记载:"导淮自桐柏山,东会于沂泗,东入于海"。淮河上源有个淮源镇,镇上有 3 口"淮源井",说明淮河的名称和河源已有上千年的历史。毛主席的"一定要把淮河修好"的指示,指的就是历史传承下来的淮河干流,但现在也没有人会提出将比淮河长 200 km 的颍河支流作为淮河干流。因此,大江大河的历史文化传承必须认真、慎重对待。

3.3.5 湟水干支流的确定

湟水是黄河上游最大的一条支流,湟水水系包括湟水干流和大通河支流。以河长和水量而论,大通河都比湟水大,但自古以来,人们一直将大通河视为湟水的支流。

根据笔者对确定干支流原则的认识,通过对湟水流域进行现场查勘、历史考证、内业分析,按多原则综合判定干流的要求,提出如下对湟水和大通河的干支流关系的看法。

3.3.5.1 湟水流域地貌特点

湟水流域位于青藏高原和黄土高原的过渡地带,受地质构造和水系发育的制约,形成东西向相互平行的"三山两谷"的流域地理景观。由西北向东南向的祁连山(北界)、拉脊山(南界)、大坂山(中部)构成了大通河与湟水的分水岭。祁连山与大坂山之间的大通河为狭长条状谷地,属高寒山地地貌,山高谷深、人烟稀少,河网呈羽毛状,中、下游有两段宽谷地(门源、连城盆地),区内设有 2 个县城,水资源丰富,但利用率低,居民以放牧为主,呈现青藏高原的特点;大坂山、拉脊山之间的湟水干流多宽谷盆地,丘陵起伏、黄土层厚,河网水系呈树枝状,自上而下峡谷和盆地相间,形成串珠状宽谷盆地(海晏、湟源、西宁、平安、乐都、民和等盆地)。区内设有 8 个县(市),人口稠密,居民以农业为主,农灌历史悠久、水资源利用率高,呈现黄土高原的特点。

湟水和大通河的地理地貌类型截然不同,共存于一个流域内组成一个独特的流域。当代常把大通河作为一条独立的流域对待,尤其是青海省当地居民,常把湟水指为湟水干流而不包括大通河。现代很多书籍,包括流域综合治理规划、水资源评价等类,常把湟水和大通河相提并论,而不是把大通河作为湟水的一般支流对待。因此,在考虑湟水流域的干支流关系时,必须考虑它们之间的特殊性。

3.3.5.2 湟水和大通河水文地理特征比较

取湟水和大通河交汇口以上区域的主要地理特征值进行比较,见表 3.3-1。

表 3.3-1 湟水和大通河交汇口以上区域地理特征值比较

项目	湟水	大通河	差值	湟水/大通河
河长(km)	300	574	-274	0.52
面积(km²)	15 558	15 142	416	1.03
多年平均天然径流量(亿 m³)	20.83	29.02	-8.19	0.72
降水量(mm)	489	495	-6	0.99
降水折合水量(亿 m³)	76.20	74.97	1.23	1.02
比降(交汇口以上 6 km)(‰)	4.7	13.3	-8.6	0.35
比降(交汇口以上 100 km)(‰)	4.0	5.4	-1.4	0.74
河网密度(km/km²)	0.18	0.15	0.03	1.20

1. 河长比较

交汇口以上湟水河长 300 km,大通河河长 574 km。根据确定干流的"唯长唯远"原则,则大通河应为湟水流域的干流,湟水是大通河的支流。

2. 面积比较

交汇口以上湟水集水面积为 15 558 km²,大通河集水面积为 15 142 km²,湟水的集水面积略大于大通河。若按"面积唯大"原则,则湟水是湟水流域的干流,大通河是湟水的支流。

3. 水量比较

湟水多年平均降水量为 489 mm,折合水量为 76.20 亿 m³,大通河多年平均降水量为495 mm,折合水量为 74.97 亿 m³。区域降水总量接近,但两区域下垫面汇流特性不一样,水资源利用率不同,湟水的多年平均(1956~2009年)天然径流量为20.83亿 m^3,大通河为29.02亿 m^3。如果以水量大小作为唯一标准,则大通河应视为干流,湟水为支流。

4. 比降比较

湟水区域平均高程为2 940 m,大通河区域平均高程为3 370 m。在两河交汇口以上约6 km河段,大通河河床比降为13.3‰,湟水为4.7‰;汇口以上100 km长河段,大通河比降为5.4‰,湟水为4.0‰。在河网水系中,比降大的河流是汇流到比降小的河流,普勒菲尔(Playfair)定律认为"在流域内相互贯通的河网系统中,任何一条河流在河口附近的河床坡降都会大于或略大于它们的干流坡降"。如果以比降作为判定干支流的唯一条件,则湟水是干流,大通河是湟水的支流。

5. 河网密度比较

统计交汇口以上湟水河流的总河长为2 848 km,大通河河流的总河长为2 277 km,则湟水的河网密度为0.18 km/km²,大通河的河网密度为0.15 km/km²,另外,从卫星或航测遥感图上也可以看出,湟水的河网密度大于大通河。如果以河流的支流多少或河网密度大小为标准,则应以湟水为干流,大通河为支流。

6. 河势比较

从卫星遥感影像图上看,在两河交汇口的上下河段,湟水自西向东较为顺直,而大通河有近90°的大转弯注入湟水。一般认为,两条河流交汇,低、平、规顺者为干流,高、陡、直交者为支流。霍尔顿在他的《河流侵蚀及其发育》一书中指出:两条河流交汇,如无特殊地质情况,则与交汇点以下河段夹角较小者为支流,较大者为干流。从这一角度来看,湟水应为干流,大通河为支流。

综合以上地理特征比较,大通河除河长、水量比湟水占优势外,其他特征如面积、比降、河网密度、河流走势等都是湟水占优势。

3.3.5.3 湟水为干流的历史渊源

据考古发现,早在4 000年前就有原始人类在河湟这块土地上栖息。后来又有大批古羌人在湟水两岸生产、生活、生息,包括后来的夏、商、周、秦、汉时期,湟水地区一直是古羌人聚居的中心地带。湟水孕育出灿烂的马家窑、齐家、卡约文化,创造了黄河上游著名的中华河湟文化。在湟水上游有个湟源县,意即湟水之源。湟源史称"西戎羌地",相传这里是3 000多年前西王母的故里,北宋有"湟水行其中,夹岸羌人居"的说法。湟源县丹噶尔古城建于明代,距今有600多年历史,现保存完好。古湟州、湟水县、湟中均因湟水而得名。根据历史文献记载,古代早就把湟水视为干流,大通河是流入湟水的支流。例如《水经注·河水》中写道:"浩门河东至吾入湟水",大通河古称浩门河,宋代因有大通城而改名;《水经注·疏》中有:"浩门水入湟水,湟水入河",河即黄河;《汉书·地理志》中有:"湟水出金城临羌塞外,东入河","湟水又东流,注入金城河,即积石之黄河也";《唐书》中有:"湟水至濛谷,抵龙泉,与黄河合"[19]。

古代因技术落后,人们凭借对河流的地貌形态的观察,用简单、直观的视角来判断干支流,他们根据河谷的形态、水流的缓急、河势的规顺以及当地部落的习俗等,命名湟水是干流,大通河是支流,并一直沿用至今。

3.3.5.4 湟水是青海省的母亲河

湟水干流流域占青海省 2.2% 的国土面积、56% 的耕地面积,养育着全省 60% 以上的人口,创造了全省 65% 以上的工农业产值。自古以来,湟水是青海省的政治、经济、社会、文化、交通、宗教的中心,青海人民一直把湟水视为青海省的母亲河。如果要更改湟水干支流关系,那么青海省人民从感情上将很难接受把大通河或大通河的一条支流作为青海省的母亲河。

3.3.5.5 湟水是干流的社会认知

湟水是干流、大通河是湟水的支流的地位关系已经印到教科书、地图、地域名以及各种商品名中,湟水流域作为黄河流域的重要组成部分,以湟水为干流、大通河为支流已经在治黄事业中生成和积累了大量水文数据与文献资料,散布在黄河流域水文年鉴和许多文档之中。这些数据和文献资料是黄河文化的组成部分,需要在以后的岁月里一代代传承下去。如果轻率地更改干支流关系,势必破坏水文资料系列的连续性,给治黄事业带来不便,而且更改干支流关系后,还会派生出一系列难以为社会大众认可的改名问题,同时教科书、地图都要随之更改,累积的大量地理资料的连续性将受到破坏。因此,如果没有特别重大的理由,最好不要轻易更改具有历史文化传承意义的干流命名。

综合以上地理特征因素和历史文化因素分析,笔者认为,湟水流域的干流仍为湟水,大通河是湟水的支流。这样既传了湟水灿烂的历史文化,又突显了湟水和大通河自然地理的特殊性,还保护了青海省人民的人文感情。

3.4 关于沙珠玉河和鄂尔多斯内流区的论述和处理

沙珠玉河位于黄河龙羊峡水库西面的共和盆地,由青海南山与青海湖隔开,自西向东流入达连海湖,全长 188 km,集水面积 8 264 km²。20 世纪 70 年代以前沙珠玉河曾属于黄河流域,由于达连海湖与东面的黄河干支流之间横隔 20 多 km 宽的荒漠草滩,草滩高出达连海湖水面 50～100 m,使沙珠玉河地表径流不能流入黄河,因此在 20 世纪 70 年代黄委新量算黄河流域面积时,将沙珠玉河划出黄河流域。

鄂尔多斯内流区(以下简称内流区)位于内蒙古黄河河段的南面,面积约 46 505 km²,同样也是因为该区地表径流没有汇入黄河水系,长期以来,一直没有把内流区包括入黄河流域的集水面积之中。

2005 年黄委水文局开展"黄河流域特征值复核与补充"工作,对沙珠玉河和内流区的地质、水文条件进行了深入的调研和分析,认为沙珠玉河和内流区通过地表地下径流转换与黄河有水力联系,从广义的流域集水面积概念出发,提出把沙珠玉河和内流区正式划归黄河流域。下面重点介绍这两个地区的地质、水文条件,进而阐明将其划归黄河流域的理由。

3.4.1 沙珠玉河

3.4.1.1 自然概况

沙珠玉河横卧共和盆地西部,盆地海拔 2 400～3 000 m,南侧为鄂拉山,北面为青海南山,山脉海拔 3 500 ~ 4 000 m(见图 3.4-1)。

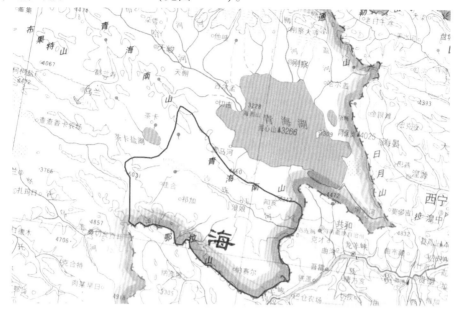

图 3.4-1　沙珠玉河流域概况图

共和盆地呈东西带状,面积约 1.4 万 km², 黄河干流自西南向东北穿越盆地的中部,由于黄河的下切作用形成河谷阶地。黄河以西盆地发育着三个垂直带,即山前洪积平原和台地、河湖阶地、河谷阶地。

共和盆地多年平均气温 3.7 ℃、年降水量 300 mm、年蒸发量 1 740 mm,雨季集中在 6 ~ 9 月,降水量、蒸发量、气温多年平均分布见图 3.4-2。

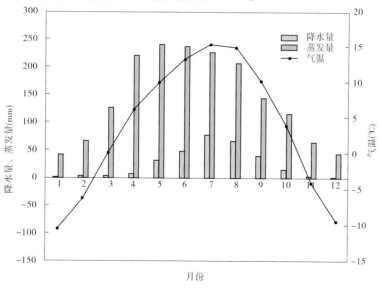

图 3.4-2　共和盆地气象要素多年平均分布图

共和盆地主要有恰卜恰河、沙珠玉河和达连海湖水系。

沙珠玉河发源于阿拉丘山区,由降水和周边融冰化雪及山前泉水汇集而成,自西向东横贯共和西盆地中央,尾闾归宿达连海。河流两侧有多条支沟,南部有英得海和更尕海。

据 1959~1969 年实测资料统计,沙珠玉河年均径流量为 0.56 亿 m^3,年最大是 1967 年的 1.10 亿 m^3,年最小是 1965 年的 0.45 亿 m^3。3~8 月平均流量在 2 m^3/s 左右。表 3.4-1 列出沙珠玉河多年平均逐月流量,从中看出,河道流量由融冰水及地下水补给的比重很大,相当稳定。

表 3.4-1 沙珠玉河多年平均逐月流量统计表

时段	逐月流量(m^3/s)												年径流量 (万 m^3)
	1月	2月	3月	4月	5月	6月	7月	8月	9月	10月	11月	12月	
1959~1969 年平均	0.94	1.10	2.02	2.20	2.26	2.02	1.98	2.93	1.79	1.67	1.32	1.05	5 613

达连海主要接受沙珠玉河及盆地地下水的补给,湖水面积约 2 km^2,平均水深 3 m,最深处达 9 m,属淡水湖。达连海由南北两个湖体组成,两湖中间由一道土梁相隔,形似褡裢,达连海由此而得名。由于近期气候干旱,加之在流入达连海的沙珠玉河上游约 20 km 处修建水库引水灌溉,使达连海水量渐趋干涸。

3.4.1.2 地质条件

新第三纪以来的构造运动十分强烈,主要表现在共和盆地四周山区抬升和盆地相对缓慢下降,同时伴随断裂和褶皱构造发生,达连海湖东面出现背斜褶皱构造,使该地区的降水径流出现特殊情况,在一定的外营力作用下,黄河纵贯切割盆地,切割深度为 500~600 m。

据青海省地质局钻探普查资料,共和盆地周边山区,主要由下古生界变质岩,石炭纪变质砂岩,二叠纪的砂岩、砾岩、大理岩,三叠纪的砂板岩以及中生代侵入岩等组成高大的山体。由于经受历次构造作用以及长期的物理化学风化作用的影响,岩石裂隙比较发育,易于接受降水和融冰水的渗入补给,贮存了较丰富的基岩裂隙水,见图 3.4-3。

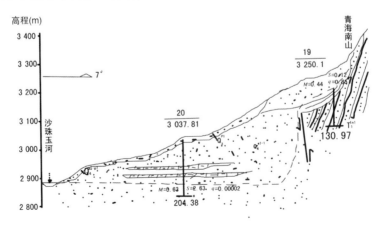

图 3.4-3 共和地区水文地质剖面图

盆地山前和中部平原,由于第四纪初期大幅度的沉降,其盆地内堆积了千余米厚的下更新统以河湖相为主的松散堆积物。据青海省地质局在沙珠玉河谷区钻孔资料揭示,河谷下层为松散的粗砂细砾,粗砂为次棱角状,占 40%,细砾石粒径 0.5~0.8 cm,占 50%,余为细中砂;河谷上层为粉砂、亚砂土,粉砂呈松散状,亚砂土颗粒均匀,其中黏土只占 3%;地表呈风蚀和堆积地形地貌(沙丘、沙堆、洼地、残丘等),河谷沿岸多为草丛沙堆。原来在这一地区形成的覆盖型的承压自流水贮水构造,由于受后期断裂构造的破坏和黄河的深切割作用,沿断裂带有上升泉出露,并形成潜水和半承压水的水力特征,这些特征为地下水的贮存和径流提供了良好的空间条件。

3.4.1.3 地下水径流

沙珠玉河周边山区基岩裸露,构造、风化裂隙发育,接受大气降水的渗入补给,形成基岩裂隙水。基岩裂隙水又以泉的形式泄出成溪,溪汇合成河,这些小河同时也接受山区融冰化雪水。小河出山后部分汇入沙珠玉河,部分渗漏补给地下,形成潜水和半承压水继续向盆地中东部汇集。

共和西盆地地下水的补给来源,除降水入渗外,主要是山区融雪水的渗漏补给。西盆地地下水从北、西、南三方向向东汇流,分别排泄于沙珠玉河、恰卜恰河和黄河河谷。达连海主要接受沙珠玉河地表和地下水的补给,由于东面的草滩阻挡,湖水不能以地表水进入黄河,湖水的消耗除水面蒸发外,主要是通过地下水补给下更新统上段的半承压含水层,并以 2.4‰ 的水力坡度通过地下径流向东排泄于黄河干支流。因黄河的切割,含水层直接暴露在空中,造成地下水位突降,从 42 号孔至 170 号泉水力坡度增大到 3‰(见图 3.4-4)。由于下更新统隔水岩层在共和西盆地内的不连续性,加之黄河深切减压,承压水转变成半承压水,在黄河的西侧Ⅲ、Ⅳ、Ⅴ级阶地前缘形成阶梯状的泄出带。上一个泄出带的水流出后又潜入地下,在第二个泄出带再次泄出,第二个泄出带的水流出后潜入地下,在第三个泄出带再次泄出(见图 3.4-5)。

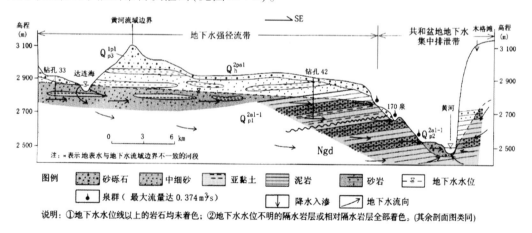

图 3.4-4　达连海—黄河水文地质剖面图

图 3.4-6 是北京师范大学提供的共和盆地地下水和黄河干支流的补排关系剖面示意图。从图中可以看出,虽然达连海和黄河干支流之间相隔宽约 20 km 的隆起草滩,使沙珠

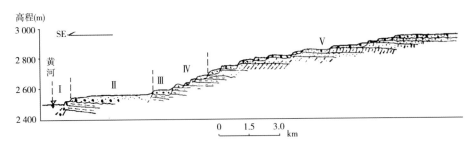

图 3.4-5　黄河西岸河谷地貌(向上游方向看)

玉河地表水不能汇入黄河流域,但是沙珠玉河所在的共和西盆地地下浅层由洪积砂砾石和风积砂组成,中层是沉积砂和黏性土夹层,底层是砂岩、泥岩,故共和西盆地的中上层以潜水形式,下层以半承压水形式和黄河流域发生水力联系,形成共和盆地(沙珠玉河)以地下水的泄流方式汇集于黄河干支流。图中还表示,流域地下水分水岭在流域地表水分水岭向西约 200 km 的茶卡盐池和沙珠玉河源头之间的分水岭处。沙珠玉河上游分水岭高程是 3 081 m,达连海水面高程是 2 862 m,黄河西岸阶地沟口泉水标高 2 786 m,黄河龙羊峡水库死水位是 2 530 m,说明达连海接受沙珠玉河水的补给,通过地下向东排泄于黄河干支流。正因为此,达连海湖长期保持为淡水湖。

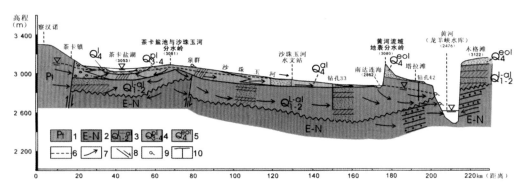

1—前中生代基岩;2—第三系砂岩、泥岩;3—下 - 中更新统冲湖积砂和黏性土互层;
4—上更新统 - 全新统洪积砂砾石、砂和亚砂土层;5—全新统风积砂;6—地下水位线;
7—地下水流向;8—断层;9—泉群;10—投影钻孔(青海地调院提供资料)

图 3.4-6　黄河干流共和盆地河段河水与地下水补排关系剖面示意图

3.4.2　鄂尔多斯内流区

3.4.2.1　自然概况

　　鄂尔多斯内流区是鄂尔多斯高原的一部分,位于白于山北部,东、北、西三面被黄河(含支流)围绕,面积 46 505 km²。由于长年的剥蚀和堆积作用,内流区地表大部被现代风积砂覆盖,北部是库布齐沙漠,中南部是毛乌素沙地,西北部和东南部是流动沙丘夹杂有零星基岩台地和剥蚀平地,低洼处分布有众多湖(淖)和草滩,形成荒漠中的绿洲。内流区海拔1 100～1 500 m,区内相对高差只有20～80 m,包气带岩性主要是第四系河湖相中细砂,上部为风积砂,下部为白垩系砂岩,透水性强,有利于降水入渗和地下水更新。植被覆盖率为5%～10%,属于荒漠草原地貌形态(见图3.4-7)。

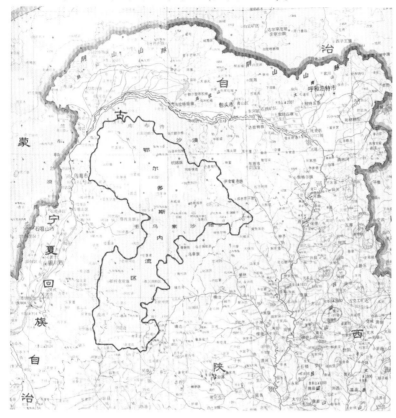

图3.4-7　鄂尔多斯内流区概况图(旧地形图)

内流区属大陆性半干旱气候,降水少、蒸发强,日照充足、风沙盛行,生态环境脆弱。区内多年平均降水量270 mm、水面蒸发量1 600 mm、气温6.5 ℃、风速3～4 m/s,多年平均水资源总量为11.36亿 m³,其中地表水资源量2.6亿 m³,径流系数为0.023(仅为黄河流域的1/5)。图3.4-8为内流区多年平均降水、径流过程线。

内流区河流不发育,最大的摩林河全长187 km,集水面积6 970 km²,另有十几条集水面积在100 km²以上的季节性河。内流区河流尾闾或入湖(淖)或在沙漠中消失。区内分布大小湖(淖)300多个,总面积约3 200 km²,以陕蒙交界处的红碱淖最大,水面面积约33.19 km²,平均水深2.75 m,湖容积为1.071亿 m³。

区内的河流、湖(淖)、洼地是地表水和浅层地下水的闭合排泄中心。因该区地表水和黄河水系没有直接水力联系,故称内流区。

3.4.2.2　水文地质

20世纪80年代,地矿部组织陕、甘、宁、蒙四省(区)地矿局联合开展"陕、甘、宁、蒙白垩系自流盆地地下水水资源评价"工作。1999年中国地质调查局又投入一亿多元经费,

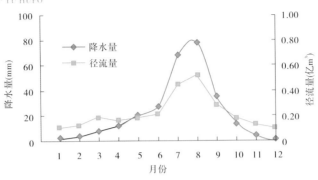

图 3.4-8　内流区多年平均降水、径流过程线图

组织五省(区)(陕西、甘肃、宁夏、内蒙古、山西)17家单位历时7年完成"鄂尔多斯盆地地下水勘查",重点查明了白垩系盆地地下水系统空间分布与结构,首次揭示了深层地下水的形成和循环规律。根据有关部门提供的地质剖面、钻孔、测井等资料,鄂尔多斯高原地质以前寒武系结晶变质岩系为区域性隔底板,总埋深4 000~5 000 m,自下而上埋藏有寒武系-奥陶系碳酸盐岩、石炭-侏罗系碎屑岩、白垩系碎屑岩以及新生界堆积砂岩土。按地质含水介质类型,内流区主要分布现代白垩系碎屑岩裂隙岩含水层,层内沉积了以河、湖相为主体的粗砂岩、中砂岩、粉细砂岩等,其中夹有少量的不连续的泥岩隔水层(约占1/7)。总体岩性颗粒较粗,成为千米厚、单一结构、具有潜水和半承压水性质的地下含水层[15]。

图3.4-9是位于鄂托克旗东北80 km处的B14号钻孔地质剖面图。图中显示岩层以中细砂岩为主,局部夹有不连续的泥岩。埋深在200 m的浅层孔隙度为30%,渗透系数为0.5 m/d;埋深在200~500 m的中层孔隙度为20%~30%,渗透系数为0.3~0.5 m/d;埋深在500 m以上的深层孔隙度为10%~20%,渗透系数为0.3 m/d。因中间没有连续稳定的隔水层,浅、中、深层地下水之间大部分有水力联系。

3.4.2.3　地下水径流

内流区地表分水岭和地下最大含水层的位置大致重叠,根据现代地貌、水文地质条件,可将内流区地下含水层划分为三个独立的地下水径流系统,见图3.4-10。地下水径流总体上以内流区

地层时代	岩性	层度深度	地层剖面	测定位置(m)
K_1h		0m		
	中细砂岩	58m		101~111m
	细砂岩	130m		161~171m
	泥岩	132m		
	中细砂岩	181m		231~241m
	细砂岩	280m		310~320m
	中细砂岩	387m		390~400m
	泥岩	408m		
	粗砂岩			520~630m
	细砂岩			
	中粗砂岩	555m		
	泥岩	578m		610~620m
K_1l	中细砂岩	674m		
	泥质粉细砂岩	683m		
	中粗砂岩			700~710m
		756m		
J_3a	粉砂岩　泥岩	782m		

图3.4-9　鄂尔多斯内流区B14号钻孔地质剖面图

地表中部高地向四周方向运动。在水平向,西南部的地下水(Ⅲ区)以黄河的都思兔河为归宿(包括蒸发和开发),东部地下水(Ⅰ区)以黄河的秃尾河、无定河为最终排泄区,西北部地下水(Ⅱ区)以摩林河和黄河为终点。在垂向上,又可将地下水划分为浅层径流循环,循环深度小于200 m,流径长十几到几十千米,以湖(淖)、内流河为侵蚀基准面;中层径流循环,循环深度200~400 m,流径长几十到上百千米,以湖(淖)或黄河干支流河谷为侵蚀基准面;深层径流循环,循环深度400~1 000 m,流径长60~120 km,以黄河干支流河谷为侵蚀基准面,见图3.4-11[15]。

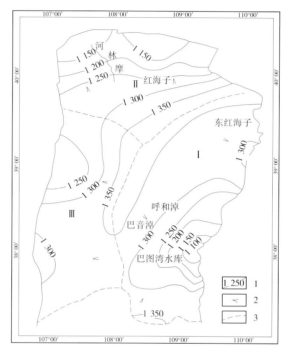

1—地下水等水位线;2—地下水流向;3—区域分水岭;

Ⅰ—无定河区域系统;Ⅱ—摩林河区域系统;Ⅲ—都思兔河区域系统

图 3.4-10　鄂尔多斯盆地北部区域地下水系统划分图

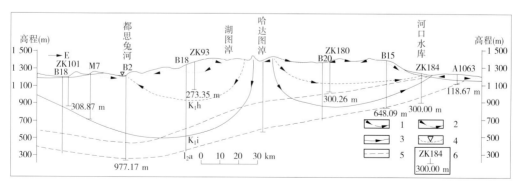

1—局域水流系统;2—中间水流系统;3—区域水流系统;

4—地下水位线;5—含水岩组分界线;6—水文地质勘探孔、编号、孔深

图 3.4-11　鄂尔多斯白垩系盆地北部地下水循环模式示意图

下面列举Ⅰ区地下水径流系统进行介绍：

Ⅰ区位于内流区东侧，南起白于山，西北以四十公里梁—东胜梁为界，含水层由白垩系河湖相粗砂岩、中砂岩和细砂岩组成，中间夹有少量泥岩构成局部隔水层，砂岩结构疏松，属裂隙孔隙型介质，孔隙度为25%，渗透系数为 0.5 m/d，含水层西部厚 600~800 m，东部厚 200~400 m。地下水接受降水入渗补给后，由北、西、南三侧向黄河的秃尾河、无定河河谷以及众湖(淖)汇集。汇集过程上下层水流方向不一致，以黄河水系为最终汇集处的中、深层地下水循环范围最大，垂向循环可直达白垩系底界。区内众多湖(淖)、洼地、河流周边接受降水入渗后，从浅层(或中层)的垂直向和水平向向湖河中心汇集，控制局部的地下水径流，形成浅层(含局部中层)的闭合内流系统，见图3.4-12。

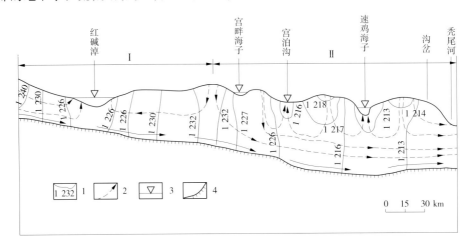

1—地下水位等值线及高程(m)；2—地下水流线；3—地表水体；4—隔水底板；
Ⅰ—红碱淖局部地下水流系统；Ⅱ—沟岔局部地下水流系统

图3.4-12　鄂尔多斯高原东区红碱淖—沟岔地区地下水系统剖面示意图

在靠近Ⅰ区东侧选择有实测资料的三条黄河小支流进行多年各月的水量统计，见表3.4-2，可看出各站水量年内分配很均匀，非汛期各月水量和汛期月水量很接近，有的还超过汛期水量。年最大最小之比由一般河流的 4~10 倍变为 2.2~4.0 倍。说明这些支流在非汛期受内流区地下水补给的作用非常明显。

表3.4-2　黄河小支流多年平均各月的水量统计表　（单位：亿 m³）

河名	站名	1月	2月	3月	4月	5月	6月	7月	8月	9月	10月	11月	12月	年径流量
秃尾河	高家堡	0.20	0.21	0.29	0.21	0.20	0.19	0.26	0.31	0.24	0.23	0.23	0.20	2.77
无定河	韩家峁	0.08	0.07	0.08	0.07	0.06	0.06	0.07	0.09	0.08	0.08	0.08	0.08	0.90
无定河	赵石窑	0.38	0.45	0.67	0.42	0.33	0.30	0.47	0.60	0.49	0.48	0.45	0.38	5.42

以上说明内流区地下水得到降水入渗补给后，主要通过含水层的中、深层部位以地下潜水或半承压水形式分别向周边的黄河干支流河谷排泄，构成和黄河有水力联系的中深部地下水系统。

据有关部门统计,内流区地下水资源量为 8.8 亿 m³,地下水的排泄方式除蒸散发量外,主要是向黄河河谷排泄和人工开采。

3.4.3 沙珠玉河和鄂尔多斯内流区划归黄河流域的理由

(1)按照水文学概念,每条河流都有自己的流域或称集水区,集水区是由流域分水线和河口断面(或任一河道断面)所包围的面积。集水区又分地表集水区和地下集水区。通过河口断面的水量是由该断面以上集水区的径流汇集而成的,其径流亦分地表径流和地下径流两部分。这两部分径流在汇流过程中是相互联系、可以互补和转换的,特别在非雨期(或非汛期),河口断面的水量中地下径流的比例占多数或大多数。现代水资源评价必须充分考虑地下水与地表水之间的转化关系,做到地表和地下水资源的统一评价,既要强调地表水资源量,也要重视地下水资源量。如果地表集水区与地下集水区相重合,称为闭合流域,否则称非闭合流域。在多数情况下,河流都是闭合流域,平时习惯称呼的流域一般是指地表集水区。但是对于少数非闭合流域,只要地下水系统和地表水系统有水力联系,都应该作为一个集水系统考虑。这也是我们把沙珠玉河和鄂尔多斯内流区划归黄河流域的重要根据之一。

(2)从前面分析的地质、水文条件看,沙珠玉河和内流区的地下基岩裂隙水最为发育,并以潜水和半承压水形式分别汇入黄河干支流。青海省地质局 20 世纪 80 年代在共和盆地做了大量钻孔普查工作,结论是:该区域(指共和盆地)地下水类型属松散岩类孔隙水,由于黄河切割较深,沙珠玉河以黄河为基准面,以地下潜流形式流入黄河。中国地质大学的研究者经分析后认为:共和盆地地下水的补给来源主要是降水和融雪水,地表水和地下水转化频繁,共和西盆地地下水均通过沙珠玉河和黄河之间的地表分水岭,以潜流方式补给黄河。

西安地矿所研究成果认为:"鄂尔多斯沙漠高原含水层以白垩系屑裂孔隙型砂岩组成为主,各含水层间缺乏稳定连续的隔水层,构成约 1 000 m 深厚的单一的具有潜水盆地的含水系统",沙漠高原接受降水补给后,"在天然势能差作用下,经水平径流及浅层 – 深层垂直交替,最终向都思兔河(盆地西侧)、无定河—乌兰木伦河(盆地东侧)和摩林河(盆地北侧)方向汇集"。

2004 年由北京师范大学完成的国家重点基础研究项目成果《黄河流域水资源深化规律与可再生性维持机理》中明确提到:"在鄂尔多斯盆地北部地表水闭流区内,存在分布范围不一致的浅层和深层的地下水系统","浅层地下水系统受地表水内流区的控制,该系统内地下水与黄河无直接的水力联系,深层地下水系统的区域地下水流场不受地表水内流区的控制,系统范围远大于地表水内流区的范围","鄂尔多斯高原得到降水入渗补给,经过深部径流后分别向高原西、北、东三面的黄河河谷排泄,构成鄂尔多斯高原完整的深部地下水系统"。

沙珠玉河和鄂尔多斯内流区的地下水与黄河水力联系的特点表明,它们和黄河属于同一集水系统,从水资源总量和流域集水面积的有机联系这个角度,理应把以上两个区域划归黄河流域。

(3)在 20 世纪 70 年代以前,沙珠玉河曾属于黄河流域,例如从 1954 年刊印的《黄河流域水文资料(1931~1953年)》和1974年刊印的《黄河流域水文资料(1971年)》中的水文测站分布图可以看出,沙珠玉河原来是归属于黄河流域,见图3.4-13。由于《77本》当时强调地表集水面积,因而把共和西盆地的沙珠玉河排除在黄河流域集水面积之外。据《77本》主要负责人马秀峰讲:"当时还没有把水资源总量和集水面积联系起来的观念,只强调洪水汇流,由于一念之差,把沙珠玉河划出黄河流域,现在看来很有必要重新划归黄河流域。"

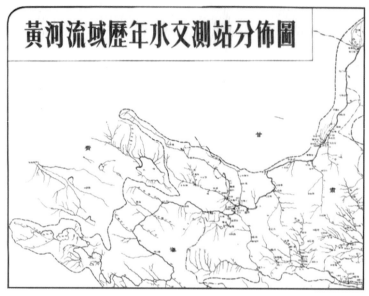

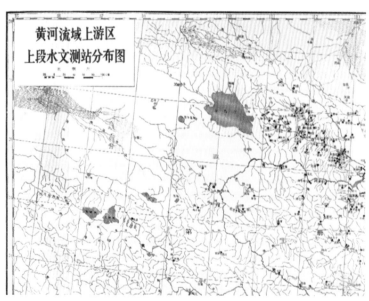

图3.4-13   1931~1953年和1971年黄河流域水文测站分布图

2006年出版的专著《黄河流域地下水资源及其可更新能力研究》,其附图已把沙珠玉河划入黄河流域的集水面积中,见图 3.4-14。

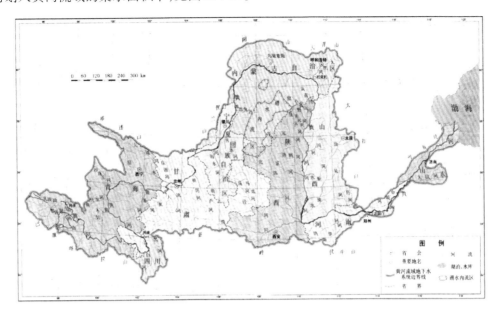

图 3.4-14　《黄河流域地下水资源及其可更新能力研究》专著插图

关于鄂尔多斯内流区面积,在《77 本》成果中虽然量得为 4.226 9 万 km²,同样是因为内流区地表水没有直接汇入黄河,因此没有把内流区的面积包含到黄河流域的集水面积内。在《黄河大事记》中记载:"黄委出版了《黄河流域特征值资料》……黄河流域集水面积原为 737 699 km²,新量为 752 443 km²。"在 20 世纪 80 年代以前,黄河流域面积都是以《77 本》为准的,如 1984 年出版的《黄河的治理与开发》是这样描述的:"黄河流域面积达 75 万 km²""黄河流域内最大的内流区面积达 42 200 多 km²,未计入黄河流域面积内";又如 1987 年出版的《黄河流域地图集》写道:"黄河是中国第二条大河,全长 5 464 km,集水面积 75.24 万 km²"。

由于鄂尔多斯内流区地处黄河中游,四周被黄河干支流包围,成为黄河流域的一块"飞地",在实际工作中往往带来很多不便和尴尬。如在绘制黄河流域地形地貌图时,不能把黄河流域中间的内流区画成空白;在勾绘黄河流域降水、蒸发、径流深等值线时,又不能跳过这一地区。黄委进行两次黄河流域水资源调查评价时,又都把内流区作为单独的三级水资源分区进行地表、地下水资源评价。早在 20 世纪 90 年代,很多治黄工作者在他们的论著、技术报告中已将黄河流域的面积作了不同的表述。如 1986 年出版的《黄河流域水资源评价》中的写法是:"黄河流域集水面积 752 443 km²(不包括位于鄂尔多斯高原的内流区,或称闭流区),其面积为 42 269 km²,本报告中凡包括闭流区的均称黄河流域片";1996 年出版的《黄河流域水旱灾害》和 2006 年出版的《黄河流域水资源调查评价》是这样表示的:"黄河流域面积 752 443 km²,包括鄂尔多斯高原内流区则为 794 712 km²。"也有把内流区的面积直接包括到黄河流域面积内的,如 1996 年出版的中国江河丛书《黄河卷》和 1997 年出版的《黄河治理开发规划纲要》的表述是:"黄河流域面积 79.5

万 km²(包括内流区 4.2 万 km²)";1999 年《黄河源》碑的碑铭中写有"……润七十九万平方公里之寥廓……"之句。

鉴于以上几个原因,本次在复核量算黄河流域特征值时,将沙珠玉河和鄂尔多斯内流区正式划归黄河流域集水面积之内。

3.4.4 几点说明

(1)关于黄河流域集水面积的表述。

在开展"黄河流域特征值资料复核与补充"项目和河湖普查工作中,重新量算了黄河流域集水面积为 813 122 km²,因鄂尔多斯内流区地下径流和黄河水系有多方向的水力联系,故作为一个单独的、特殊的区域对待(黄河上游的流域面积或黄河干流水文站的控制面积均不包括内流区)。为了继承过去的习惯提法,其表达形式为:黄河流域集水面积为 813 122 km²(含鄂尔多斯内流区面积 46 505 km²)。

(2)关于集水面积分水岭的勾绘问题。

大部分的地质构造所形成的地表水分水岭和地下水分水岭是重叠一致的,在这种情况下可取地表水分水岭为流域集水面积进行量算。对于地表水分水岭和地下水分水岭不一致的流域,若地表水分水岭在地下水分水岭外侧,则取地表水分水岭,若地表水分水岭在地下水分水岭内侧,则取地下水分水岭为准进行集水面积量算,也可以将地表水和地下水分水岭不一致的部分分别进行量算区别对待。

(3)下游河道侧渗问题。

黄河下游为举世闻名的"地上悬河",洪水靠两岸大堤约束,平时河床水位亦比堤外地面高,河水向两岸渗漏。但是黄河下游河床含水层颗粒很细,水力坡度很小,导致地下水径流条件变差,黄河下游地下水循环以垂向交换为主。有关部门观测分析得出的结论是:"黄河下游河道补给岸边地下水的影响带宽度为 10~20 km,黄河水的循环深度为 300 m 左右",为简化起见,黄河下游在有大堤的河段(不含利津站以下河口段),其分水线仍以黄河大堤为界。

(4)在黄河流域内发现有许多范围很小的内流区,考虑到它们的面积很小,故不再一一进行量算。

3.5 关于黄河河口区面积的界定

黄河下游利津断面以下习惯上称河口河段。黄河河口区的面积以往都是以现行入海流路两岸大堤(或民埝)及其延长线作为量算范围,如 20 世纪 70 年代黄委在量算河口区面积时,取当时的刁口河入海流路两岸大堤或生产堤以及入海外延之间的面积,以此量算从利津断面至黄河河口的面积为 574 km²。

2004 年黄委水文局在开展"黄河流域特征值复核与补充"项目时,对黄河河口三角洲进行了调研和现场查勘,在分析黄河河口演变规律和特点的基础上,根据新时期河口治理新思路和维持黄河健康生命新理念,提出了新的界定黄河河口区面积的原则和量算范围。下面重点介绍黄河河口的演变规律、界定河口区面积的指导思想和原则,以及阐述界定新河口区面积的理由。

3.5.1 黄河河口三角洲的基本情况

3.5.1.1 演变规律和特点

黄河每年约有 8 亿 t 泥沙通过利津断面输入河口地区,由于黄河河口附近属弱潮海域,泥沙很难被海流带走,有 60% ~80% 淤落在河口及滨海区,因此具有很大的延伸速度和造陆能力。当河口河床淤积抬高和延伸到一定程度,在一定的来水来沙条件下,主流会出现摆动、出汊,并有可能决口改道。黄河河口演变就是遵循河口河道的淤积—延伸—摆动—改道的周期性变化过程,使河口三角洲不断扩大、岸线不断向海域推进。

1855 年黄河下游在铜瓦厢改道夺大清河入渤海以来,现行河口三角洲实际行水已有 155 余年。据不完全统计,在现行河口三角洲上决口改道已达 50 余次,平均 2.6 年一次(扣除改道初期的 20 余年无规则的漫流和抗日战争期间花园口扒口改道的 7 年),其中大的改道有 10 次,平均 12 年一次。由于地形和来水来沙条件不同,大的改道流路行水年限不一样,短的只有 3 年,长的已有 20 多年。经分析统计,1855 ~2005 年河口区净造陆面积 2 475 km²,按实际行水年计,平均每年造陆 20.6 km²。摆动、改道范围在以宁海为顶点,北起徒骇河河口、南至支脉沟河口,面积约 6 000 km² 的扇形地区,这就是我们一般公认的现代黄河河口三角洲的范围。

新中国成立后,河口经历了四次有计划的人工改道,即 1953 年 7 月在小口子截弯取直,使三股分流变成由神仙沟单股入海,缩短河长 11 km;1964 年 1 月为降低凌汛水位,在罗家屋子破堤改道从刁口河入海,缩短河长 22 km;1976 年 5 月在西河口人工改道从清水沟入海,缩短河长 37 km;1996 年根据胜利油田开发的需要,清水沟流路适时地调整入海口门,在清 8 断面附近实施人工出汊工程,使入海口门向北摆动,缩短入海流路 16 km,详情见表 3.2-1。

3.5.1.2 自然概况

黄河与大海的汇聚,孕育出新生的三角洲陆地和年轻的湿地生态地域,被称为现代黄河河口三角洲。三角洲地势平缓,自然坡降为 1/10 000 左右,区内除黄河自西南向东北贯穿入海外,在黄河的南岸有溢洪河、永丰河、张镇河、小岛河、甜水沟等,北岸有马新河、沾利河、草桥河、挑河、二河、刁口河、神仙沟等。这些独立的小河,大部分是故黄河流路,它们分别流向莱州湾和渤海湾。由于河口尾闾频繁改道和河口雏塑拦门沙,三角洲出现扇形辐射的河床和弧形重叠的沙坎,形成纵横交错的洼地、川沟、丘岗等微地貌景观。三角洲的北、东部,分布有广阔的湿地,布满众多的水库和鱼虾池。

黄河入海泥沙主要靠海流向远处输送,海流由潮汐流、温差流、风浪、河川径流等叠加组成。由于黄河河口滨海区属弱潮海域,沿海岸潮差为 0.6 ~1.8 m 不等。据数学模型计算,最大潮汐流速一般为 0.5 ~0.8 m/s,调查值最大可达 0.9 ~1.2 m/s。黄河口岸冬季风浪最高可达 5 ~6 m,一般大风浪 3 m 左右,风浪能掀起底沙,但水平流速很小。河川径流主要发生在洪水期,洪水进入海域影响也很小,由此看出潮汐流是黄河入海泥沙向远距离输送的主要动力。

河口三角洲多年平均降雨量为 560 mm,水面蒸发能力为 1 200 mm,陆地蒸发量为

500 mm。进入河口河段的黄河年均水量为 320 亿 m³,河口三角洲当地年均水资源总量为
4.62 亿 m³,其中地表水资源量为 3.23 亿 m³。

黄河河口治理是黄河治理的重要组成部分。新中国成立以来曾进行了四次河口流路
的人工改道,修建各类堤防 206 km,其中现行清水沟流路堤防 78 km;河道整治工程 11
处,工程长 21 km;险工 4 处,工程长 3 km。已修建防潮堤 254 km,其中临海防潮堤 203
km,顺河回水堤 51 km。已建挡潮闸 12 座,引黄闸 10 座,有较大的平原水库 60 余座和近
百个鱼虾池。1992 年经国务院批准,黄河河口三角洲湿地成为中国唯一的河口三角洲湿
地重点自然保护区。

3.5.2 界定黄河河口区面积的指导思想和原则

通过对河口三角洲的调研和实地查勘,参阅了有关资料,经分析研究,提出以下界定
黄河河口区面积的指导思想和原则。

3.5.2.1 指导思想

依据黄河尾闾演变的规律和特点;
贯彻新时期河口治理的新思路;
把握维持黄河健康生命新理念;
符合国家相关法律法规。

3.5.2.2 界定原则

应属于黄河河口泥沙淤积延伸形成的新陆地;
属于今后黄河尾闾可能摆动改道的范围;
属于黄河河口入海流路总体规划区;
属于黄河河口三角洲湿地国家重点自然保护区;
符合中华人民共和国水利部第 21 号令规定;
天然地表径流基本滞留在本区而不流到外流域。

3.5.3 新的河口区面积范围

根据以上原则,黄委河湖组提出以下范围作为新的黄河河口区:北岸取马新河规划流
路左岸管理界起点(在利津断面以下 2 km 处)至徒骇河口,南岸取十八户规划流路右岸
管理界起点(在十八户闸下)至永丰河口,以及两河口沿海岸低潮线连线以内范围。在
2007 年出版的 1:10 万的《黄河三角洲滨海区水深图》上,勾绘和量得面积为 4 732 km²。
新的河口区面积占现代黄河河口三角洲总面积的 86%,此面积将黄河河口自然保护区和
黄河河口近远期入海流路总体规划范围基本包含在内。新河口区面积范围见图 3.5-1。

3.5.4 确定新的黄河河口区面积的理由

(1)黄河河口遵循"淤积—延伸—摆动—改道"这一自然演变规律已被广大治黄工作
者及社会所公认,新中国成立后经历的四次大的人工改道,也是顺应了这一基本规律。

目前现行河口流路为清水沟(含清 8 汊)。由于近 30 年来黄河河口来水来沙量减
少,相应的防洪工程得到加强,使清水沟流路行水时间已长达 30 多年。但是,在今后相当

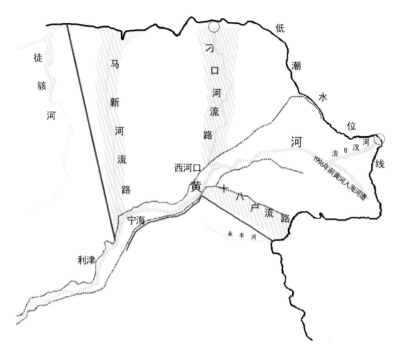

图 3.5-1   黄河新河口区面积范围

长的时期内,黄河仍然是一条多沙河流,而黄河河口又属弱潮陆相海岸,海流输沙能力很低,所以大部分入黄口泥沙仍将堆积在河口和滨海区。清水沟流路及附近海域泥沙堆积后,入海流路还将会改道,这是不以人们意志为转移的自然规律。

黄河下游水文观测资料和研究成果表明,若将河口长期固定在一条流路上,则河口泥沙淤积和延伸会使河口基准面大幅度抬升,从而导致整个黄河下游溯源淤积,进而加重下游河道的防洪负担,最终仍会导致河口的改道。由此可见,流路安排只能采取轮流行河、时段相对稳定(如目前的清水沟、清 8 汊流路),而不宜长期人为固定流路。当河口淤积延伸达到临界条件(如设计的同流量水位或河口延伸长度)影响到下游河道的防洪负担或严重威胁到河口地区的防洪防凌时,就应主动地有计划地采取人工改道措施,这也是21 世纪初,黄委提出的新时期黄河河口采取"相对稳定、轮流行河"的治理新思路。

根据黄河河口演变规律和特点,为贯彻可持续发展的治河新思路,我们必须给黄河尾闾预留出一定的摆动范围和沉沙空间。此范围本身就是黄河孕育出来的新陆地,理应纳入黄河河口区面积之内。

(2)黄河入海流路是《黄河河口综合治理规划》的重要内容。规划中强调了要"遵循黄河河口的淤积、延伸、摆动、改道的自然演变规律,充分利用三角洲海域"。黄河河口入海流路规划总体布局是:"在三角洲地区选择清水沟、刁口河、马新河及十八户流路作为今后黄河的入海流路"。规划的近期目标是继续使用清水沟流路,采用与汊河轮流行河方案,相对稳定行河年限为 60 ~ 80 年(含有、无古贤工程条件),清水沟流路使用后,优先使用刁口河入海流路。刁口河是 1964 ~ 1976 年的黄河故河道,优选条件是此流路容沙海域开阔,有现成的故河道和部分旧堤防工程。规划刁口河流路行河年限约 30 年。远期目标是当清水沟、刁口河使用后,再使用马新河、十八户等备用入海流路。规划马新河流路行河年限为 30 年左右,若不考虑西部港口和徒骇河口的影响,则行河年限可达 80 年左右。十八户入海流路因海域条件差、可能影响周边工程,故规划行河年限只有 6 年。黄河河口入海流路规划示意图见图 3.5-1[20]。

在上述规划中已考虑到近期来水来沙量的变化、防洪工程及工程管理得到加强,通过有计划地轮流行河,可以预见,今后入海流路稳定在此范围内的时间可保持在 120～180 年。在可预见的时期内,黄河河口的每一条入海流路都应属于黄河流域。

(3)黄河年复一年地淤积延伸,滋生出大片完整的原生湿地,这是我国目前最年轻的河口三角洲湿地。湿地总面积 24.25 万 hm²,其中自然湿地面积为 18.58 万 hm²,主要分布在东部和北部沿海地区,包括现清水沟流路与刁口河、挑河、沾利河、小岛河等入海口及其周围地区。河口湿地是维系河口生态系统发育和构成河口生态多样性的重要生态体系,是经国务院批准的中国唯一的国家级三角洲湿地重点自然保护区,也是国际缔约国要求注册的国际重要湿地。黄河河口地区生态功能分区示意图见图 3.5-2,黄河河口三角洲自然保护区示意图见图 3.5-3。

图 3.5-2　黄河河口地区生态功能分区示意图

黄河河口湿地生态系统的形成和发展与黄河有着千丝万缕的联系,黄河的水沙给予了黄河河口湿地的衍生和发展,反过来,原生湿地的兴衰和生物多样性的增减也成了黄河健康生命的晴雨表。在黄河河口三角洲生态环境保护规划的"原则"中,首先提到的是

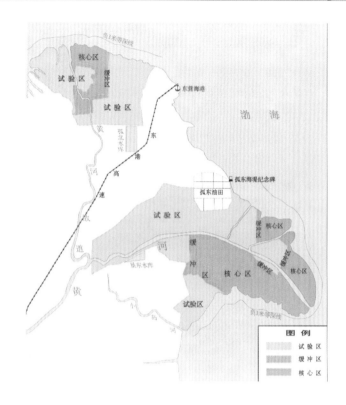

图 3.5-3　黄河河口三角洲自然保护区示意图

"河口生态的保护应与黄河入海流路及河口地区的防洪规划相协调"。在生态保护近、远期规划目标中,要求黄河"正常年份利津断面非汛期最小生态流量(不含输沙用水)不低于 75～100 m³/s,径流量不少于 47 亿～63 亿 m³,枯水年最小生态流量不低于 50 m³/s,径流量不少于 30 亿 m³,保证湿地修复及河口海域鱼类洄游和水生物繁殖生态用水,实现河口地区的生态局部和全面好转"[20]。由此可见,黄河是形成和维持湿地生态系统的主导因素,同时,修复和维持黄河河口三角洲自然保护区生态系统的良性发展是维持黄河健康生命的主要标志之一,因此黄河河口自然保护区应包含在黄河河口区面积内。

(4)黄河河口三角洲地表水资源量约 3.23 亿 m³。由于三角洲地势平缓,沿海筑有防潮堤,黄河两旁每一条入海小河流都修有防潮闸,中间建有很多拦河闸,加上区内河道渠系交错、公路堤防纵横,使得本区的降雨径流很难流入海域,只有遇到较大的洪涝时,才打开防潮闸排洪涝同时进行洗碱。三角洲内分布有大片湿地及数百个大小水库和鱼池,它们能起到阻滞和减缓洪流、调控水量、储蓄水源的作用,能将有限的地表水资源绝大部分滞留在本地区,并为当地的工农业及居民开发利用。因此,这个地区不存在地表径流流入其他流域的情况。

(5)2004 年 11 月,以中华人民共和国水利部第 21 号令,颁布了《黄河河口管理办法》。该"办法"总则中有"前款所称黄河河口,是指以山东省东营市垦利县宁海为顶点,北起徒骇河口、南至支脉沟河口之间的扇形地域以及划定的容沙范围,黄河入海河道是指清水沟河道、刁口河故道以及黄河河口综合治理规划或者黄河入海流路规划确定的其他以备复用的黄河故道"。"办法"的第八章指出,"所称容沙区,是指黄河河口综合治理规划或者黄河入海流路规划确定的、无堤防控制以下河道至浅海区需要沉沙的区域"。在总则第三条强调了"黄河河口的治理与开发,应当遵循统一规划、除害与兴利相结合,开发服从治理、治理服从开发的原则,保持黄河入海河道畅通,改善生态环境"。第三条还要求有关部门和单位"应当运用现代科学技术,加强河口演变规律、河口治理措施、河口生态环境保护对策措施以及水沙资源利用的研究,不断提高科学治河水平"。以上论述和规定,为我们界定黄河河口区面积提供了重要的法律依据。

综合以上理由,我们将传统的以现行入海流路两岸大堤之间的面积作为河口区的面积,改变为将现代河口准三角洲的范围作为河口区面积。新界定的黄河河口区面积,既遵循了黄河河口的演变规律和特点,同时也体现了新时期河口治理新思路和维持黄河健康生命的新理念,使其更加科学合理。

3.5.5 几点说明

(1)流域面积是河流的主要特征之一,也是水文地理研究的一个极为重要的数据。取现代黄河河口准三角洲作为河口区的面积,主要是考虑黄河河口演变规律的特殊性,是为了在可预见的时期内给予河口河段一定的摆动范围和沉沙空间,它和地区上的行政隶属关系没有什么联系,完全是两回事,犹如大汶河属于黄河流域,但大汶河流域在行政上隶属于山东省政府管辖范围。

(2)黄河是一条多泥沙河流,河口和滨海区的泥沙淤积使黄河河口具有很大的延伸速度和造陆功能,平均每年净造陆面积约 21 km²,说明黄河河口区的面积每年都在变化。本次量算的河口区面积只能代表当前和今后一段时间内的数据(类似于公布人口统计数据)。今后,随着河口地区的自然变化和水文站网的发展以及量算技术的提高,五六十年后可适时再进行黄河流域特征值的量算工作。

3.6 关于东平湖新湖区归属问题

在第一次全国河湖普查工作中,出现了一个意外的现象,即黄委把东平湖的新老湖区面积划归黄河流域,而淮委和国普办却把东平湖的新湖西区面积划归淮河流域,形成新湖西区分属两个流域的重叠现象。

经查阅资料,淮河历年的水文年鉴、有关技术报告插图以及淮河流域的各种图集资料等,都是把东平湖新湖西区划入淮河流域范围。同样,黄河的历年水文年鉴、黄河志书、有关技术报告插图以及黄河流域各种图集资料等,均把东平湖新老湖区面积作为一个整体划归黄河流域。由此可见,在以往的资料中,东平湖新湖区的面积归属,存在长期重叠的状况而并没有为人们所注意。

黄委河湖组发现这一现象后,进行了认真考证、调研、咨询和现场查勘,并从东平湖水系的历史演变、东平湖滞洪区工程体系建设、湖区防洪的运用原则、东平湖新湖区的自然流路和水资源现状、南水北调工程建设以及东平湖的管理方面,开展认真的分析研究,认为东平湖水库的新老湖区作为黄河下游的重要防洪工程体系,理应完整地划归黄河流域。其理由分述如下。

3.6.1 东平湖水系的历史演变

据考古和史料记载,东平湖的形成和发展历史悠久,大致经历了大野泽、梁山泊、北五湖、东平湖四个时期。最早《尚书·禹贡》记有:"大野即潴,东原底平""东原乃汶济之下流,禹陂大野,使水得所停"。唐《郡县志》记载:"大野泽在巨野县东五里,南北三百里,东西百余里",其水源靠古汶河和济水补给。五代后期,又形成以梁山为标志的梁山泊。《辞海》中梁山泊条释:"本系大野泽部分,五代时泽面北移,环梁山皆成巨浸,始称梁山泊"。可见,现代东平湖只是大野泽北面的一小部分。南宋建炎二年(1128 年)黄河改道夺淮 700 间,河道频繁变迁,由于黄泛补水增多,同时也带来大量泥沙淤积,古野泽不断向北推移。明朝年间采取堵岗、塞口、修堤、断黄水北流,大野泽由盛变衰,湖面缩小变成耕地,遂分割成南旺湖、安山湖、蜀山湖、马踏湖、马场湖,称之"北五湖",现东平湖就在安山湖的部位。清咸丰五年(1855 年),黄河北徙,在东阿鱼山夺大清河入海,在黄河与汶河冲积平原相交的洼地形成现代东平湖。

从地貌看,东平湖东南部的汶河水系古河道形成由东向西倾斜的扇形地势,东平湖西南部的济水及黄泛河道呈西南向东北倾斜的地形,东平湖自古就汇集济、汶,接纳黄水,是众多河流的汇聚之地。在东平湖工程修建前,柳长河(济水故道,因沿河堤植柳树得名)、宋金河(有济水旧迹,又名宋江河)、古运河、龙洪河、小清河、大清河、安流渠等大小十余条河渠,在自然条件下从西南、东南方向流向东平湖[21]。东平湖是周边地表水和地下水的汇集区,湖区水流并不流向淮河流域,见图 3.6-1。

3.6.2 东平湖水库工程建设

现代东平湖与黄河连通,成为调蓄黄、汶洪水的自然滞洪区。"58·7"洪水后,自然滞洪区改建为能控制的平原水库。1963 年经国务院批准,水库进一步改扩建,并用二级湖堤将水库分为新、老湖区,实行二级运用。水库由原来的综合利用改为"以防洪为主""有洪蓄洪,无洪生产"的运用方针。经过多年的修改扩建,现东平湖主要工程有:

(1)堤坝工程:坝包括环湖坝 77.8 km,黄湖两用坝 13.7 km,山口隔坝 8.5 km,二级湖堤 26.7 km。

(2)进出湖闸:水库共有进出湖闸 8 座,石洼闸(进新湖区)、林辛、十里堡、徐庄进湖闸,耿山口进出湖闸,陈山口、清河门出湖闸,司垓泄水闸。

(3)灌排和避洪工程:沿围坝湖堤修建灌排涵闸、扬水站 22 处,其中较大的灌排工程有:①国那里引黄闸,能引灌新湖区面积 26 万亩;②流长河和码头泄水闸,能排新湖区洪涝水和灌溉尾水及坝基渗水;③八里湾引水闸,承担新湖区灌溉及提排积水任务。修建了湖西、湖东、湖南三条排渗水河沟。

(4)在湖区内修筑避洪村台 157 个(其中新湖区 135 个),村台面积 315 万 m²;修建避洪撤退道路 38 条,共 335 km。

东平湖工程位置示意见图 3.6-2。

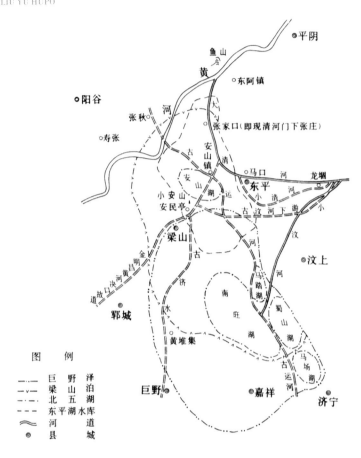

图 3.6-1 东平湖历史演变示意图

从水库的工程布局可以看出,东平湖水库是一个既可确保湖区移民安全和农业生产,又能调控黄、汶洪水的完整的防洪工程体系。

3.6.3 东平湖新湖区的水系和水资源状况

为了解决近 30 万返迁移民的温饱和安全问题,在修扩建东平湖工程的同时,也打乱了原来的自然水系。对原来的向湖心洼地汇流的河流,如流长河(原柳长河)、宋金河、小清河、古运河等有计划地进行改线,对库外水系进行统一调整顺,同时修建了湖西、湖东、湖南三条排渗(水)沟,湖区修建了避洪台和撤退道路。据《梁山县志》记载:1958 年建东平湖围堤时,将柳长河在张桥切断,一分为二,1963 年在湖区内下游段建闸,并将河道断面重新开挖改变流向,同时将柳长河改称流长河,主要用于排除湖区洼地积水,通过流长河闸外排入梁济运河,以尽快使湖区恢复耕种。在涝洼地采取"上粮下鱼"的改造模式,即挖坑取土,抬高耕地(包括村台地)高程,坑地修成水塘作为养殖开发,形成旱涝保收、一举两得的效益。

东平湖新湖区多年平均天然径流深只有 50 mm,根据水资源利用分析,在平枯水年份不能满足当地用水,需要通过国那里和八里湾闸引黄、汶水补给。故新湖区水资源的来源

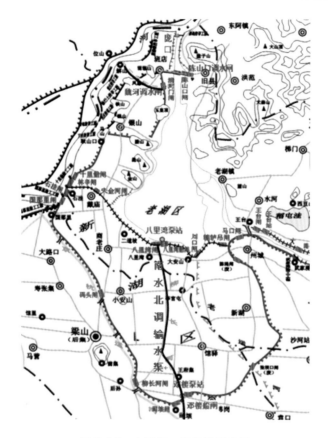

图 3.6-2 东平湖工程位置示意图

包括四部分：①天然降水产生的径流；②引黄引汶水（主要用于农田灌溉）；③老湖区渗漏水；④黄、汶分洪水。新湖区向外排水包括当地洪涝水、引黄灌溉尾水（排尾水可以洗盐碱）和部分滞洪水。湖区内的降雨径流绝大部分被当地引用，只有发生暴雨洪涝时才会将洪涝通过流长闸、码头闸排出湖外，一部分通过八里湾提灌站向老湖排出。初步分析，在新湖区向南排入梁济运河的水量中，当地水只占1/3，大部分是黄、汶水。鉴于新湖区水系是经过人为改造和水资源组成的复杂情况，新湖区的水资源评价应该作为一个特殊地区来对待。

3.6.4 南水北调工程在新湖区的建设

国务院南水北调工程建设委员会办公室《南水北调东线一期工程南四湖至东平湖段输水与航运结合工程柳长河段工程初步设计报告》（国调办设计〔2010〕156号文）批复中指出，"南水北调东线一期山东段工程主干线进入山东界后，北上经南四湖进入梁济运河，由长沟、邓楼两级泵站提水进入东平湖新湖区柳长河（又名流长河），再由八里湾泵站提水进入东平湖（老湖区），经东平湖后，分两路向黄河以北和胶东地区供水"。新湖区输水河段从邓楼至八里湾已于2011年在原柳长河基础上进行开挖扩建，除扩大过流断面外，改河道坡度为零比降。目前，除了船闸没有完工，邓楼、八里湾泵站，湖区输水河段和陈山口调水闸，魏河调水闸已竣工，并于2014年开始试水，见图3.6-2。在柳长河输水河段两侧还修建了多个排水闸,当新湖区出现洪涝时,向输水河段排涝,当新湖区发生干旱时,输水河段可向新湖区送水抗旱。由于南水北调东线输水通过东平湖,新湖区将再一次改变水系和流路,水库将采取防洪蓄水与输水调节相结合的运用方式。因此,今后新湖区的水资源必将重新给予特殊的评价。

3.6.5 东平湖水库运用原则和方案

东平湖水库的任务是调蓄黄、汶洪水,确保艾山洪峰流量不超过 10 000 m^3/s。水库总面积 627 km^2,其中老湖区面积 209 km^2,设计防洪运用水位 46.0 m,库容 12.28 亿 m^3,新湖区面积 418 km^2,设计防洪运用水位 45.0 m,库容 23.67 亿 m^3,目前新老湖区防洪运用水位皆为 44.5 m。现水库分洪能力约 8 800 m^3/s,退水能力约 3 500 m^3/s。

当花园口发生 15 000 m^3/s 以上洪水时,根据黄、汶洪水具体情况确定东平湖水库是否运用。当确定需要水库分洪时,还要根据黄、汶洪水可能遭遇的情况,确定水库的具体运用方案。若黄、汶遭遇洪水,分洪总水量不超过 10 亿 m^3,则充分利用老湖区分洪,尽量不用新湖区;若黄、汶遭遇较大洪水,老湖区不能满足分洪要求,需要新湖区分洪,可采用两湖分用,保持二级湖堤完整,原则上先用新湖区分滞黄河洪水,老湖区多蓄汶河水,以减少老湖区淤积及减轻围坝防守压力;若黄、汶遭遇严重洪水,必须全湖同时并用,可在二级湖堤二道坡附近临时破口,进行两湖联合运用;若黄、汶遭遇特大洪水,湖区出现超标准蓄水位(湖水位超过 44.5 m),则动用司垓闸向坝外泄水。

以上说明,东平湖滞洪区的防洪运用,是把滞洪区作为一个整体进行调度的,这个整体既包含水库工程的整体性,也包含了洪水调度的整体性。

3.6.6 东平湖水库防洪调度职权

根据国家防总规定,东平湖水库分洪运用由黄河防总商山东省人民政府确定,山东省防指下达调度方案(包括分洪指标、运用方式、闸启闭命令),由东平湖防汛指挥部(办事机构设在东平湖管理局)具体组织实施。

当东平湖蓄水达超标准水位时,可动用司垓闸向南四湖泄水(设计流量 1 000 m^3/s)。因司垓闸泄水涉及黄、淮两个流域,动用司垓闸泄流必须由黄河防总提出意见,报请国家防总批准后,由山东省防指负责组织实施。

以上说明,东平湖滞洪区的防洪运用是在黄河流域范围内进行的,故黄河防总有权进行全面调度运用。唯黄、汶发生特大洪水,水库出现超标准蓄水情况,需要跨流域调度时,由国家防总批准后山东防指才能下达开闸令。

3.6.7 东平湖水库的管理

东平湖水库设有东平湖管理局,隶属山东黄河河务局(黄委二级机构)。该局承担泰安、济宁两市区域内的黄河、大清河、东平湖滞洪区的工程建设和管理任务,履行该区域内水行政管理职能以及防汛抢险参谋职责,也是山东省东平湖水库防汛指挥部的办事机构。东平湖管理局下设梁山、东平、汶上、平阴东平湖管理局(段)以及东平黄河河务局。

东平湖管理局采取防洪工程与避洪迁安工程统一管理的方式。根据职责,管理局平时负责所辖区内堤防、涵闸工程的整修加固防守以及湖区安全建设,分洪时根据省防指下达的命令,负责各闸门的启闭操作,协助政府做好湖区内的迁安救护组织工作。管理局要按照滞洪区各项防洪工程(堤坝、进出湖闸)、避洪迁安工程等的作用和要求,制定统一的管理养护办法及操作运用规程,分洪时必须预先制订迁安撤退方案,协助地方政府搞好迁安撤离组织指挥和安置工作。管理局要按照防汛正规化、规范化要求做好防汛调度的统一技术工作。可以设想,一个完整的、统一的新老湖区防洪工程体系,把它们分割在两个流域内由两个流域的防总进行管理和指挥调度,将会产生怎样的结果。

3.6.8 东平湖新湖西区应归属于黄河流域

综上所述,东平湖滞洪区,不论微地貌、自然水系和水资源组成,还是防洪工程体系、防洪调度职权,以及湖区水利综合规划和治理等,都是同属于一个流域,那就是黄河流域。20世纪50年代的黄河流域形势图(1955年第一届全国人民代表大会第二次会议通过的《关于根治黄河水害和开发黄河水利的综合规划的报告》附图),已清楚地标出东平湖滞洪区全部包含在黄河流域内。见图3.6-3。

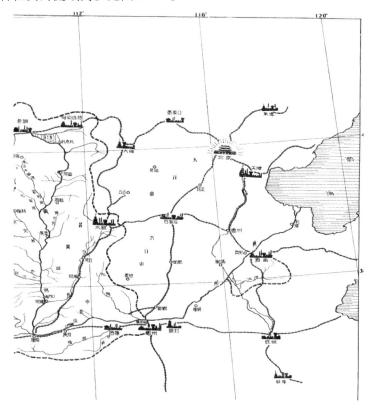

图3.6-3　1955年《关于根治黄河水害和开发黄河水利的综合规划报告》附图(部分)

新中国成立60多年以来,黄委始终把东平湖作为一个整体开展水利综合规划,进行开发治理和防洪调度工作,在黄委所有的黄河流域地图中,都是把东平湖新老湖区绘在黄

河流域内,见图3.6-4。因此,我们认为,应该把东平湖作为一个整体划归黄河流域。

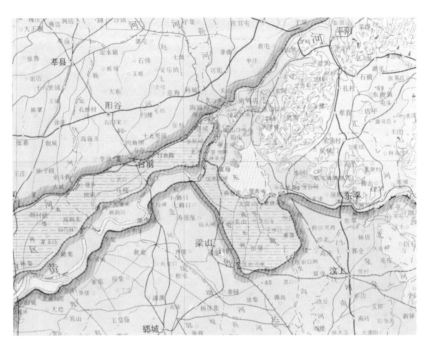

图 3.6-4　黄河流域地图集(部分)

第4章 河湖普查成果和现有成果对比分析

河湖普查应用1:5万国家基础地理信息数据库成果、高分辨率卫星遥感影像等最新下垫面基础资料,采用"3S"技术和计算机软件技术作为支撑,按统一标准、统一要求、统一方法、统一手段开展工作。其成果突出基础性、系统性和权威性,经过国家、流域和省(区)普查办的层层检验与校核,具有较高的质量和权威。

以往由于防汛抗旱调度、水生态环境保护、流域综合规划、水资源利用和管理等工作需要,流域和省(区)在一定的时期和技术条件下,相继开展了一些河流、湖泊主要地理特征的普查工作,并取得了一定的成果,这些成果在水利生产、科研和管理中都发挥了重要的作用。

根据国普办要求,河湖普查要"继承和应用现有成果",将普查成果与"现有成果"进行对比分析,如出现较大的差别,需分析变化的原因,这也是检验新技术条件下提取河湖特征值成果质量的一种有效途径,对今后河湖特征值应用具有实际指导意义。

4.1 现有成果简介

在河湖普查开展之初,收集了各种现有资料,包括史志、传记、水系规划、河流、历史洪水调查研究、站网规划、水文年鉴、水资源调查评价、水文特征值汇编以及其他有关专题研究成果、水系分布图册、1:5万或更大比例尺纸质地形图等,其中经水电部审批的《77本》(即《黄河流域特征值资料(1977年)》)和黄委正式验收的《08本》(即《黄河流域特征值(2008年)》)是本次河湖普查检验和校核的主要依据。下面重点将《77本》和《08本》成果作简单的介绍。

4.1.1 《77本》

《77本》是20世纪70年代,随着黄河流域新测地形图陆续出版,为适应黄河治理的需要,黄委水文处与沿黄各省(区)水文总站协作,按统一的方法和技术标准,对1970年前曾设有水文测站及虽未设站但面积在1 000 km^{2}以上的河流特征值进行量算。其成果经水电部批复([73]水电水字第100号文),同意"将新量成果,专册刊印,公布使用,水文年鉴从1971年起改用新量成果"。该成果曾在中央人民广播电台作为一条重要新闻发布,并列入黄河大事记中。《77本》成果在治黄工作中发挥了重大作用,并一直沿用至今。

4.1.1.1 量算范围和内容

1970年前凡曾设有水文测站和虽未设站但集水面积大于1 000 km^{2}的河流,量算内容包括测站历次基本断面、部分水库坝址或河口以上的集水面积、河道长度、河道平均纵

比降,基本断面的经纬度与各级干、支流河口之间的距离等;量算河道纵断面各分段点(包括水文站、坝址、河口、桥梁、峡谷上下口等)至河源的距离和相应的高程。

4.1.1.2　使用地图情况

(1)以国家测绘总局和中国人民解放军总参谋部1969年前分别出版的1:5万航测图或实测图为主,少部分地区采用1:10万和1:50万航测图或实测图。

(2)黄河干流下游从罗12R断面至黄河河口一段的河长,系根据山东省黄河河务局1971年9月编制的1:5万《山东黄河河道地形图》和中国人民解放军济字二五七部队1971年春测绘的1:10万《黄河河口滨海区水深图》量算。

(3)扎陵湖上口以西采用兰州军区司令部1964年出版的18张1:10万地形图。

(4)黄河支流白河、黑河流域采用中国人民解放军参谋部1956年出版的42张1:5万地形图。

(5)玛曲水文站附近的部分地图用黄委根据中国人民解放军总参谋部底版复制的1:50万地形图局部放大为1:10万的图幅代替。

4.1.1.3　量算工具和方法

按照分水线的勾绘原则,在纸质地形图上用人工方法完成流域分水线的勾绘,然后用求积仪按技术规定和方法量算每一个控制点(水文站、水位站历次基本断面、水库坝址、支流河口等)以上的集水面积。

按照干流的确定原则,在纸质地形图上用人工方法勾绘干流的河道中泓线,然后用两脚规量算河长。

为了计算河道纵断面距离和高程以及分段比降,在量算河道长度之前,首先沿河道中泓线将河流分段。分段原则为:选取河底高程发生显著变化的地方,水文站、水位站的历次基本断面,水库坝址、引水渠首、公路、铁路桥梁及其他重要的永久性水工建筑物,较大支流的入汇口,重要城镇,峡谷河段的上、下口等作为分段节点,且规定一个分段的长度一般不超过10 km;但黄河干流和较大支流以及地势平坦的河段,分段的长度酌情增加。

4.1.1.4　主要成果

《77本》主要成果有流域特征值成果表、河道纵断面距离和高程一览表以及黄河干流沿程峡谷概况一览表。"流域特征值成果表"主要包含了278条河流和1 033个水文测站的水系,河名,流入何处,站名或地名,基本断面、河口或坝址地点,坐标(东经、北纬),测站起讫时间(年、月),集水面积(原用数值、新量数值),河道长度(至河源、至河口、至流入河河口距离),河道平均比降(至河源、水文站区间)以及附注等内容,见表4.1-1。"河道纵断面距离和高程一览表"包含了278条河流的分段点地名、黄海高程、至河源距离等3项内容,见表4.1-2。"黄河干流沿程峡谷概况一览表"包含35个峡谷的峡谷段名称、所在地图编号、峡谷段地点、黄海高程、至河源距离、峡谷长、上下口落差和附注等内容,见表4.1-3;另有附录"关于量算流域特征值的技术规定"。

《77本》量算黄河流域面积为752 443 km²,黄河干流全长为5 464 km,黄河流经青海、四川、甘肃、宁夏、内蒙古、山西、陕西、河南和山东九省(区),经山东省垦利县刁口河流路注入渤海,黄河河源坐标为东经96°05′、北纬34°59′,河口坐标为东经118°49′、北纬38°11′。《77本》虽然量算了鄂尔多斯内流区(简称内流区)的面积(42 269 km²),但因内

表 4.1-1　黄河流域特征值成果表(部分)

水系	河名	流入何处	站名或地名	基本断面、河口或坝址地点	坐标 东经	坐标 北纬	测站起讫时间 年	月	年	月	集水面积(km²)
黄河	黄河	渤海	花园口	河南省郑州市花园口	113°39′	34°55′	1938	7			730 036
黄河	黑河	黄河	黑河河口	甘肃省玛曲县玛曲牧场							7 608
洮河	周可河	洮河	周可河河口	甘肃省洮红县							1 224
洮河	博拉河	洮河	下巴沟(二)	下巴沟(一)下游 500 m	103°00′	34°43′	1968	1	1984	12	1 695

水系	河名	流入何处	站名或地名	基本断面、河口或坝址地点	河道长度(km) 至河源	至河口	至流入河河口距离	河道平均比降(‰) 至河源	区间 名称	比降	附注
黄河	黄河	渤海	花园口	河南省郑州市花园口	4 695.9	767.7					
黄河	黑河	黄河	黑河河口	甘肃省玛曲县玛曲牧场	455.9		4 292.3				
洮河	周可河	洮河	周可河河口	甘肃省洮红县	82.1		561.7	6.69			
洮河	博拉河	洮河	下巴沟(二)	下巴沟(一)下游 500 m	84.1	0.7		7.97			

表 4.1-2　河道纵断面距离和高程一览表(部分)

分段点地名	黄海高程(m)	至河源距离(km)	分段点地名	黄海高程(m)	至河源距离(km)	分段点地名	黄海高程(m)	至河源距离(km)
				吉迈河		黄河水系		流入黄河
河源	4 520	0		4 140	34.9	窝赛公路桥		75.5
	4 400	1.8		4 120	41.1		4 000	84.7
	4 260	8.4		4 100	50.2	老吉迈	3 980	89.9
德昂乡	4 200	14.1		4 060	62.8	吉迈站	3 955	97.5
玛弄漆	4 180	19.9				吉迈河口	3 944	101.0
德昂乡渣子河入口	4 160	27.0	给切沟入口	4 040	67.7			
				西科曲		黄河水系		流入黄河
河源(吾和玛)	5 418	0	错龙沟入口		41.1	特郎沟入口	3 957	112.7
	4 800	1.0	上马足贡玛	4 280	42.3	下贡麻乡	3 900	119.4
	4 600	4.4		4 200	52.1	加什龙沟入口		128.0
	4 520	6.6	索合洛乡	4 140	64.8	革新乡	3 860	128.8
	4 440	17.4	罗磨地列	4 080	78.1	牙龙贡玛	3 840	134.6
	4 400	22.7	甘德站	4 011	93.5	西科曲河口	3 822	138.7
	4 340	31.4	尼尔根沟入口	3 980	99.3			
	4 300	37.6	沙里塘	3 960	107.1			

表 4.1-3　黄河干流沿程峡谷概况一览表(部分)

峡谷段名称	所在地图编号	峡谷段地点	黄海高程(m)	至河源距离(km)	峡谷长(km)	上下口落差(m)	附注
多石峡上口	9-47-41	青海省玛多县多钦安科郎河入口	4 203	299.1			
多石峡下口	9-47-53	青海省玛多县格波龙格卡河入口	4 200	321.9	22.8	3	
麦多唐贡玛峡上口	9-47-81	青海省甘德县郎诺村	3 900	642.9			
麦多唐贡玛峡下口	9-47-81	青海省达日县尼木强村	3 840	693.7	50.8	60	
官仓峡上口	9-47-81	青海省甘德县郎东村	3 800	726.8			
	9-47-82	青海省甘德县克勤公社柯多村东科曲入口	3 702	784.0			
	9-47-82	青海省久治县章达公社章安河入口	3 651	827.9			
官仓峡下口	9-47-84	青海省久治县塔吉柯村	3 548	924.3	197.5	252	

流区的地表径流没有流入黄河,故没有包含在黄河流域的集水面积内。沙珠玉河流域在1970年以前属黄河流域,《77本》也因沙珠玉河地表径流没有流入黄河,虽然量算了面积(8 173 km²)和河长(188 km),也没有包含在黄河流域的集水面积中。

4.1.2　《08本》

《77本》在治黄工作中发挥了重大作用,是治黄不可缺少的基础性资料。但由于时过近40年,黄河流域自然情况以及水文站网均发生了很大变化,加之当时地形图精度和量算技术的局限性等,《77本》已不能满足新形势下治黄的需要。为此,2004～2008年,黄委水文局在《77本》的基础上,开展了"黄河流域特征值资料复核与补充"项目,其成果即为《08本》。《08本》采用国家最新出版的1:5万纸质地形图和MAPGIS量算技术,对黄河干流、部分支流、新增测站、大型水利工程的集水面积、河长等特征值进行了量算,该成果于2008年9月经黄委审查并正式验收。

4.1.2.1　工作范围和内容

(1)重新量算兰州水文站以上和小浪底水文站以下及河口区的干支流集水面积、河道长度、纵断面距离和高程、河道平均比降、干支流河口之间的河道距离、河源和河口的地理坐标等。

(2)复核黄河与长江、淮河、海河、西北内陆河流域分界线。重新分析论证沙珠玉河和鄂尔多斯内流区的归属,复核黄河流域的集水面积和河长。

(3)收集、考证、确定1971～2005年新增水文站(包括基本断面迁移、撤销的水文站)、黄河干流大型水利工程和水位站的地理坐标。经统计,新增和断面迁移的水文站

265 个,新增水位站 30 个,大型水利工程 12 座。

(4)量算新增测站(含坝址)以上的流域面积、河道长度、河道纵比降、干支流河口间距离及水文测站(坝址)所在河流的河源、河口地理坐标。

(5)抽查复核《77 本》原量算的保留数据,改动部分不合理数据,补充测站空白经纬度,更新测站地址,其余合理数据予以采用。

4.1.2.2　使用地图情况

采用中国人民解放军总参测绘局和国家基础地理信息中心 1984～2003 年最新出版的纸质的 1:5 万航测地形图(2 228 张)和 1:10 万航测地形图(40 张)。

黄河下游河口区使用黄河河口水文水资源勘测局 2004 年编制的 1:5 万《2004 年黄河河口段河势图》、黄委山东水文水资源局和黄河河口水文水资源勘测局 2004 年编制的 1:2.5 万《2002～2004 年黄河口拦门沙区冲淤分布图》。

黄河下游河道图采用黄河水文勘测总队和黄委山东水文水资源局 2004 年统测的《黄河大断面图》(纵比例 1:100,横比例 1:10 000)。

4.1.2.3　量算工具和方法

《08 本》流域分水线和河道中泓线也是人工在纸质地形图上进行勾绘,然后用 MAPGIS 软件进行量算的。

MAPGIS 软件是武汉中国地理信息工程有限公司研制的大型基础地理信息系统软件平台。它是在地图编辑系统 MAPCAD 基础上发展起来的,可对空间数据进行采集、存储、检索、分析和图形表示的计算机系统。

用 MAPGIS 量算流域集水面积、河长,其主要步骤有地图扫描、投影变换、镶嵌配准、图像校正、图形矢量化、面积和河长的量算等。

(1)地图扫描:采用 CONTEX FSS 8300 扫描仪,将人工绘制好分水线和河道中泓线的地形图扫描处理,生成位图(bmp)文件,扫描仪分辨率采用 600 dpi。

(2)投影变换:采用 MAPGIS 6.5 软件调入扫描处理生成的位图文件,根据原图的比例尺、坐标系统及图框经纬度生成标准图幅网格。

(3)图像校正:由于图纸变形、扫描误差等因素,扫描图形与标准图幅网格存在一定的差异,需要进行图像校准以消除误差。每幅地形图采用均匀分布的 9 个校正点对图像进行校准,校准残差控制在图上 3 mm 以内(指 1:5 万地形图),经过影像校正后输出符合精度要求的 RBM 文件。

(4)图形矢量化:矢量化是把读入的栅格数据通过矢量跟踪,转换成矢量数据。根据校正后的 RBM 文件,矢量化河道中泓线及流域分水线等要素,制作河道中泓线及流域分水线线划图。

(5)成果表制定:每幅图计算统计的河长及集水面积经校核平差后,汇总统计河流(支流)或水文站(水位站)控制的河长及流域面积。其中河长精确至 0.01 km,流域面积精确至 0.01 km^2。

4.1.2.4　主要成果

《08 本》是对《77 本》的复核与补充,其成果基本形式和《77 本》相同,在内容上不仅进行了复核与补充,而且进行了外延和丰富。新成果中增加了 79 条河流和 265 个新增、断面迁移的水文站及 30 个水位站、12 座新建大型水库等的特征值,复核与补充了原 278 条河流和 1 033 个水文测站的特征值,同时相应修改了"黄河流域特征值成果表"、"河道纵断面距离和高程一览表"和"黄河干流沿程峡谷概况一览表"。

《08 本》在继承《77 本》原有部分成果的基础上,进行了创新并取得了以下主要成果:

(1)首次将 GIS 应用到流域特征值的量算工作中,使成果质量有所提高。

(2)通过对河口及河源的历史考证,在分析水文、地质、地貌等特征以及吸取各家观点的基础上,首次提出一套完整的、合理的、实用的确定干支流关系与河源、河口的基本原则和方法。

(3)通过对共和盆地沙珠玉河流域和鄂尔多斯内流区水文地质条件与地形地貌特点的调研分析,认为该区域地下水和黄河存在着水力联系,从流域水资源总量(指地表水和地下水)和流域集水面积的有机联系这个概念,提出将沙珠玉河流域和鄂尔多斯内流区划归黄河流域。

(4)根据黄河河口流路演变规律及其特点、新时期黄河河口区治理的新思路以及维持黄河健康生命新理念,考虑近期黄河尾闾摆动的范围和泥沙淤积的空间、河口区的入海流路总体规划及河口三角洲自然保护区的重要性,首次提出将黄河北岸马新河规划流路左岸管理界起点(在利津断面以下 2 km 处)至徒骇河口,南岸十八户规划流路右岸管理界起点(在十八户闸下)至永丰河口,以及两河口沿海岸低潮线连线以内范围,作为黄河河口区的流域面积,从而改变过去以大堤或生产堤作为河口流域界线的习惯做法。

(5)新量算黄河流域集水面积为 807 995 km^2(含鄂尔多斯内流区 42 269 km^2),新量算河长为 5 568 km,和《77 本》比较,流域面积增加了 55 552 km^2,河长增加了 104 km。

(6)对黄河河源重新定位。通过分析论证,进一步确定约古宗列曲为黄河的正源。在新版地形图上确定黄河源头的地理坐标为东经 95°54′44″、北纬 35°00′20″,高程为 4 724 m(黄海)。和《77 本》比较,源头位置向西北方向移动约 16 km,高程偏低 106 m。

(7)重新定位黄河河口的位置。采用近期实测的黄河河口段河势图和淤积大断面等图,确定黄河河口的地理坐标为东经 119°15′19″、北纬 37°47′03″。和《77 本》比较,河口位置向东南方向移动约 60 km。

(8)首次建立了具有扩容、修改、查询等功能的"黄河流域特征值"数据库,方便广大治黄工作者使用。

《77 本》是经水电部审批、黄委正式出版,也是目前仍在应用的关于黄河流域特征值的唯一资料,有关黄河流域的教科书、地图以及治理、开发、规划和水文计算等采用的黄河流域特征值的数据均来自《77 本》成果。

《08 本》于 2008 年 9 月通过黄委验收,2009 年 4 月在主任办公会上作了专题汇报。时任李国英主任对黄河流域的特征值和几个关键技术问题的处理给予了充分的肯定,认为"黄河河源维持约古宗列曲不变是正确的""沙珠玉河流域和鄂尔多斯内流区划入黄河流域依据充分""河口区面积的计算较 1977 年更加科学合理"。

《08 本》正准备上报水利部时,由国务院领导和组织的全国第一次水利普查于 2010 年正式启动。河湖普查是水利普查的重要组成部分,是水利普查的基础和支撑。考虑到黄河流域特征值数据的统一性和权威性,黄委水文局将《08 本》的工作情况与成果分别向水利部国普办河湖组和南京水利科学研究院(全国河湖普查技术支撑单位)进行了汇报,经协商达成以下共识:①《08 本》成果暂不上报和公布。②同意《08 本》成果中将鄂尔多斯内流区和沙珠玉河流域划归黄河流域,同意黄河河口区面积的划分原则和范围,同意黄河河源、河口界定的位置等,并在河湖普查中采纳。③可以用《08 本》成果数据校核国普办河湖组获取的数据,若流域面积相对误差绝对值小于 3%、河长相对误差绝对值小于 5%,认为两者的数据都符合精度要求,但最后要统一采用国普办河湖组的数据;若超过此误差范围,黄委河湖组通过内、外业工作查找原因,最后和国普办河湖组协商确定。④为保证黄河流域河湖特征值的统一性和权威性,应以新的河湖普查数据修改《08 本》数据。

4.2 黄河流域主要特征值对比分析

4.2.1 黄河流域集水面积对比分析

河湖普查黄河流域集水面积为 813 122 km²,比现在应用的《77 本》原面积增加了 60 679 km²,其相对差为 7.47%。

河湖普查黄河流域集水面积和《77 本》《08 本》的面积比较见表 4.2-1。

表 4.2-1 黄河流域集水面积及其对比表

项目	河湖普查	《08 本》	《77 本》	河湖普查与《08 本》差值	河湖普查与《77 本》差值	河湖普查与《08 本》相对误差(%)	河湖普查与《77 本》相对误差(%)
流域面积(km²)	813 122	807 995	752 443	5 127	60 679	0.63	7.47

4.2.1.1 《77 本》与《08 本》对比分析

《77 本》成果是目前黄河流域正在应用的成果,其黄河流域集水面积为 752 443 km²。《08 本》是对《77 本》复核与补充的成果,经过验收但没有正式公布使用,其黄河流域集水面积为 807 995 km²,比《77 本》的黄河流域集水面积增加了 55 552 km²,见表 4.2-2。

表 4.2-2 《77 本》与《08 本》面积比较表 (单位:km²)

区间名称	《08 本》	《77 本》	差值	变化原因
黄河流域	807 995	752 443	55 552	
源头至兰州	222 876	222 551	325	使用地图和量算技术不同
利津以下河口区	4 732	574	4 158	划分原则不同
沙珠玉河内流区	8 800		8 800	考虑地下水与黄河有水力联系
鄂尔多斯内流区	42 269		42 269	

《08 本》较《77 本》面积增大的原因主要有:①《08 本》成果从广义的流域集水面积概念分析,将与黄河有地下水力联系的鄂尔多斯内流区和沙珠玉河流域划入黄河流域,增加

了鄂尔多斯内流区面积 42 269 km² 和沙珠玉河流域面积 8 800 km²;②《08 本》提出了新的界定黄河河口区面积的原则和量算范围,将过去以大堤为界确定下游河口区的面积改为将近期河口规划流路的外包线以及低潮海岸线以内范围作为黄河河口区的流域面积,增加了 4 158 km² 河口区面积;③《08 本》采用当时最新的 1:5 万地形图和先进的 MAPGIS 量算工具,重新量算了兰州水文站以上的流域边界,面积增加 325 km²。《77 本》与《08 本》黄河流域边界比较示意图见图 4.2-1。

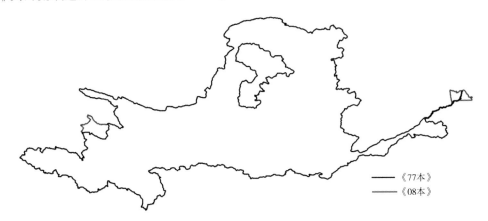

$$——《77 本》$$
$$——《08 本》$$

图 4.2-1　《77 本》与《08 本》黄河流域边界比较示意图

4.2.1.2　普查成果与《08 本》对比分析

由表 4.2-1 可知,《08 本》黄河流域集水面积为 807 995 km²,河湖普查为 813 122 km²,比《08 本》增加了 5 127 km²,详见表 4.2-3。

表 4.2-3　河湖普查与《08 本》面积变化比较表　　　　　　　　　（单位:km²）

区间名称	河湖普查	《08 本》	差值	变化原因
黄河流域	813 122	807 995	5 127	
利津以上区域（不含鄂尔多斯内流区和沙珠玉河流域）	753 738	752 194	1 544	使用地图和量算技术不同
利津以下河口区	4 615	4 732	-117	河湖普查采纳《08 本》成果,但具体边界划分有所不同
沙珠玉河内流区	8 264	8 800	-536	
鄂尔多斯内流区	46 505	42 269	4 236	

河湖普查采用了《08 本》部分创新成果,即同意将鄂尔多斯内流区和沙珠玉河流域划入黄河流域,黄河河口区划分原则也采纳《08 本》的规定,但又通过"3S"技术对以上三个区域的面积重新量取。经比较分析,河湖普查利津水文站以下河口区面积较《08 本》减少了 117 km²,主要是因为具体边界线有所不同,见图 4.2-2、图 4.2-3。河湖普查沙珠玉河

流域面积较《08 本》减少了 536 km²，一方面是由于具体边界略有不同，另一方面原因是《08 本》成果中把操什达河(面积 639 km²，河长 61 km)划入沙珠玉河流域，而河湖普查直接将其划为黄河流域一级支流。另外，由于使用地图和量算技术的不同，河湖普查利津水文站以上(含鄂尔多斯内流区和沙珠玉河流域)面积较《08 本》增加了 5 488 km²。变化较大的地方主要在下河沿附近与腾格里沙漠接壤部位，面积增加了约 3 500 km²；在三盛公附近与乌兰布和沙漠接壤部位增加了约 1 600 km²；其他变化部位有增有减，总体基本吻合。

图 4.2-2　河湖普查与《08 本》黄河流域边界比较示意图

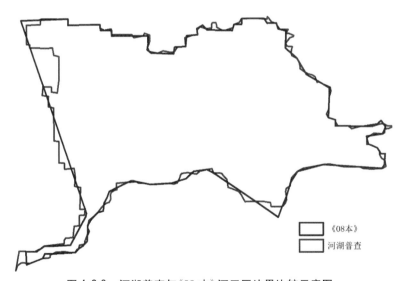

图 4.2-3　河湖普查与《08 本》河口区边界比较示意图

4.2.2　黄河干流河长对比分析

河湖普查黄河干流河长 5 687 km，比《77 本》河长增加了 223 km，相对误差为 3.93%。河湖普查黄河干流河长和《77 本》《08 本》的河长比较见表 4.2-4。

表 4.2-4　黄河干流河长及其对比表　　　　　　　　（单位:km）

项目	河湖普查	《08 本》	《77 本》	河湖普查与《08 本》差值	河湖普查与《77 本》差值	河湖普查与《08 本》相对误差(％)	河湖普查与《77 本》相对误差(％)
河长	5 687	5 568	5 464	119	223	2.09	3.93

4.2.2.1 《77 本》与《08 本》对比分析

《77 本》黄河干流河长为 5 464 km,《08 本》为 5 568 km,比《77 本》增加了 104 km,详见表 4.2-5。

表 4.2-5　《77 本》与《08 本》河长比较表　　　　　（单位:km）

区间名称	《08 本》成果	《77 本》成果	差值	变化原因
黄河干流河长	5 568	5 464	104	
源头至兰州	2 182	2 119	63	使用地图和量算技术不同
兰州至利津	3 278	3 241	37	量算技术不同
利津至黄河河口	108	104	4	河口流路改变

河长变化原因主要有:①《08 本》兰州站以上采用当时最新出版的 1:5 万地形图和 MAPGIS 量算技术复核,源头至兰州站河长增加了 63 km;②《08 本》量算的河口是依据 1976 年从刁口河改道的清水河河口流路,利津至黄河河口河长比《77 本》增加 4 km;③《08 本》兰州至利津河长采用 MAPGIS 量算,河长增加了 37 km。

4.2.2.2 普查成果与《08 本》对比分析

由表 4.2-4 可见,河湖普查黄河干流河长为 5 687 km,《08 本》为 5 568 km,河湖普查的河长比《08 本》增加了 119 km。

从套绘图上来看,黄河干流河道中泓线基本吻合。但由于量算的底图、工具和方法不同,出现的 2.1% 系统误差,在校核误差标准 ±5% 以内。河湖普查与《08 本》黄河干流比较示意图见图 4.2-4。

图 4.2-5 和图 4.2-6 是任意选取的两处黄河干流河段,一处是门堂至玛曲河段,一处是巴彦高勒至三湖河口河段。可以看出,河湖普查河道中泓线(红色线)的弯曲度明显大于《08 本》河道中泓线(蓝色线),这是因为河湖普查是根据 DEM 数据和 DLG 数据用计算机自动提取数字水系,而《08 本》是先手工在纸质地形图上画出河道中泓线,然后将纸质地形图扫描成图片,再手工在图片上描绘一遍,从而人为造成曲率变小,量算河长变短。

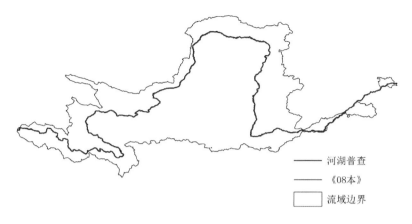

图 4.2-4　河湖普查与《08 本》黄河干流比较示意图

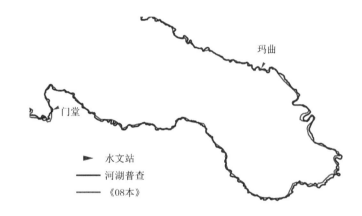

图 4.2-5　门堂—玛曲段河湖普查与《08 本》干流河长比较示意图

图 4.2-6　巴彦高勒—三湖河口段河湖普查与《08 本》干流河长比较示意图

4.2.3　黄河河源对比分析

　　河湖普查的黄河源头地理坐标和《77 本》源头坐标经度差 10′、纬度差 1′，直线距离约为 15.6 km。河湖普查的黄河源头地理坐标和《77 本》及《08 本》黄河源头地理坐标见表 4.2-6。

表 4.2-6　黄河河源经纬度及其对比表

项目	河湖普查	《08本》	《77本》	河湖普查与《08本》差值	《08》本与《77本》差值
经度	95°55′02″	95°54′44″	96°05′	18″	10′16″
纬度	35°00′25″	35°00′20″	34°59′	5″	1′20″

4.2.3.1　《77本》和《08本》对比分析

　　《08本》和《77本》均确定黄河发源于约古宗列曲,源头都是取约古宗列曲最上游的两条小沟中较长的南支溯源与分水线的交点。《08本》和《77本》源头的坐标位置变化较大,《08本》源头位置向西北方向移动了约16 km。这是因为《08本》确定的黄河源头是在最新出版的地形图上量取的,是南支溯源相交于外流域边界线,其地理坐标为东经95°54′44″、北纬35°00′20″,黄海高程为4 724 m;而《77本》采用的是兰州军区1964年1:10万非正规出版的地形图,高程是采用气压计测定的,地理坐标为:东经96°05′、北纬34°59′,黄海高程为4 830 m。将《77本》河源区地形图和《08本》河源区地形图套绘对照,可以发现,流域界线、河道走向出现明显的位移、变形,见图4.2-7。

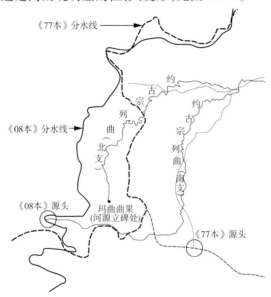

图 4.2-7　黄河河源区变化示意图

　　由此可见,虽然《08本》和《77本》的河源都是取约古宗列曲的南支,源头都是南支溯源与分水线的交点,但因为使用的地图精度不同,所确定的黄河源头的地理坐标差别较大。

4.2.3.2　普查成果与《08本》对比分析

　　国普办河湖组同意黄委河湖组提出的黄河发源于约古宗列曲,但是确定源头坐标的方法,国普办河湖组是采用DEM和DLG同化生成的河源区综合数字水系末端的最小集水面积(定义为0.2 km²)下边界与河道中泓线交点为河流的源头;而黄委河湖组的方法为河道中泓线向上溯源,与流域分水线的交点为河流的源头。这两种方法原则上是相同的,只是确定的综合数字水系末端的最小集水面积不同,黄委河湖组确定的最小集水面积接近于0,而国普办河湖组确定为0.2 km²。河湖普查确定黄河源头的地理坐标为:东经95°55′02″、北纬35°00′25″,与《08本》源头直线距离仅相差0.47 km。

另外,2008年青海省组织开展了一次"三江源科学考察",从其现场测定的约古宗列曲南支沟源头的坐标可以看出,河湖普查和《08本》的黄河源头坐标数据是精确的。具体成果见表4.2-7。

表4.2-7　三江源科考与河湖普查、《08本》的源头坐标对比表

名称	地理坐标	差别	确定方法
河湖普查	东经95°55′02″ 北纬35°00′25″		在1:5万电子地形图上,用GIS提取
《08本》	东经95°54′44″ 北纬35°00′20″	与河湖普查成果相比: 位置稍偏西南约0.47 km, 东经偏西18″、北纬偏南5″	在1:5万纸质地形图上沿河道中泓线溯源至外流域分水线的交点,在图上量算其坐标和高程
三江源科考	东经95°54′52″ 北纬35°00′25″	与河湖普查成果相比: 位置稍偏西0.25 km, 东经偏西10″、纬度相同	用GPS现场测定坐标

4.2.4　黄河河口对比分析

河湖普查的黄河河口坐标和《77本》及《08本》的河口坐标见表4.2-8。

表4.2-8　黄河河口地理坐标及其对比表

项目	河湖普查	《08本》	《77本》	河湖普查与《08本》差值	《08》本与《77本》差值
经度	119°15′20″	119°15′19″	118°49′	1″	26′19″
纬度	37°47′04″	37°47′03″	38°11′	1″	23′57″

4.2.4.1　《77本》和《08本》对比分析

由表4.2-8可见,《77本》河口的地理坐标位置与《08本》河口的地理坐标位置相差较远,直线距离约60 km。变化较大的原因主要是河口流路改道和河口淤积延伸。

《77本》中黄河河口流路是刁口河,河口位置定在刁口河中泓线与低潮水位线的交点,地理坐标为东经118°49′、北纬38°11′。1976年入海流路经人工改道,河口走清水沟流路,1996年根据胜利油田开发的需要,又在清水沟清8断面附近实施人工出汊工程,河口走清水沟清8汊流路。因此,《08本》河口位置定在清8汊中泓线与低潮水位线的交点,地理坐标为东经119°15′19″、北纬37°47′03″。《08本》河口位置和《77本》河口位置示意图见图3.2-1。

4.2.4.2　普查成果与《08本》对比分析

《08本》量算黄河河口坐标的地形图采用黄委山东水文水资源局《2004年山东黄河河道大断面图》及其与河口水文水资源勘测局2004年8月共同测绘、编制的1:2.5万的

《2002～2004年黄河口拦门沙区冲淤分布图》,取黄河入海河流的中泓线与低潮水位线连线的交点为河口坐标点。

河湖普查采纳《08本》的河口成果数据,并将《08本》河口坐标标注到最新版的1:5万电子地形图上,根据地形图和河口确定原则进行了调整,重新读取河口的地理坐标为东经119°15′20″、北纬37°47′04″。由此可见,河湖普查河口地理坐标与《08本》确定的河口地理坐标基本一致。

4.3 黄河主要支流河源、河口对比分析

4.3.1 渭河河源、河口位置对比分析

4.3.1.1 河源位置对比分析

早在两千年前,我们的祖先就确认渭河发源于渭源县以西龙王沟(河长10 km)的鸟鼠山。《山海经》《甘肃水利志》《黄河志》《中国江河》等著作都认为渭河发源于鸟鼠山。但是在另一些著作中和部分专家提出,渭河发源于渭源县西南清源河(河长约28 km)的壑壑山,如中国电力出版社出版的《中国(分省)水力资源复查成果(2003年)——甘肃卷》《渭源县志》和《77本》等。

河湖普查期间,黄委河湖组对渭河河源区进行了现场查勘,经现场查勘和内业分析并吸收各家观点后认为:如取传统的龙王沟鸟鼠山为渭河的发源地具有历史文化传承意义的优势,而取清源河壑壑山为渭河发源地具有河道长、水量多、地势高的自然地理特征和青山绿水生态环境意义的优势。根据新的河源区的内涵,河湖普查确认渭河河源区为渭源县城以西的龙王沟和清源河流域区,面积约300 km²,龙王沟河长约10 km,源头鸟鼠山海拔2 500 m;清源河长约28 km,源头壑壑山海拔3 500 m;渭河的源头是沿较长的清源河溯源至分水岭壑壑山,其坐标为东经104°03′16″、北纬34°57′51″。详情参见3.1.5.2节。

4.3.1.2 河口位置对比分析

《77本》确定渭河河口在吊桥站以下4.7 km处(汇淤1断面),地点在潼关县秦东镇柳家林(没有量算地理坐标)。这个位置是当年在地形图上量算渭河河长的终点位置,并一直沿用到现在。河湖普查期间,通过调研和现场查勘,了解到由于受黄河小北干流河床左右摆动和渭黄汇合区泥沙淤积影响,历史上渭河河口的位置频繁上提下挫。

20世纪末完成了牛毛湾南延工程。该工程既是小北干流的控导护岸工程,又是渭河入黄口的控制节点,使渭河入黄位置只能在牛毛湾工程南端节点与渭河右岸之间摆动。2010年又实施完成渭河入黄流路调整工程,该工程是为了疏导渭河洪水入黄流路,使渭黄中常洪水在三门峡水库上游形成合力冲刷降低潼关高程而修建的。渭河流路调整工程的修建,迫使渭河入黄后主流只能沿着调整工程与渭河右岸之间的流路行进。

鉴于以上情况,河湖普查将渭河河口的位置确定在牛毛湾工程南端点和流路调整工程西端点连线的延长线与现行渭河中泓线相交点处,其地理坐标为东经110°14′31″、北纬34°36′52″。这个位置距离《77本》确定的渭河河口位置上移了约3.7 km(在吊桥站以下1

km 左右）。详情参见 3.2.5.1 节。

4.3.2 汾河河口位置对比分析

《77 本》确定汾河河口位置在河津县湖潮村附近（没有量算地理坐标），并以此位置量算了汾河的河长，一直沿用到现在。

河湖普查期间，通过外业查勘和内业分析，了解到 2010 年在汾河的入黄段又新建了北起连伯滩西范路堤、南至庙前工程 6 号坝的汾河入黄大堤。该堤全长 20 km（黄淤 65 ～ 62 断面），高 5 m，堤面宽 8 m，使汾河在大堤保护区段内不受黄河洪水的影响。据此情况，确定汾河河口的位置在汾河中泓线与汾黄大堤南终端和庙前护岸工程垂直线相交点处，量得地理坐标为东经 110°29′47″、北纬 35°21′40″，在 1∶5 万地形图上量得该位置距离湖潮村的直线距离约 25 km。详情参见 3.2.5.2 节。

4.3.3 洛河河源位置对比分析

洛河历史上曾有洛河"二源说"，如《伊洛河志》记载，洛之源有二：西源为蓝田县灞源乡木岔河笒园泉，北源为洛南县洛源镇黑彰村龙潭泉。《77 本》中确定西面的木岔河为洛河河源，并一直应用到现在，包括 2000 年出版的《中国江河》也确认洛河发源于木岔河，其理由是木岔河是洛河干流由西向东的自然顺直延伸，而且在地形图上洛河的河名也延伸到木岔河。

河湖普查期间，黄委河湖组和陕西省河湖组联合对洛河河源区进行现场调查，经过现场查勘和内业分析认为：①现今的木岔河源头已被修建的盘山公路截断，已找不到分水岭的山脊（原地名周家台子），木岔河靠源头约 1/3 河长的河道已被挤到公路旁，变成 1 ～ 2 m 宽的排水沟，平时没有水。②北川河常年有水，因有洛河第一潭（龙潭泉）而闻名，源头草链岭是洛河的最高点。③根据界定河源的原则，本次确定洛河河源区为洛源镇以上包括木岔河和北川河在内的流域，面积约 90 km²。洛河的源头为沿较长的北川河主槽线溯源至分水岭（草链岭）处，其坐标为东经 109°49′23″、北纬 34°17′25″，高程 2 646 m。详情参见 3.1.5.4 节。

4.3.4 沁河河源、河口位置对比分析

4.3.4.1 河源位置对比分析

古时沁河河源有"六出其源于山中"之多源说，《水经注》有"三源齐注"之说，以上说的是沁河发源于多条河。

《77 本》确认沁河发源于太岳山南麓的赤石桥河，其源头距黑城村北 2.6 km，高程为 1 940 m（没有量测坐标位置），此河源位置一直沿用至今，包括 1998 年出版的《黄河志》、2000 年出版的《中国江河》等都引用了此结论。但是，近年来，有水利学者对沁河河源提出异议，认为沁河应发源于太岳山东麓的二郎神沟或点将台。

河湖普查中经过内业分析和调研，并参照有关部门的外业查勘资料认为，二郎神沟在沁河上游各支流中是河道最长、面积最大、水量较多的一条河，其源头（牛角鞍）是沁河的最高点。根据确定河源的原则，本次确定沁河发源于太岳山东麓的二郎神沟（郭道镇以

西),河源区面积约 300 km²,源头位置是沿二郎神沟主槽溯源至分水岭(牛角鞍峰东麓)处,其坐标为东经 111°59′13″、北纬 36°47′14″,高程 2 566 m。详情参见 3.1.5.5 节。

4.3.4.2 河口位置对比分析

《77 本》将沁河河口的位置定在武陟县姚旗营附近(没有量算地理坐标),在 1∶5 万地形图上,沁河河口距离黄河大堤最近的垂直距离约 3.3 km。这个河口位置一直沿用至今。

河湖普查通过外业查勘和内业分析,重新确定沁河河口位置在现行沁河中泓线和沁河左右岸大堤终端(也是沁河大堤和黄河大堤的联结点)连线的相交点处,量得地理坐标为东经 113°24′01″、北纬 35°02′06″,这个位置离《77 本》定的沁河河口位置的直线距离大约有 5.5 km,河道距离约 10.5 km。

本次确定的沁河河口位置和现在应用的沁河河口位置的最大区别就在于,《77 本》定的河口在黄河大堤内,而本次是定在黄河大堤口。平枯水期,沁河进入黄河大堤后,在黄河滩地上虽然冲出自己的河槽,但此河槽已属于黄河"领地",是在黄河河床范围内,一旦黄河上游洪水传来,就会将滩地上的沁河河槽包括所谓的沁河河口全部淹没,而这洪水的水量只能算作沁河河口以上黄河传下来的水量,而不能算作黄河滩地上所谓沁河出口断面的水量。所以,必须将沁河河口定在黄河大堤连线和沁河中泓线交点的位置。详情参见 3.2.5.3 节。

4.3.5 几点认识

根据以上典型河流的河源、河口对比分析,有以下几点新的认识:

(1)任何一个流域的河源应是指该流域内的主干流的河源,确定干流一般以河流"唯长唯远"为原则,有异议时按"多原则综合判定、科学支撑约定俗成"的原则处理,并要得到水行政主管部门的认定。

(2)河流(干流)上游最初具有表面水流形态的区域称河源区,水流形态包括溪、泉、沼泽、湖泊、冰川等,河源区的面积视河流的大小和特点而定。

(3)源头是指河源区中沿较长的小河主槽线溯源至分水线处,或至 DEM 与 DLG 同化生成的综合数字水系的末端最小集水面积(定义为 0.2 km²)下边界处。

(4)一般支流河口位置为支流的中泓线与上一级河流岸边连线的相交点处。但是,对于无法清晰准确划分边界的集水区域,可以取上级河流常年水流(中常水水位)岸边连线。

(5)黄河是一条多沙河流,部分较大支流的河口汇集区域(含上一级河流)有泥沙淤积、河床左右摆动的特点,为了约束洪水和固定河槽,在河口汇集区域修建了堤防或控导护岸工程。对于有工程的河口位置,必须考虑工程的影响,河口定位可能因工程而变。

(6)河口是一条河流的终端,也是汇集河口以上流域内的径流、泥沙的出口断面,因此河口位置不能侵占上一级河流,上一级河流的流量或输沙量不应流经下一级河流的河口断面。

4.4 鄂尔多斯内流区边界对比分析

鄂尔多斯内流区是鄂尔多斯高原的一部分,位于白于山北部,东、北、西三面被黄河(含支流)围绕,面积约4万多 km²,是黄河流域最大的内流区。内流区位置示意图见图 3.4-7。

河湖普查提取的鄂尔多斯内流区面积和《08 本》《77 本》量算的面积比较见表 4.4-1。

表 4.4-1　鄂尔多斯内流区面积及其对比表　　　　　　(单位:km²)

项目	河湖普查	《08 本》	《77 本》	与《08 本》、《77 本》差值	与《08 本》、《77 本》相对差(%)
面积	46 505	42 269	42 269	4 236	9.1

4.4.1　河湖普查与《08 本》对比分析

鄂尔多斯内流区为风沙荒漠区,地形平坦,边界线较难清晰地划分。《77 本》确定鄂尔多斯内流区边界是根据其周边地形地貌特点,部分地区作了现场调查。《08 本》经分析认为,《77 本》确定的分水线原则比较合理,且边界划分人为因素很大,维持原边界不变较好,故《08 本》采用《77 本》的边界线和面积数据。

由表 4.4-1 可以看出,河湖普查鄂尔多斯内流区面积为 46 505 km²,较《08 本》面积 42 269 km² 增加了 4 236 km²,相对误差为 9.1%。

将河湖普查内流区分界线和《08 本》内流区分界线进行套绘(见图 4.4-1),可见,河

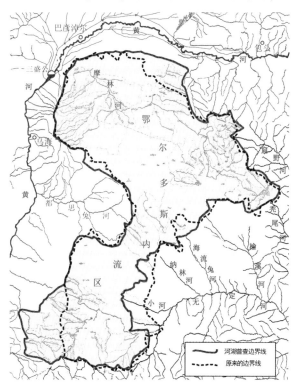

图 4.4-1　鄂尔多斯内流区流域分水线套绘图

湖普查的面积变化较大的有3处,分别是:东南与无定河的流域边界面积有增有减,以减为主,总体是减少了约600 km²;西南在苦水河东部的未控区面积增加了约2 800 km²;北面与黄河及十大孔兑以西的流域边界面积增加了约1 600 km²。其他部分边界有增有减,变化幅度较小。

4.4.2 内流区周边主要河流面积、河长的变化

鄂尔多斯内流区边界的变化,势必会影响到相邻的黄河支流的流域边界的变化。影响较大的河流有西面的都思兔河,东面的无定河支流小河、纳林河、海流兔河、榆溪河以及内流区北面和西南面未控区(因未控区无特征值数据,故未作定量分析)。受鄂尔多斯内流区边界变化影响较大的河流特征值变化统计见表4.4-2。

表4.4-2 受鄂尔多斯内流区边界变化影响较大的河流特征值变化统计表

(单位:面积,km²;河长,km)

河名	上一级河名	项目	河湖普查	《08本》	绝对差	相对差(%)
都思兔河	黄河	面积	7 949	8 326	−377	−4.5
		河长	160	166	−6	−3.6
秃尾河	黄河	面积	3 466	3 294	172	5.2
		河长	141	140	1	0.7
海流兔河	无定河	面积	2 038	2 487	−449	−18.1
		河长	86	121	−35	−28.9
榆溪河	无定河	面积	5 329	5 537	−208	−3.8
		河长	101	155	−54	−34.8

用《08本》数据校核河湖普查成果,由表4.4-2可见,都思兔河、秃尾河、海流兔河和榆溪河的面积相对误差都超标准,分别达4.5%、5.2%、18.1%和3.8%。河长超标准的河流有海流兔河和榆溪河,分别达28.9%和34.8%。

无定河全流域面积变化相对误差只有0.8%,但其靠近内流区的两条支流榆溪河和海流兔河面积变化很大,除了内流区的分水线有增有减的变化外,两条河之间的分水线也有很大的变化。榆溪河与内流区相邻边界变化不大,有的区域向内流区扩展,有的区域向榆溪河流域扩展,总的来讲是向榆溪河流域扩展的大;在乌审旗附近,海流兔河与内流区相邻的边界线向海流兔河方向扩展变化较大,使得海流兔河的面积减少的较多;榆溪河和海流兔河间分水线是向海流兔河扩展。另外,无定河最上游纳林河和小河两条支流,与内流区相邻的边界变化较大,但现有成果无此两条河的特征值,因此没法进行对比分析。

4.4.3 内流区边界变化原因分析

鄂尔多斯内流区北部是库布齐沙漠,中南部是毛乌素沙地,西北部和东南部是流动沙丘夹杂有零星基岩台地和剥蚀平地,低洼处分布有众多湖(淖)和草滩。由于长年的剥蚀

和堆积作用,内流区地表大部被现代风积沙覆盖,而且周边有沙丘移动,因此其边界划分难度较大,人为因素影响较多。

另外,由于内流区属风沙区,随着风沙的移动,其地貌形态也有较大变化,因此流域边界线也会相应变化。

河湖普查的内流区分水线与《08本》内流区分水线有较大的变化,其主要原因是划分边界的原则不同。

河湖普查依据等高线数据(DEM)进行内业提取,从控制点、等高线的变化及趋势,湖泊水质属性以及历史洪痕,并参考以往成果等因素进行综合判定。

《77本》和《08本》划分内流区边界的原则是:在地形图上沿内流区与黄河相邻的每条支沟溯源观察,当遇到闭流凹地时,分析凹地水面与凹地边沿最低部位的高差,凹地的水面抬高10 m(一个等高距)也不能从凹地边沿最低处溢出的地方,即作为与闭流区交界上的一个控制点。待各条支沟上游分水线的控制点都确定之后,参照等高线的变化形势,把控制点连接起来,即作为内流区的分界。对于经调查在特大洪水中曾破淖流出的,则划进黄河的支流流域之内。例如海流兔河上游的不再淖,1964年曾经破淖,就划进海流兔河流域之内。此外,榆溪河、海流兔河、纳林河上游人工挖的排水渠所能影响的范围,均已包括在无定河流域之内。另外,从渡口堂对岸的东渡向东至毛不浪孔兑沟一段,从分水线向岸边的地势南高北低,除散布之沙垄造成局部的地面起伏外,无深大的封闭凹地。虽地面径流微弱以致消失在沙漠当中,但地面上仍有稍许明显的河身通向黄河,因此这一部分干旱风沙区划进黄河流域之内。

4.5 流域面积大于1 000 km² 河流的特征值对比分析

根据黄河流域现有资料情况,黄委河湖组在河湖普查中重点校核流域集水面积为1 000 km² 及以上河流的特征值,对于流域面积在1 000 km² 以下河流的校核审查,基本尊重省(区)的意见。主要考虑到省(区)河湖普查是由省(区)、地(市)、县级河湖组共同完成的,他们比较了解当地的情况,掌握了较多的资料和实地查勘的经验。另外,省级河湖组的校核成果要经由其主管部门审查,这种内业与外业相结合的工作方式,加上层层把关的检验制度,保证了河湖普查成果的可靠性。

4.5.1 面积大于1 000 km² 河流的特征值统计分析

河湖普查流域面积大于1 000 km² 的河流共有199条,现有成果中有152条与之相匹配。流域面积大于1 000 km² 的匹配河流特征值对比统计表见表4.5-1。

4.5.1.1 面积对比分析

在面积对比分析中,现有成果有152条河流与河湖普查成果相匹配。按河湖普查面积误差标准3%进行分析比较,有127条河流小于标准误差,占83.6%。

流域面积超出误差标准的主要原因是这些河流位于平原水网区或沙丘荒漠区,分水线划定较难,人为因素大;另外还有河流干支流关系调整、河源河口位置变化等原因。由以上原因导致超标的河流,占超标河流总数的90%以上。

表 4.5-1　面积大于 1 000 km² 河流特征值对比统计表

对比项目	河流数量（条）	误差标准	小于误差标准	
			数量（条）	占百分比（%）
流域面积	152	3%	127	83.6
河流长度	152	5%	111	73.0
河源坐标	12	2′（约 5 km）	11	91.7
河口坐标	152	2′（约 5 km）	145	95.4

4.5.1.2　河长对比分析

在河长对比分析中，现有成果有 152 条河流与河湖普查成果相匹配。按河湖普查河长误差标准 5% 进行比较分析，有 111 条河流的河长在误差范围内，约占 73.0%。

河长误差超出标准的主要原因有河源、河口位置改变，河道主槽线曲率的变化，水库概化处理，人工渠道分割，干支流关系的改变，以及量算技术和方法不同等。造成河源、河口位置改变的原因主要有河源、河口确定的原则不同，干支流关系的改变等；不同的产流产沙条件形成河床的冲淤和主槽的摆动，进而使主槽线曲率有较大的影响，从而系统改变了河流的长度；水利工程的建设对河流的治理和水资源的开发利用产生了较大的影响，同时也改变了河流的自然形态，水库的修建使河道的形态随之改变，而水库概化处理同样使河长产生变化；干支流关系的改变会导致河源、河口的改变，从而也改变了干支流河长；不同时期地形图的精度不同，以及量算技术和方法不同往往使河长产生系统误差。

4.5.1.3　河源坐标对比分析

河湖普查的源头是指河道中泓线向上溯源与 DEM 和 DLG 同化生成的河流源头区综合数字水系末端的最小集水面积（定义为 0.2 km²）下边界的交点。《08 本》量算的源头是指该流域的干流主槽溯源交于流域的分水线处，如果河湖普查选取的源头河流和《08本》选取的源头河流是同一条河流，则两者量算的源头坐标位置理论上会非常接近，直线距离不会超过 1.0 km。

现有成果中只有 12 条河流有河源点坐标，按河源点坐标差 2′（直线距离约 5 km）的标准进行比较，其中有 11 条河流的河源点坐标小于标准误差，约占 91.7%。河源坐标差别大的是湟水，主要是因为河源区取了不同的小支沟。《08 本》取沿干流顺直延伸的一条小沟，河湖普查取拐弯的但较长的一条小沟，两个河源点坐标直线距离约 7.66 km。

4.5.1.4　河口坐标对比分析

在河口坐标对比分析中，现有成果有 152 条河流与河湖普查相匹配。按河口坐标差 2′（直线距离约 5 km）的标准进行比较，有 145 条河流的河口在误差范围内，约占 95.4%。

4.5.2　七大水系特征值对比分析

河湖普查根据编码需要，将黄河一级流域划分为 7 个二级水系，分别为洮河、湟水、无定河、汾河、渭河、洛河和大汶河。下面重点分析七大水系面积、河长、河源、河口变化情况。

4.5.2.1　面积、河长对比分析

表4.5-2是七大水系面积、河长变化对比表。由表可见，面积、河长的误差均在误差标准允许范围内，面积相对误差最大值为大汶河的1.7%，河长相对误差最大值为洮河的3.7%。

表4.5-2　七大水系面积、河长变化情况对比表

河流名称	面积（km²）				河长（km）			
	普查面积	现有面积	绝对差	相对差（%）	普查河长	现有河长	绝对差	相对差（%）
洮河	25 520	25 527	−7.0	−0.03	699	673	26	3.7
湟水	32 878	32 863	15.0	0.05	369	374	−5	−1.3
无定河	30 496	30 261	235.0	0.8	477	491	−14	−3.0
汾河	39 721	39 471	250.0	0.6	713	694	19	2.7
渭河	134 825	134 766	59.0	0.04	830	818	12	1.4
洛河	18 876	18 881	−5.0	−0.03	445	447	−2	−0.4
大汶河	8 944	9 098	−154.0	−1.7	231	239	−8	−3.5

4.5.2.2　河源、河口坐标对比分析

表4.5-3是七大水系河源、河口坐标变化情况对比分析表。由表可见，河源普查成果与现有成果直线距离差最大的是湟水，为7.66 km，超过允许误差标准5 km的范围，主要是湟水河源选取了不同小支沟造成的；其余6个水系河源普查成果和现有成果直线距离差均在1 km之内。七大水系中河口普查成果与现有成果误差均在0.37 km之内，远小于误差允许标准，主要原因是河湖普查河口大部分采用了《08本》的成果。

表4.5-3　七大水系河源、河口坐标变化情况对比表

项目	水系名	普查成果		现有成果		距离（km）
		经度	纬度	经度	纬度	
河源	洮河	101°36′36″	34°22′11″	101°36′20″	34°22′06″	0.43
	湟水	100°54′54″	37°15′36″	100°53′30″	37°19′35″	7.66
	无定河	108°07′41″	37°11′52″	108°07′45″	37°11′28″	0.72
	汾河	112°06′46″	38°58′46″	112°06′27″	38°58′50″	0.51
	渭河	104°03′16″	34°57′51″	104°02′40″	34°57′40″	0.97
	洛河	109°49′23″	34°17′25″	109°49′23″	34°17′25″	0
	大汶河	117°56′29″	35°59′56″	117°56′34″	35°59′45″	0.33

续表 4.5-3

项目	水系名	普查成果		现有成果		距离
		经度	纬度	经度	纬度	(km)
河口	洮河	103°20′52″	35°55′28″	103°21′00″	35°55′00″	0.00
	湟水	103°21′54″	36°07′13″	103°21′40″	36°07′10″	0.37
	无定河	110°25′48″	37°02′33″	110°25′50″	37°02′40″	0.22
	汾河	110°29′47″	35°21′40″	110°29′40″	35°21′42″	0.19
	渭河	110°14′31″	34°36′52″	110°14′16″	34°36′54″	0.36
	洛河	113°03′34″	34°49′11″	113°03′34″	34°49′10″	0.00
	大汶河	116°12′18″	36°07′10″	116°12′14″	36°07′11″	0.08

4.5.3 沙漠区、河网区典型河流特征值对比分析

4.5.3.1 乌加河(含乌梁素海)

乌加河是黄河的支流,又名五加河,位于内蒙古后套平原北侧、阴山山脉南麓,西起太阳庙海子(古屠申泽),东至乌梁素海,是清道光年间的黄河北支故道,后因流沙侵入和狼山山洪冲积,河床抬高淤断,主流南移。清代末年,后套灌溉河道开掘后,成为排水渠,余水在巴彦淖尔盟乌拉特前旗西部形成乌梁素海,有小排水沟(王六子壕)同黄河相通。乌加河既是汇集阴山山脉众多河流来水的河流,又是河套灌区的主排干渠。

乌梁素海,蒙古语意为杨树湖,位于乌拉特前旗境内。乌梁素海地处后套平原东端,明安川和阿拉奔草原西缘,北靠狼山山前洪积扇,南邻乌拉山山后洪积阶地。乌梁素海是黄河改道形成的河迹湖,也是荒漠半荒漠地区极为少见的大型草原湖泊。20世纪80年代测得水面面积约300 km²,素有"塞外明珠"之美誉。

乌梁素海的形成与黄河主流改道有关。据《水经注》记载,乌梁素海原为黄河北支故道,北支(今乌加河)流经乌梁素海后与南河汇合。新构造运动使阴山山脉持续上升,后套平原相对下陷,清道光三十年(1850年),黄河受阻急转南流,冲出一个较大的洼地,这就是乌梁素海的前身。以后,由于风沙东侵和狼山南侧的洪积扇不断扩展,致使河床抬高,乌加河被泥沙阻断,河水溢流到洼地形成了乌梁素海,而黄河主流被迫改由南侧东流。现代乌梁素海主要靠乌加河和长济渠、民复渠等灌溉的尾水补给,水深0.5~1.5 m,最大水深约4 m,蓄水量2.5亿~3亿 m³。

现有成果中的乌加河西起太阳庙海子(没有量算河源的坐标),自西向东流入乌梁素海,从河源至入乌梁素海口,河长为260 km,入乌梁素海河口地理坐标为东经108°38′、北纬40°39′。在乌加河北面有海流图河,面积2 045 km²,河长109 km,流入人民渠;东北面有乌苏图勒河,面积1 933 km²,河长116 km,流入乌梁素海。现有成果没有量算乌加河流域面积,但量算了乌梁素海退水渠口(入黄口)以上的面积为29 034 km²(其面积包括原乌加河、海流图河、乌苏图勒河、后套灌溉渠系、乌梁素海),见图4.5-1,此数据与河湖普

166

查乌加河水系面积基本一致。其量算方法是用黄河干流三湖河口水文站的面积减去黄河干流乌加河水文站面积所得差值。

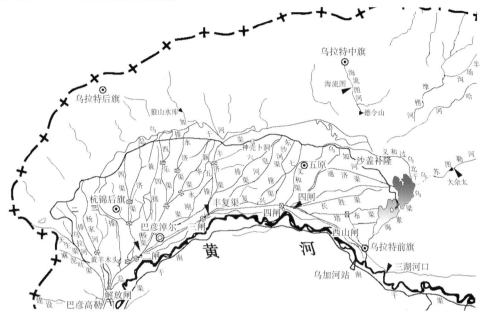

图 4.5-1　现有成果乌加河水系图

河湖普查乌加河发源于阴山山脉西北段的狼山东麓,河源地理坐标为:东经 106°19′36″、北纬 40°55′35″,阴山山脉的山前支流(含海流图河)流入到乌加河,南面的后套灌溉渠系退水至总排干渠,在德令山附近,乌加河与总排干渠汇合,退水至乌梁素海,东北部的乌苏图勒河直接汇入乌梁素海,乌梁素海再退水至黄河干流,即新的乌加河水系包括原乌加河、后套灌溉渠系、海流图河、乌苏图勒河、乌梁素海及退水渠,流域面积 28 739 km²,河长 348 km,入黄河口地理坐标为:东经 108°45′57″、北纬 40°37′09″,见图 4.5-2。

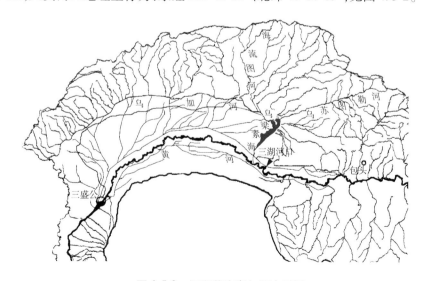

图 4.5-2　河湖普查乌加河水系图

河湖普查乌加河水系面积 28 739 km²,比现有成果乌梁素海退水渠口以上面积 29 034 km² 少了 295 km²,误差仅为 1.0%,在允许范围之内。乌加河变化最大的是水系进行了调整,河湖普查乌加河河口为入黄口,河长为 348 km;而现有成果河口为入乌梁素海口,河长为 260 km。两者河长相差 88 km,坐标经度差为 7′56.6″,纬度差为 1′51.3″,直线距离约为 15.0 km。

乌梁素海湖面变化统计见表 4.5-4。

表 4.5-4　乌梁素海湖面变化统计表

年份	湖面面积(km²)	说明
1947	800	黄河数年水涨,河套多次被淹,河套灌区入海退水量大增,海子周围又修建起许多防水堤,水流不畅,海子水面逐年扩大
1965	470	河套灌区灌溉系统经过整修,退水量受到限制,海子水位下降,两岸堤防全面加固增修,湖面趋于稳定且逐渐缩小
1977	290	周边实施围湖造田,湖滨一带多垦为农田,湖区面积缩小
1980	293	乌梁素海至黄河出口疏浚,并建红圪卜排水站,扬尾水入黄河。至此,乌梁素海能够通过排水设施调节湖面水位,使湖水面积较为稳定,一般在 293 km²,湖面海拔 1 018.79 m
2011	130	河湖普查中乌梁素海水面面积为 130 km²,作为乌加河的一部分

4.5.3.2　大黑河

大黑河是黄河上游最末端支流,古称敕勒川、黑水,发源于内蒙古中部蛮汗山东北坡骆驼脖子和双鹦鹉一带。由东向西至旗下营出山,接纳水磨沟、小黑河及什拉乌素河等河流,并共同冲积成呼和浩特三角洲平原,流至托克托县城附近汇入黄河。地表径流将山区的腐殖层冲刷而下,致使河水浑浊而色黑,故称大黑河。

现有成果大黑河由干流大黑河和支流美岱沟等水系组成,干流河长 235.9 km,流域面积 17 637 km²。美岱沟(面积为 5 339 km²,河长 172.7 km)流经民生渠入哈素海,哈素海又通过退水渠流入大黑河。河湖普查时,将原来的美岱沟、民生渠、哈素海及哈素海退水渠统称为美岱沟,并确定新的美岱沟从大黑河分离出来,成为直接流入黄河的支流。主要是因近年来在原哈素海退水渠和大黑河汇合处,两河段各自修建了堤防,美岱沟(即哈素海退水渠)不再汇入大黑河。

河湖普查量算大黑河流域面积为 12 361 km²(不含美岱沟),河长为 238 km,河源地理坐标东经 112°49′19″、北纬 40°47′30″,河口地理坐标东经 111°09′45″、北纬 40°13′36″;河湖普查量算美岱沟流域面积为 5 262 km²,河长 173 km,河源地理坐标东经 110°35′09″、北纬 41°03′56″,河口地理坐标东经 111°08′29″、北纬 40°14′21″。

如果将河湖普查大黑河面积与美岱沟面积合起来和现有成果的大黑河面积比较,则现有成果面积仅大 14 km²,相对误差为 0.08%;如果将河湖普查美岱沟的面积和河长与现有美岱沟水系的面积和河长比较,则现有成果面积大 77 km²,河长短 0.3 km,相对误差分别为 1.5% 和 0.2%。

大黑河最大的变化是水系的改变,原大黑河包括干流大黑河和支流美岱沟,河湖普查将干流大黑河与支流美岱沟分开,成为各自直接汇入黄河的支流。

大黑河与美岱沟水系关系变化详见图 4.5-3 和图 4.5-4,美岱沟河湖普查与现有成果特征值比较表见表 4.5-5。

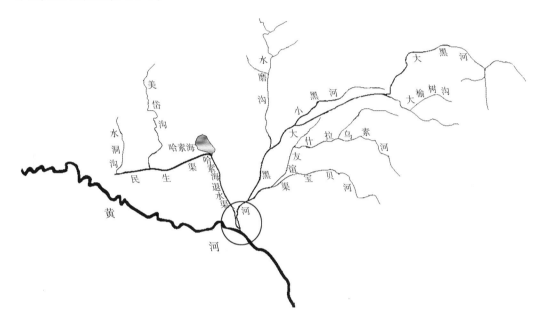

图 4.5-3　现有成果大黑河与美岱沟水系关系图

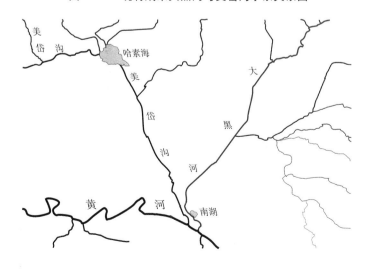

图 4.5-4　河湖普查大黑河与美岱沟水系关系图

表 4.5-5　美岱沟河湖普查与现有成果特征值比较表

项目	河长（km）	面积（km²）	河源		河口	
			经度	纬度	经度	纬度
河湖普查	173	5 262	110°35′09″	41°03′56″	111°08′29″	40°14′21″
现有成果	172.7	5 339			111°07′	40°19′
绝对差	0.3	−77			1′29″	4′39″
相对差（%）	0.2	−1.5				

4.5.3.3　什拉乌素河

什拉乌素河是大黑河的一条支流。现有成果的什拉乌素河流入友谊渠，友谊渠再流入大黑河；什拉乌素河从河源至入友谊渠口长 92.2 km，面积为 1 563 km²；友谊渠长 47.5 km，没有量算面积，见图 4.5-5。河湖普查的什拉乌素河是由原有的什拉乌素河与友谊渠共同组成的，统称什拉乌素河，其河源河口位置与现有成果变化较大。现有成果河源变为河湖普查什拉乌素前河河源（什拉乌素河的一条支流的河源），原来的什拉乌素河河口在与友谊渠的交汇口，河湖普查的什拉乌素河河口在流入大黑河的交汇处。河湖普查量算源头坐标东经112°17′21″、北纬40°32′34″，河口坐标东经111°14′32″、北纬40°25′39″，河长

图 4.5-5　现有成果什拉乌素河水系图

170

130 km,面积 3 150 km²。河湖普查什拉乌素河最大的变化就是将原来的友谊渠和上游的什拉乌素河合起来成为一条新的、扩大的什拉乌素河,见图4.5-6。

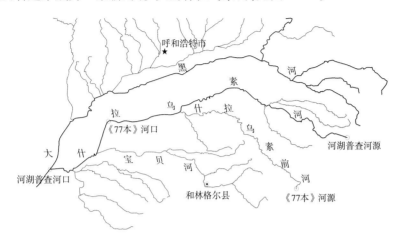

图4.5-6　河湖普查什拉乌素河水系图

4.5.3.4　潇河

潇河发源于山西省昔阳县沾尚乡陡泉山西麓的马道岭,流经寿阳、榆次、清徐县的王答乡,于太原市南郊区刘家堡乡洛阳村南注入汾河。上游建有水库,沿途筑有干渠若干条,两岸多系平原区。

由表4.5-6可见,河湖普查潇河流域面积为 4 064 km²,较现有成果面积 3 894 km² 增大 170 km²,增加 4.2%,超过允许误差标准;河湖普查河长为 142 km,较现有成果河长短 6.9 km,约减少了 4.9%,接近允许误差。河湖普查中潇河面积增大的原因主要是将潇河下游北岸的北张退水渠及涧河包括在潇河流域范围内(见图4.5-7),而现有成果是不包括在内的。

表4.5-6　潇河特征值变化统计表

项目	河长 (km)	面积 (km²)	河源		河口	
			经度	纬度	经度	纬度
河湖普查	142	4 064	113°29′11″	37°41′34″	112°24′20″	37°38′08″
现有成果	148.9	3 894			112°25′	37°38′
绝对差	−6.9	170				
相对差(%)	−4.9	4.2				

4.5.3.5　城北河

城北河,原名固城川,是马莲河一条支流。

现有成果固城川(河湖普查改为城北河)的流域面积为 2 478 km²,河长为 103.6 km,河口坐标为东经107°55′、北纬35°30′。

河湖普查城北河流域面积为 1 858 km²,河长为 99 km,河源地理坐标东经108°29′53″、

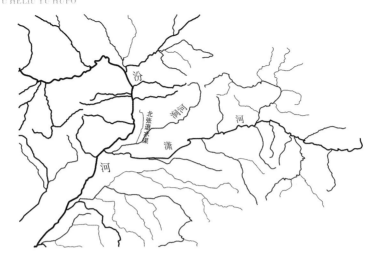

图 4.5-7　河湖普查潇河水系图

北纬 35°51′48″,河口地理坐标东经 107°54′42″、北纬 35°30′05″。

　　河湖普查城北河河长比现有成果减少了 4.6 km,约减少 4.6%,接近允许误差;但面积比现有成果却减小了 620 km²,约减小了 33.4%,远大于误差标准;河湖普查河口坐标和现有成果经度差为 18″,纬度差为 5″,直线距离约为 0.6 km。面积变化大的主要原因是现有成果固城川面积包括九龙河,即九龙河是固城川(现改为城北河)的一条支流,而河湖普查将九龙河从城北河中分离出来,成为直接流入马莲河的支流。现有成果中九龙河的面积为 641 km²,将现有成果中固城川的流域面积减去九龙河面积,再与河湖普查的城北河面积进行比较分析,则河湖普查面积大 21 km²,仅大 1.1%,在允许误差范围内。由此可见,城北河面积变小的主要原因是支流九龙河分离出去,是由水系改变造成的。

　　城北河特征值的分析比较见表 4.5-7 和图 4.5-8、图 4.5-9。

表 4.5-7　城北河特征值变化统计表

项目	河长 (km)	面积 (km²)	河源		河口	
			经度	纬度	经度	纬度
河湖普查	99	1 858	108°29′53″	35°51′48″	107°54′42″	35°30′05″
现有成果	103.6	2 478			107°55′	35°30′
绝对差	-4.6	-620				
相对差(%)	-4.6	-33.4				

4.5.3.6　沁河

　　河湖普查沁河河长为 495 km,比现有成果增加了 9.9 km,相对误差为 2.0%,在误差允许范围内。河湖普查沁河流域面积为 13 069 km²,比现有成果减小了 463 km²,相对误差为 3.5%,超过允许误差。

　　分析面积误差超允许标准的原因,主要是河口位置改变以及流域分水线变化所致。河湖普查中规定,河口位置是河道中泓线与上一级河流岸边连线的交点,沁河下游全部修

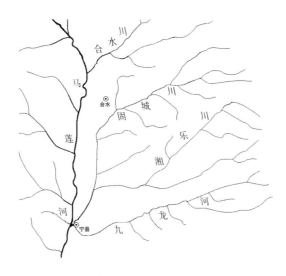

图 4.5-8　现有成果固城川水系图

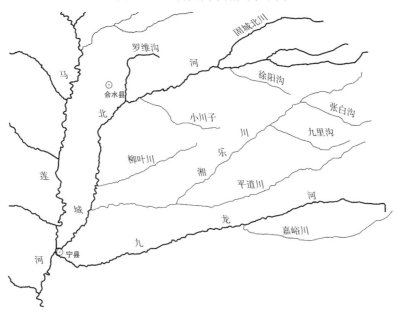

图 4.5-9　河湖普查城北河水系图

有大堤,在沁河入黄口处,黄河修建有大堤,大堤就是黄河的岸边,沁河的中泓线与黄河大堤的连线的交点就是沁河河口。而现有成果确定沁河河口的位置是沁河进入黄河的滩地河槽与黄河主槽联结的地方,地点为河南省武陟县姚旗营(即西营,没有量算坐标)。河湖普查沁河河口的坐标为东经113°24′01″、北纬35°02′06″,比现有河口位置向西北方向(沁河河道)上移了14.1 km。

　　由于沁河河口的位置发生变化,影响到原流入沁河的老蟒河水系,使其变为直接流入黄河的支流。河湖普查将老蟒河从沁河中划分出来,使河湖普查沁河面积较现有成果减小。沁河特征值的变化统计详见表4.5-8,沁河河口位置变化示意图见图4.5-10。

表 4.5-8　沁河特征值变化统计表

项目	河长（km）	面积（km²）	河源		河口	
			经度	纬度	经度	纬度
河湖普查	495	13 069	111°59′13″	36°47′14″	113°24′01″	35°02′06″
现有成果	485.1	13 532	112°20′10″	36°57′45″		
绝对差	9.9	−463	20′57″	10′31″		
相对差(%)	2.0	−3.5				

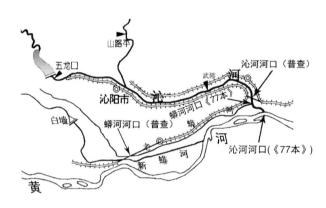

图 4.5-10　沁河河口位置变化示意图

另外,沁河现有成果定河源为紫红河或赤石桥河(黄委定),河湖普查将沁河河源定在西面的二郎神沟(牛角鞍),差距比较大,影响河长但不影响面积。

4.5.3.7　大汶河

大汶河,又名汶水,简称汶河,发源于莱芜市松崮山南麓的沙崖干巴村。上游分南、北两支,以北支牟汶河为干流。

现有成果从源头(没有量算坐标)至东平湖口称大汶河(其中戴村坝至东平湖口称大清河),河长 209 km,流域面积 8 633 km²;东平湖出湖口是陈山口闸,陈山口闸以上河长233 km,流域面积 9 069 km²(含东平湖);陈山口闸退水渠(又称小清河)和黄河主槽交汇处是东平湖入黄口,从入黄口至大汶河河源河长为 239 km,流域面积为 9 098 km²(含大汶河、东平湖及入黄退水渠)。见表 4.5-9。

河湖普查将大汶河水系作了调整,即大汶河从河源至入黄口统称大汶河流域(黄河二级水系)。源头坐标为东经 117°56′29″、北纬 35°59′56″(河源位置与现有成果一致),河口定在陈山口闸,坐标为东经 116°12′18″、北纬 36°07′10″;河长 231 km,流域面积 8 944 km²(含东平湖);同时量算戴村坝水文站的坐标为东经 116°27′48″、北纬 35°54′03″,水文站以上的河长 187 km,流域面积 8 192 km²。

河湖普查大汶河和现有成果比较,较大的差别一是水系作了调整,二是东平湖入黄口的位置不同。大汶河普查成果和现有成果对比分析表见表 4.5-9。

表 4.5-9　大汶河普查成果与现有成果对比分析表

名称	普查成果	现有成果	绝对差	相对差（%）	说明
入黄口以上河长(km)	231	239	-8	-3.5	普查以陈山口闸作为大汶河河口,现有成果以大汶河入东平湖口作为大汶河河口,两者河段不一致,无法进行对比
入黄口以上面积(km²)	8 944	9 098	-154	-1.7	
陈山口闸以上河长(km)	231	233	-2	-0.9	
陈山口闸以上面积(km²)	8 944	9 069	-125	-1.4	
戴村坝站以上河长(km)	187	195	-8	-4.3	
戴村坝站以上面积(km²)	8 192	8 264	-72	-0.9	

4.6　水文(位)站基本断面坐标和控制面积、河长对比分析

河湖普查中水文(位)站基本断面坐标由流域机构和省(区)采用统一的 GPS,按照统一的方法,现场测量各自管辖的水文(位)站而得。然后将坐标标记在 1:5 万地形图上进行校核,再通过 GIS 提取水文站坐标以上的控制面积和河长。

4.6.1　水文站基本断面坐标对比分析

4.6.1.1　现有成果测站定位和坐标量算方法

(1)根据距基本断面最近的参照物,如桥梁、水库坝址、小支流汇入口、弯道等以及距河口、河源距离来确定断面位置,或由省(区)提供。

(2)无上述参照数据的测站,可采用水文年鉴或省(区)提供的经纬度定位。

(3)对于缺少参照物和经纬度等资料的测站,则请熟悉情况的人员到现场或在图纸上指认、标示。

(4)有条件的用 GPS 在现场进行测量。

(5)位置初步确定后与流域各省(区)水文部门、委属基层单位反复核对、确认,并在地形图上标出其位置、名称,查出站点断面与河道中心线相交处的经纬度,记录至分。

4.6.1.2　河湖普查测站坐标观测方法

河湖普查中水文测站的地理坐标统一采用高精度的 GPS,置于基本断面岸边最高水尺或中常水岸边较高水尺处,采用动态 PPP 现场量测,平滑次数为 1 200,且有效星历时间大于 20 min。事后根据现场记录的 GPS 数据进行 PPP 解算,并将水文测站的地理坐标精度提升到亚米级,精确至 0.1″。然后再将坐标位置标记到 1:5 万地形图上进行合理性检查,同时抽取 3%～5% 到现场进行第二次复核测量。

4.6.1.3　水文站新旧坐标对比

水利部 2012 年第 67 号公告公布了国家重要水文站名录,黄河流域委属国家重要水

文站有 84 个。

现重点将黄河流域委属 83 个(河湖普查时包头不是现有站,故未普查)国家重要水文站地理坐标变化进行分析统计,见表 4.6-1。

(1)现有成果水文站坐标量算至分,而河湖普查量算水文站的坐标精确至秒;

(2)分析发现,安宁渡站和循化站坐标位置变化较大,主要是由于水文站迁移了断面。安宁渡站在 2009 年 12 月由(一)断面上迁了 33 km 变为(二)断面,循化(二)站于 2011 年底上迁 6.8 km,变为循化(三)站。

(3)现有的水文站坐标位置大部分按基本断面与河道中心线或枯水岸边或水边线交点确定,而河湖普查位置是基本断面岸边水尺位置或中常水岸边较高水尺位置,这对于河道宽广的水文站,其坐标位置就会有较大的误差,如西霞院站、花园口站、夹河滩站等,河湖普查的坐标位置与现有成果直线距离分别差 3.23 km、3.02 km、3.22 km。

(4)除以上特殊情况外,其余水文站坐标经度差绝对值一般在 0.02′~0.9′,平均为 0.28′;纬度差绝对值均小于 1.2′,平均为 0.29′;两次测量经纬度直线距离平均误差为 0.74 km,最大距离为 2.23 km,最小距离为 0.19 km。

4.6.2 水文站控制面积和河长的对比分析

4.6.2.1 现有测站控制面积、河长量算方法

将收集到的测站坐标标注到 1:5 万纸质地形图上,然后手工绘制水文测站以上的分水线和河道中泓线。部分用求积仪量算面积、用分规仪量算河长;部分将地形图扫描,用 MAPGIS 沿着手工勾绘的分水线和河道中泓线进行矢量化,然后计算出水文测站以上的面积和河长。

4.6.2.2 河湖普查测站控制面积、河长量算方法

根据 1:5 万的 DEM 和 DLG 数据,用计算机自动提取水文站断面以上的流域边界和数字水系,并在 GIS 的球面坐标系下直接量算流域集水区多边形的面积和直接计算河长。

4.6.2.3 水文站新旧面积、河长对比

现重点对比分析黄河流域 83 个委属国家重要水文站的面积和河长,见表 4.6-2。

由表 4.6-2 可见,在 83 个水文站中,面积相对误差的绝对值平均为 0.49%,最小相对误差为 0.001%,最大相对误差为 17.4%,其中秃尾河高家川站和无定河支流海流兔河韩家峁站的面积误差超过允许误差标准。高家川站普查面积为 3 425 km²,较现有面积增加了 172 km²,约增大了 5.3%。面积超过允许误差标准的主要原因是与鄂尔多斯内流区相邻,因鄂尔多斯内流区边界在此处向内凹,因此秃尾河及其把口站高家川站的面积均相应增大。韩家峁普查面积 2 026 km²,较现有面积减小了 426 km²,约减少 17.4%。面积减小的原因也是与鄂尔多斯内流区相邻,因相邻边界在此处向外凸,因此海流兔河及其把口站韩家峁的面积均有所增大。

表 4.6-1　黄河流域委属 83 个国家重要水文站地理坐标变化分析统计表

站名	现有成果经纬度		河湖普查经纬度		直线距离(km)
	东经	北纬	东经	北纬	
鄂陵湖(黄)	97°46'	35°05'	97°45'53"	35°04'58"	0.19
黄河沿(三)	98°10'	34°53'	98°10'16"	34°53'06"	0.45
吉迈(四)	99°39'	33°46'	99°39'20"	33°46'06"	0.54
门堂	101°03'	33°46'	101°02'39"	33°46'29"	1.04
玛曲(二)	102°05'	33°58'	102°04'58"	33°57'39"	0.65
军功	100°39'	34°41'	100°38'42"	34°41'04"	0.47
唐乃亥	100°09'	35°30'	100°09'18"	35°29'59"	0.46
贵德(二)	101°24'	36°02'	101°23'27"	36°02'24"	1.12
循化(三)	102°30'	35°50'	102°26'41"	35°52'13"	6.50
小川	103°20'	35°56'	103°19'34"	35°56'08"	0.70
上诠(六)	103°17'	36°04'	103°16'29"	36°03'38"	1.04
兰州	103°49'	36°04'	103°48'53"	36°03'50"	0.36
安宁渡(二)	104°36'	36°47'	104°40'50"	36°34'54"	23.56
下河沿(黄二)	105°03'	37°27'	105°02'34"	37°27'00"	0.66
青铜峡(黄三)	106°00'	37°54'	105°59'41"	37°53'32"	0.99
石嘴山(二)	106°47'	39°15'	106°47'34"	39°15'41"	1.53
巴彦高勒	107°02'	40°19'	107°01'49"	40°18'55"	0.32
三湖河口(三)	108°46'	40°37'	108°46'25"	40°36'25"	1.25
头道拐	111°04'	40°16'	111°03'44"	40°15'58"	0.41
河曲(二)	111°09'	39°22'	111°09'15"	39°21'32"	0.94
府谷	111°05'	39°02'	111°04'59"	39°01'43"	0.52
桥头	111°08'	38°56'	111°08'25"	38°56'24"	0.97
王道恒塔(三)	110°24'	39°04'	110°24'26"	39°03'32"	1.09
温家川(三)	110°45'	38°29'	110°44'53"	38°28'51"	0.33
新庙	110°22'	39°21'	110°22'49"	39°21'53"	2.05
高家川(二)	110°29'	38°15'	110°29'02"	38°14'35"	0.77
申家湾	110°29'	38°02'	110°28'56"	38°01'48"	0.38
林家坪	110°52'	37°42'	110°52'34"	37°41'44"	0.99
后大成	110°45'	37°25'	110°45'14"	37°25'07"	0.42
裴沟	110°45'	37°11'	110°45'23"	37°11'14"	0.73
丁家沟	110°15'	37°33'	110°15'05"	37°33'15"	0.48
白家川	110°25'	37°14'	110°25'15"	37°13'54"	0.42
韩家峁	109°09'	38°04'	109°09'04"	38°04'08"	0.27
曹坪	109°59'	37°39'	109°58'52"	37°38'31"	0.92
延川(二)	110°11'	36°53'	110°11'20"	36°52'44"	0.71
大宁	110°43'	36°28'	110°42'55"	36°27'26"	1.06
延安(二)	109°27'	36°38'	109°26'48"	36°38'08"	0.39
甘谷驿	109°48'	36°42'	109°48'05"	36°42'24"	0.75
新市河	110°16'	36°14'	110°16'34"	36°13'51"	0.90
大村	110°17'	36°05'	110°17'14"	36°04'54"	0.40
河津(三)	110°48'	35°34'	110°48'05"	35°34'06"	0.22
武山	104°53'	34°44'	104°53'11"	34°43'33"	0.88

续表 4.6-1

站名	现有成果经纬度 东经	北纬	河湖普查经纬度 东经	北纬	直线距离 (km)
北道	105°54'	34°34'	105°53'52"	34°33'38"	0.71
吴堡(二)	110°43'	37°27'	110°42'34"	37°26'50"	0.73
龙门(马王庙二)	110°35'	35°40'	110°35'03"	35°40'06"	0.20
潼关(八)	110°20'	34°37'	110°19'34"	34°36'17"	1.48
三门峡(七)	111°22'	34°49'	111°21'26"	34°49'19"	1.04
小浪底(二)	112°24'	34°55'	112°24'19"	34°55'16"	0.69
西霞院	112°32'	34°54'	112°32'54"	34°52'25"	3.23
花园口	113°39'	34°55'	113°40'49"	34°54'20"	3.02
夹河滩(三)	114°34'	34°54'	114°34'50"	34°55'36"	3.22
高村(四)	115°05'	35°23'	115°04'47"	35°23'01"	0.33
孙口	115°54'	35°56'	115°54'19"	35°56'22"	0.83
艾山(二)	116°18'	36°15'	116°18'09"	36°16'12"	2.23
泺口(三)	116°59'	36°44'	116°59'16"	36°43'28"	1.07
利津(三)	118°18'	37°31'	118°18'18"	37°31'20"	0.77
黄河	98°16'	34°36'	98°16'05"	34°36'06"	0.22
唐克	102°28'	33°25'	102°27'41"	33°24'37"	0.86
大水	102°16'	33°59'	102°16'05"	33°59'34"	1.06
民和(三)	102°48'	36°20'	102°47'36"	36°20'06"	0.64
享堂(三)	102°50'	36°21'	102°49'50"	36°21'14"	0.50
皇甫(三)	111°05'	39°17'	111°05'23"	39°17'08"	0.63
旧县	111°13'	39°10'	111°13'03"	39°09'49"	0.35
高石崖(三)	111°03'	39°03'	111°02'48"	39°02'42"	0.63
咸阳(二)	108°42'	34°19'	108°42'05"	34°19'13"	0.42
华县	109°46'	34°35'	109°45'44"	34°35'08"	0.47
秦安	105°40'	34°54'	105°39'44"	34°53'43"	0.66
杨家坪(二)	107°44'	35°20'	107°44'11"	35°20'01"	0.28
洪德	107°12'	36°46'	107°11'33"	36°45'40"	0.92
庆阳	107°53'	36°00'	107°52'48"	35°59'48"	0.48
雨落坪	107°53'	35°20'	107°53'10"	35°20'15"	0.53
卢氏(三)	111°04'	34°03'	111°03'40"	34°03'14"	0.67
长水(二)	111°26'	34°19'	111°26'11"	34°19'19"	0.65
宜阳(三)	112°10'	34°31'	112°09'06"	34°30'50"	1.40
白马寺	112°35'	34°43'	112°35'15"	34°42'39"	0.75
黑石关(四)	112°56'	34°43'	112°55'51"	34°43'08"	0.34
陆浑	112°11'	34°12'	112°11'12"	34°12'20"	0.69
龙门镇(二)	112°28'	34°33'	112°28'40"	34°33'52"	1.90
洛城(三)	112°31'	35°28'	112°30'41"	35°28'03"	0.49
五龙口(三)	112°41'	35°09'	112°40'53"	35°09'33"	1.03
武陟(二)	113°16'	35°04'	113°15'53"	35°03'58"	0.19
山路平(二)	112°59'	35°14'	112°59'21"	35°14'12"	0.65
陈山口	116°12'	36°07'	116°12'18"	36°07'10"	0.55

表4.6-2　黄河流域委属83个国家重要水文站控制面积、河长变化分析统计表

站名	面积（km²）				河长（km）			
	普查成果	现有成果	绝对差（km²）	相对差（%）	普查成果	现有成果	绝对差（km）	相对差（%）
鄂陵湖（黄）	18 532	18 717	−185	−0.99	255.6	247.9	7.7	3.11
黄河沿（三）	21 209	21 255	−46	−0.22	321.7	317.3	4.4	1.39
吉迈（四）	45 318	45 344	−26	−0.06	664.1	658.5	5.6	0.85
门堂	59 856	59 850	6	0.01	918.8	915.1	3.7	0.40
玛曲（二）	86 299	86 373	−74	−0.09	1 264.4	1 259.0	5.4	0.43
军功	98 716	98 764	−48	−0.05	1 495.5	1 485.7	9.8	0.66
唐乃亥	122 277	122 297	−20	−0.02	1 643.0	1 631.8	11.2	0.69
贵德（二）	142 872	142 775	97	0.07	1 827.7	1 813.2	14.5	0.80
循化（三）	154 510	154 584	−74	−0.05	1 979.6	1 975.6	4.0	0.20
小川	190 980	190 895	85	0.04	2 098.3	2 086.4	11.9	0.57
上诠（六）	191 908	191 824	84	0.04	2 128.2	2 116.2	12.0	0.57
兰州	232 592	231 676	916	0.40	2 193.6	2 181.9	11.7	0.53
安宁渡（二）	250 684	252 993	−2 309	−0.91	2 327.0	2 348.3	−21.3	−0.91
下河沿（黄二）	264 505	263 267	1 238	0.47	2 554.0	2 539.2	14.8	0.58
青铜峡（黄三）	288 164	284 135	4 029	1.42	2 684.4	2 664.8	19.6	0.73
石嘴山（二）	319 100	318 271	829	0.26	2 883.5	2 857.2	26.3	0.92
巴彦高勒	324 512	323 125	1 387	0.43	3 029.7	3 000.3	29.4	0.98
三湖河口（三）	358 523	357 034	1 489	0.42	3 287.2	3 222.1	65.1	2.02
头道拐	377 955	377 023	932	0.25	3 616.8	3 525.6	91.2	2.59
河曲（二）	407 243	406 783	460	0.11	3 780.8	3 686.4	94.4	2.56
府谷	413 465	413 164	301	0.07	3 835.4	3 740.8	94.6	2.53
吴堡（二）	443 279	442 639	640	0.14	4 083.5	3 984.9	98.6	2.47
龙门（马王庙二）	507 634	506 677	957	0.19	4 363.1	4 263.3	99.8	2.34
潼关（八）	692 197	691 298	899	0.13	4 506.2	4 408.7	97.5	2.21
三门峡（七）	698 467	697 546	921	0.13	4 629.3	4 529.0	100.3	2.21
小浪底（二）	704 290	703 346	944	0.13	4 758.0	4 664.5	93.5	2.00
西霞院	704 630	703 676	954	0.14	4 773.7	4 677.4	96.3	2.06
花园口	740 104	739 161	943	0.13	4 906.0	4 798.0	108.0	2.25
夹河滩（三）	741 049	740 038	1 011	0.14	5 008.0	4 893.2	114.8	2.35
高村（四）	744 030	743 271	758	0.10	5 107.9	4 995.3	112.6	2.26

续表 4.6-2

站名	面积(km²)				河长(km)			
	普查成果	现有成果	绝对差(km²)	相对差(%)	普查成果	现有成果	绝对差(km)	相对差(%)
孙口	744 679	743 949	730	0.10	5 240.0	5 120.7	119.3	2.33
艾山(二)	759 381	758 397	984	0.13	5 304.4	5 183.2	121.2	2.34
泺口(三)	761 627	760 619	1 008	0.13	5 408.6	5 285.8	122.8	2.32
利津(三)	762 002	760 994	1 008	0.13	5 585.0	5 460.0	125.0	2.29
黄河	6 344	6 322	22	0.35	185.8	193.1	−7.3	−3.79
唐克	5 399	5 446	−47	−0.86	268.1	280.4	−12.3	−4.39
大水	7 510	7 613	−103	−1.35	479.1	456.1	23.0	5.04
民和(三)	15 339	15 342	−3	−0.02	293.2	299.6	−6.4	−2.14
享堂(三)	15 127	15 126	1	0.01	572.0	558.8	13.2	2.36
皇甫(三)	3 172	3 175	−3	−0.09	124.7	123.4	1.3	1.05
旧县	1 562	1 562	0	0.00	98.2	106.1	−7.9	−7.45
高石崖(三)	1 265	1 263	2	0.18	80.3	77.6	2.7	3.48
桥头	2 848	2 854	−6	−0.21	145.9	139.6	6.3	4.51
王道恒塔(三)	3 844	3 839	5	0.13	134.3	134.0	0.3	0.22
温家川(三)	8 529	8 525	4	0.05	230.1	226.3	3.8	1.68
新庙	1 524	1 527	−3	−0.20	68.3	68.3	0.0	0.00
高家川(二)	3 425	3 253	172	5.29	129.8	129.4	0.4	0.31
申家湾	1 118	1 121	−3	−0.27	81.5	85.8	−4.3	−5.01
林家坪	1 872	1 873	−1	−0.05	109.4	109.2	0.2	0.18
后大成	4 099	4 102	−3	−0.07	148.0	151.9	−3.9	−2.57
裴沟	1 023	1 023	0	0.00	60.9	60.6	0.3	0.50
丁家沟	23 649	23 422	227	0.97	348.7	362.1	−13.4	−3.70
白家川	29 890	29 662	228	0.77	420.4	432.7	−12.3	−2.84
韩家峁	2 026	2 452	−426	−17.37	80.5	114.0	−33.5	−29.39
曹坪	185	187	−2	−1.07	26.1	24.0	2.1	8.75
延川(二)	3 468	3 468	0	0.00	132.4	130.0	2.4	1.85
大宁	3 990	3 992	−2	−0.05	100.1	101.4	−1.3	−1.28

续表 4.6-2

站名	面积（km²)				河长（km)			
	普查成果	现有成果	绝对差（km²)	相对差（%)	普查成果	现有成果	绝对差（km)	相对差（%)
延安（二)	3 207	3 208	-1	-0.03	125.3	125.1	0.2	0.16
甘谷驿	5 889	5 891	-2	-0.03	167.1	172.3	-5.2	-3.02
新市河	1 661	1 662	-1	-0.06	94.2	96.4	-2.2	-2.28
大村	2 139	2 141	-2	-0.09	88.1	84.2	3.9	4.63
河津（三)	38 872	38 728	144	0.37	665.5	671.8	-6.3	-0.94
武山	8 086	8 080	6	0.07	132.9	125.1	7.8	6.24
北道	24 889	24 890	-1	0.00	259.7	251.5	8.2	3.26
咸阳（二)	46 836	46 827	9	0.02	617.8	606.9	10.9	1.80
华县	106 418	106 498	-81	-0.08	756.7	744.8	11.9	1.60
秦安	9 803	9 805	-2	-0.02	258.3	263.5	-5.2	-1.97
杨家坪（二)	14 130	14 124	6	0.04	175.3	177.6	-2.3	-1.30
洪德	4 644	4 640	4	0.09	104.6	99.7	4.9	4.91
庆阳	10 598	10 603	-5	-0.05	251.5	250.5	1.0	0.40
雨落坪	19 019	19 019	0	0.00	358.5	358.8	-0.3	-0.08
卢氏（二)	4 623	4 623	0	0.00	200.0	196.3	3.7	1.88
长水（二)	6 245	6 244	1	0.02	261.6	258.9	2.7	1.04
宜阳（三)	9 672	9 713	-41	-0.42	339.1	337.3	1.8	0.53
白马寺	11 877	11 891	-14	-0.12	388.4	388.8	-0.4	-0.10
黑石关（四)	18 557	18 563	-6	-0.03	424.7	426.2	-1.5	-0.35
陆浑（三)	3 495	3 492	3	0.09	170.5	169.7	0.8	0.47
龙门镇（二)	5 318	5 318	0	0.00	225.2	223.9	1.3	0.58
润城（三)	7 270	7 273	-3	-0.04	308.7	304.1	4.6	1.51
五龙口（二)	9 248	9 245	3	0.03	402.9	395.6	7.3	1.85
武陟 （二)	12 893	12 880	13	0.10	472.5	458.3	14.2	3.10
山路平（二)	3 048	3 049	-1	-0.03	141.9	143.8	-1.9	-1.32
陈山口	8 944	9 069	-125	-1.38	231.1	233.2	-2.1	-0.90

在 83 个水文站中,河长相对误差绝对值平均为 2.32%,最小相对误差为 0,最大相对误差为 29.39%。其中有 4 个站的河长误差明显超过允许误差,分别为县川河的旧县站、海流兔河的韩家峁、三川沟的曹坪站和渭河的武山站,见表 4.6-3。4 站中河湖普查的水文站地理坐标和现有成果变化均较小,位移最大的曹坪站位移了 0.92 km,因此基本可以认定河长变化与水文站位置无关,较大的差异是河源位置改变和河长量算精度不同造成的。4 站中河长误差最大的为韩家峁站,普查河长较现有成果减少了 33.5 km,约减少了 29.39%,主要原因是韩家峁水文站所在的海流兔河上游位于沙漠区,与鄂尔多斯内流区相邻,内流区边界的变化使河源位置变动,引起水文站的河长相应改变。其他三条河都是由于在接近河源区时,取了不同支流作为干流的延伸引起河长的改变。例如渭河上游的武山站,以前是取渭源县以西的龙王沟作为河源,河湖普查取渭源县西南部的清源河作为河源,清源河比龙王沟长 18 km。

表 4.6-3　河长超允许误差标准的委属国家重要水文站统计表

站名	现有河长	普查河长	绝对差（km）	相对差（%）	经度差（″）	纬度差（″）	直线距离（km）
旧县	106.1	98.2	-7.9	-7.45	2	-11	0.34
韩家峁	114	80.5	-33.5	-29.39	4	8	0.27
曹坪	24	26.1	2.1	8.75	-8	-29	0.92
武山	125.1	132.9	7.8	6.24	11	-27	0.87

4.7　河流名称对比分析

4.7.1　河湖普查河流名称命名原则

为了统一河流名称,改变过去河名不规范或用词混乱、不确切,以及没有河名的状况,河湖普查提出了新的河流命名的原则。

(1)河流名称以 1:5 万地形图上标注的河名为准。若一条河流自上而下不同河段有不同的名称,一般以下游的河名作为整个河流的名称,内陆河下游没有名称而上游有名称时用上游名称作为整个河流的名称。

(2)当地形图上没有标注河流名称时,采用下列之一的方法命名:①查阅当地县志、地方志等资料,确定河流名称;②当河流两岸有乡镇、村庄时,以离河口最近的乡镇、村庄名称作为河流名称;③本级河流没有名称,可按其上一级河流名称参照命名,如某条河流的上一级河流名称为甲河,则本河流可命名为甲河左支一河、甲河左支二河、甲河右支一河等。

4.7.2　河名变化统计分析

基于以上原则,根据现有资料列举出部分改名的河流,见表 4.7-1。

表4.7-1 河名变化对比表

序号	上一级河名	普查河名	原河名	序号	上一级河名	普查河名	原河名
1	黄河	卡日曲	喀日曲	31	黄河	母花河	母花沟
2	热曲	哈特河	查曲	32	黄河	呼斯太河	呼斯太沟
3	黄河	西柯河	西科曲	33	大黑河	白银厂汗沟	白银厂汉河
4	黄河	东柯河	东科曲	34	大黑河	拐角铺河	大黑河（北支）
5	黄河	沙曲	沙柯曲	35	大黑河	小黑河	哈拉沁沟
6	黄河	协曲	西科河	36	美岱沟	万家沟	兴道渠
7	黄河	巴曲	巴沟	37	黄河	大沟	大沟河
8	黄河	茫拉河	芒拉河	38	红河	密令沟	密林沟
9	黄河	西河	西沟	39	黄河	孤山川	孤山川河
10	德拉河	东河	德拉河	40	窟野河	朱盖沟	朱概沟
11	黄河	德拉河	东沟	41	秃尾河	李家洞沟	洞川沟
12	黄河	加让河	马克堂河	42	三川河	南川河	小南川
13	银川河	乩藏河	乩藏沟	43	无定河	峁沟	峁河
14	喀河	扎油沟	合作河	44	无定河	马湖峪沟	马湖峪河
15	大夏河	央曲	麻历沟	45	大理河	蚂蚁河	马义河
16	洮河	周曲	周可河	46	大理河	三川沟	岔巴沟
17	洮河	苏家集河	三岔河	47	无定河	淮宁河	槐理河
18	巴州沟	东沟	巴州沟南支	48	无定河	两河沟河	义合沟
19	大通河	呼达斯曲	后和打士河	49	黄河	延河	延水
20	宋士格沟	萨拉沟	萨拉西沟	50	黄河	云岩河	汾川河
21	大通河	宋士格沟	萨拉沟	51	黄河	仕望河	仕望川
22	祖厉河	苦水河	清水沟	52	黄河	清水河	州川河
23	清水河	冬至河	东至河	53	涧河	细米河	细米沟
24	中河	杨明河	臭水河	54	汾河	涧河	娄烦河
25	贺堡河	三岔沟	鸭儿洞	55	汾河	风峪河	风峪沟
26	苦水河	小河	苦水河（东支）	56	文峪河	西葫芦河	葫芦河
27	都思兔河	八一沟	苦水沟	57	汾河	段纯河	双池河
28	乌加河	木仑河	石哈河	58	洪安涧河	旧县河	古县河
29	乌加河	乌苏图勒河	乌素图勒河	59	浍河	续鲁峪河	续鲁峪
30	黄河	毛不浪沟	毛不浪孔兑	60	浍河	黑河	里册峪河

续表 4.7-1

序号	上一级河名	普查河名	原河名	序号	上一级河名	普查河名	原河名
61	黄河	涺水	濂水	82	宏农涧	断密涧河	东涧河
62	黄河	金水河	金水沟	83	黄河	宏农涧	宏农河
63	渭河	咸河	秦祁河	84	黄河	苍龙涧河	三里涧河
64	渭河	大咸河	咸河	85	黄河	八政河	圣人涧河
65	渭河	寺下河	秋合子河	86	黄河	清水河	五福涧河
66	渭河	耤河	籍河	87	亳清河	亳清河左支	十八河
67	漆水河	韦水河	横水河	88	黄河	允西河	沇西河
68	沣河	太平峪河	太平河	89	黄河	逢石河	东洋河
69	潏河	滈河	石砭峪河	90	黄河	畛河	畛水
70	灞河	辋峪河	辋川河	91	黄河	蟒河	漭河
71	浐河	鲸鱼沟	荆峪沟	92	黄河	洛河	伊洛河
72	汭河	策底河	石堡子河	93	洛河	石门河	石门川
73	泾河	核桃湾沟	田沟	94	洛河	沙河	涧北河
74	柔远川	柔远河	柔远川	95	伊河	北沟河	北沟
75	马莲河	柔远川	东川	96	伊河	德亭河	蛮峪河
76	马莲河	城北河	固城川	97	沁河	沁水县河	沁水河
77	泾河	马莲河	马连河	98	沁河	获泽河	阳城河
78	泾河	无日天沟	吴田沟	99	黄河	文岩渠	天然文岩渠
79	石川河	漆水河	沮河	100	大汶河	柴汶河	大汶河(南支)
80	渭河	沋河	酒河	101	大汶河	漕浊河	浊河
81	双桥河	文峪河	闵峪河				

经分析,河流名称改变主要有以下几种情况:

(1)原名取干支流合名,河湖普查以干流名为准,如伊洛河更名为洛河;

(2)习惯上有多个谐音字河名,河湖普查统一命名,如喀日曲更名为卡日曲,马连河更名为马莲河;

(3)谐音字河名,河湖普查确定更合理的意义,如马义河更名为蚂蚁河,东至河更名为冬至河;

（4）根据省（区）的考证，将沟改为曲，或将河改为沟等，此类更名占变更河名的绝大多数，如巴沟改为巴曲、峁河改为峁沟等；

（5）另外，还有完全变更河名的，如无定河支流槐理河更名为淮宁河、汾河支流双池河更名为段纯河等。

参考文献

[1] 黄河志编纂委员会.黄河志(卷二)——黄河流域综述[M].郑州:河南人民出版社,1998.

[2] 水利电力部黄河水利委员会.黄河流域特征值资料[R].1977.

[3] 蔡建元,刘九夫,等.河流湖泊基本情况普查[M].北京:中国水利水电出版社,2010.

[4] 国普办河湖组.全国河流湖泊基本情况普查实施方案[R].2010.

[5] 国普办河湖组.全国河流湖泊基本情况普查河湖编码方案[R].2010.

[6] 黄河志总编辑室.黄河大事记[M].郑州:河南人民出版社,1989.

[7] 马秀峰,吕光圻,等.黄河流域水旱灾害[M].郑州:黄河水利出版社,1996.

[8] 黄河志编纂委员会.黄河志(卷十一)——黄河人文志[M].郑州:河南人民出版社,1994.

[9] 黄河水利委员会.黄河流域地图集[M].北京:中国地图出版社,1989.

[10] 黄河志编纂委员会.黄河志(卷三)——黄河水文志[M].郑州:河南人民出版社,1998.

[11] 张民琪,陈敬智,等.黄河水文站网合理布局研究[R].黄委会水文局,2000.

[12] 马庆云,孙郑琴,等.黄河流域水文站网沿革[R].黄委会水文局,1990.

[13] 林来照,张家军,等.全国内陆河湖、黄河流域水文站网普查与功能评价[M].郑州:黄河水利出版社,2011.

[14] 张学成,潘启民,等.黄河流域水资源调查评价[M].郑州:黄河水利出版社,2006.

[15] 西安地质矿产研究所.鄂尔多斯盆地地下水勘查[R].2005.

[16] 林学钰,王金生,等.黄河流域地下水资源及其可更新能力研究[M].郑州:黄河水利出版社,2006.

[17] 水利部黄河水利委员会.中华人民共和国水文年鉴——黄河流域水文资料[R].1954.

[18] 陈维达.走近三江源[M].北京:中国工人出版社,2011.

[19] 蒋秀华,马永来,等.湟水干支流辨析[J].人民黄河,2014(1).

[20] 丁大发,安催花,姚同山,等.黄河河口综合治理规划[R].黄河勘测规划设计有限公司,2007.

[21] 胡一三.黄河防洪[M].郑州:黄河水利出版社,1996.

附表和附图

附表 1　黄河流域面积大于 1 000 km² 的河流主要特征值统计表

序号	河流名称	上一级河流名称	河流级别	河流长度(km)	流域面积(km²)	河源经度	河源纬度	河口经度	河口纬度	河流平均比降(‰)	多年平均年降水深(mm)	多年平均年径流深(mm)	分省面积(km²)
1	黄河	—	0	5 687	813 122	95°55′02″	35°00′25″	119°15′20″	37°47′04″	0.596	441.1	74.7	青海(159 958),四川(18 702),甘肃(143 377),宁夏(51 947),内蒙古(155 266),陕西(132 915),山西(97 408),河南(36 337),山东(17 212)
2	扎家同哪曲	黄河	1	72	1 002	96°11′27″	35°18′56″	96°37′38″	35°03′12″	2.49	260.3	21.9	青海(1 002.2)
3	卡日曲	黄河	1	156	3 131	96°20′21″	34°29′42″	96°51′49″	35°00′18″	2.15	287.4	50.9	青海(3 130.8)
4	多曲	黄河	1	163	5 706	97°33′43″	34°09′41″	97°22′51″	34°48′33″	2.24	346.3	71	青海(5 706.0)
5	洛曲	多曲	2	101	1 437	96°21′20″	34°33′05″	97°04′59″	34°25′56″	2.69	326.9	76.4	青海(1 437.2)
6	邹玛曲	多曲	2	98	1 192	96°38′12″	34°32′58″	97°14′27″	34°45′25″	2.37	295.4	49.5	青海(1 192.4)
7	勒那曲	黄河	1	103	1 670	97°35′04″	34°11′00″	97°32′00″	34°48′23″	2.29	349.1	57.2	青海(1 669.7)
8	多钦安科郎河	黄河	1	66	1 101	98°21′49″	35°05′20″	98°23′18″	34°48′14″	1.91	314.4	52.2	青海(1 101.1)
9	热曲	黄河	1	194	6 470	97°46′14″	33°52′03″	98°19′12″	34°34′47″	1.99	441	93.3	青海(4 776.9),四川(1 692.8)
10	哈特曲	热曲	2	52	1 296	98°17′20″	33°50′42″	98°25′06″	34°06′22″	3.66	504.9	137.7	青海(675.7),四川(620.2)
11	黑河	热曲	2	149	1 581	97°36′40″	34°12′56″	98°15′20″	34°36′08″	1.96	369.6	57.6	青海(1 581.1)
12	东曲	黄河	1	70	1 349	98°31′11″	34°35′00″	98°48′59″	34°29′04″	1.65	357.7	89.3	青海(1 348.6)
13	优尔曲	黄河	1	88	1 878	99°14′31″	34°45′04″	99°02′58″	34°18′11″	4.91	429.3	157.5	青海(1 878.1)
14	柯曲	黄河	1	103	2 453	98°45′55″	33°16′56″	99°04′22″	33°57′38″	4.79	523.5	185.8	青海(2 449.9),四川(2.7)
15	达日河	黄河	1	112	3 383	99°34′11″	33°06′20″	99°29′51″	33°47′48″	3.61	555.2	220.9	青海(3382.7)
16	达尔洛曲	达日河	2	83	1 056	99°49′20″	33°17′02″	99°30′05″	33°29′56″	3.4	570.5	236.2	青海(1 056.3)
17	吉迈河	黄河	1	104	1 845	100°06′13″	33°16′15″	99°40′27″	33°46′20″	2.95	582.1	229.7	青海(1 845.3)
18	西柯曲	黄河	1	141	2 649	99°26′38″	34°28′34″	100°15′05″	33°45′36″	4.53	532.6	188.7	青海(2 648.7)

续附表 1

序号	河流名称	上一级河流名称	河流级别	河流长度 (km)	流域面积 (km²)	河源		河口		河流平均比降 (%)	多年平均年降水深 (mm)	多年平均年径流深 (mm)	分省面积 (km²)
						经度	纬度	经度	纬度				
19	东柯河	黄河	1	160	3 446	99°39′42″	34°20′42″	100°47′15″	33°54′57″	4.2	565	192.2	青海(3 446.0)，甘肃(0.4)
20	章安河	黄河	1	74	1 040	100°51′21″	33°19′00″	100°57′45″	33°44′23″	6.47	685.3	261.6	青海(1 040.4)
21	沙曲	黄河	1	113	1 601	101°45′45″	33°04′03″	101°35′10″	33°40′21″	2.97	715.5	294.6	甘肃(0.9)，青海(1 334.4)，四川(265.3)
22	贾曲	黄河	1	139	2 192	102°23′59″	32°53′13″	102°08′50″	33°20′15″	1.13	717.4	315.2	甘肃(193.6)，四川(1 998.1)
23	白河	黄河	1	279	5 497	102°39′59″	32°27′33″	102°27′40″	33°28′41″	0.641	764.6	365.8	四川(5 497.0)
24	阿木曲	白河	2	136	1 302	102°43′49″	32°28′05″	102°37′19″	32°55′09″	2.69	835.4	444.6	四川(1 302.0)
25	黑河	黄河	1	511	7 719	103°10′30″	33°06′33″	102°07′46″	33°58′05″	0.116	645.8	227	甘肃(281.1)，四川(7 437.7)
26	热曲	黑河	2	195	1 263	103°15′54″	32°53′04″	102°54′57″	33°35′00″	1.28	652	245.6	四川(1 263.3)
27	达水曲	黑河	2	103	1 225	103°09′20″	33°48′01″	102°36′40″	33°54′37″	0.749	607.8	210	四川(1 224.7)
28	协曲	黄河	1	70	1 005	100°46′21″	34°11′53″	101°14′22″	34°17′42″	9.44	584	208	甘肃(1 002.4)，青海(2.3)
29	泽曲	黄河	1	256	4 755	100°58′06″	35°01′19″	101°08′17″	34°29′05″	2.34	504	170.8	青海(4 754.6)
30	切木曲	黄河	1	154	5 550	99°24′48″	34°30′07″	100°18′56″	34°51′03″	10.2	487.2	154.5	青海(5 549.6)
31	雪山曲	切木曲	2	65	1 084	99°31′32″	34°42′55″	99°52′34″	34°46′18″	14.8	450.4	157.8	青海(1 084.4)
32	格曲	切木曲	2	112	1 848	100°39′40″	34°17′51″	100°10′27″	34°49′29″	11.2	522.3	157	青海(1 847.7)
33	巴曲	黄河	1	153	4 241	101°16′05″	35°08′29″	100°16′12″	35°19′11″	7.78	428.5	92.3	青海(4 240.7)
34	曲什安河	黄河	1	216	5 850	99°29′49″	34°37′17″	100°14′09″	35°19′55″	8.39	352	126.9	青海(5 849.8)
35	曲龙沟	曲什安河	2	83	1 019	99°19′32″	35°42′41″	99°34′23″	35°13′20″	14.4	295.6	109.4	青海(1 019.2)
36	大河坝河	黄河	1	169	3 939	99°21′33″	35°42′46″	100°08′48″	35°29′57″	12.1	313.1	92.8	青海(3 939.1)
37	茫拉河	黄河	1	153	2 905	101°29′21″	35°20′39″	100°25′47″	35°48′36″	8.69	396.7	65.3	青海(2 904.6)
38	沙珠玉河	黄河	1	188	8 264	99°18′52″	36°57′20″	100°23′28″	36°14′00″	2.84	243.1	43.2	青海(8 263.7)
39	塘格木河	沙珠玉河	2	63	1 235	99°52′49″	36°01′34″	100°15′24″	36°15′34″	4.43	211.7	25.8	青海(1 235.5)

续附表 1

序号	河流名称	上一级河流名称	河流级别	河流长度(km)	流域面积(km²)	河源 经度	河源 纬度	河口 经度	河口 纬度	河流平均比降(‰)	多年平均年降水深(mm)	多年平均年径流深(mm)	分省面积(km²)
40	恰卜恰河	黄河	1	73	1 186	100°23'24"	36°30'48"	100°47'01"	36°07'41"	15.2	306.2	53.4	青海(1 185.7)
41	沙沟	黄河	1	88	1 608	101°15'33"	35°37'02"	100°52'53"	36°07'15"	10	318.3	59.8	青海(1 607.5)
42	德拉河	黄河	1	61	1 105	101°36'20"	35°39'49"	101°25'43"	36°03'35"	18.9	354	98.4	青海(1 105.3)
43	隆务河	黄河	1	170	4 955	101°34'10"	35°11'10"	102°06'14"	35°49'43"	11.1	425.5	133.9	青海(4 955.2),甘肃(0.3)
44	大夏河	黄河	1	215	7 169	102°09'10"	35°00'58"	103°10'02"	35°48'12"	7.73	526.5	159.2	甘肃(6 142.0),青海(1 027)
45	咯河	大夏河	2	70	1 641	103°13'35"	34°53'41"	102°49'22"	35°13'27"	14.5	566.3	143.7	甘肃(1 640.6)
46	央曲	大夏河	2	82	1 149	102°15'21"	35°22'25"	102°46'45"	35°19'10"	14.6	435	135.1	甘肃(926.8),青海(222.1)
47	洮河	黄河	1	699	25 520	101°36'36"	34°22'11"	103°20'52"	35°55'28"	2.48	566.5	194.2	甘肃(23 820.4),青海(1 696.1),四川(2.9)
48	周曲	洮河	2	107	1 238	102°06'05"	34°06'36"	102°17'01"	34°33'32"	4.59	564.6	231.4	甘肃(1 165.7),青海(72.6)
49	科才河	洮河	2	67	1 390	102°06'54"	34°59'47"	102°20'32"	34°36'13"	6.99	511.1	185.3	甘肃(1 321.0),青海(68.4)
50	括合曲	洮河	2	89	1 250	102°30'13"	34°05'52"	102°40'44"	34°29'49"	7.17	566.3	229.2	甘肃(1 249.7),四川(0.5)
51	博拉河	洮河	2	91	1 699	102°15'42"	34°53'05"	103°00'21"	34°42'22"	7.43	545.8	171.2	甘肃(1 698.8)
52	车巴沟	洮河	2	73	1 082	102°47'42"	34°18'38"	103°11'40"	34°39'18"	8.35	596.3	270.2	甘肃(1 080.1),四川(2.4)
53	冶木河	洮河	2	86	1 332	103°11'38"	35°11'27"	103°45'21"	35°01'41"	20.6	603.9	185.7	甘肃(1 332.4)
54	广通河	洮河	2	89	1 570	103°23'53"	35°8'47"	103°47'00"	35°35'38"	8.81	655.1	248.3	甘肃(1 569.7)
55	湟水	黄河	1	369	32 878	100°54'54"	37°15'36"	103°21'54"	36°07'13"	4.16	492.1	155.2	甘肃(3 831.3),青海(29 046.8)
56	大通河	黄河	2	574	15 142	98°53'01"	38°15'51"	102°50'21"	36°20'20"	4.56	495.3	191.7	青海(15 142)
57	北川河	湟水	2	153	3 371	100°52'57"	37°25'26"	101°45'46"	36°38'23"	8.56	559	190.1	青海(3 370.7)
58	沙塘川	湟水	2	73	1 114	101°58'12"	37°06'49"	101°52'21"	36°34'17"	12.5	517.3	182.8	青海(1 114.3)
59	庄浪河	黄河	1	188	4 001	102°26'49"	37°18'13"	103°26'35"	36°10'24"	8.57	367.7	64.4	甘肃(3 999.1),青海(1.1)

续附表 1

序号	河流名称	上一级河流名称	河流级别	河流长度 (km)	流域面积 (km²)	河源 经度	河源 纬度	河口 经度	河口 纬度	河流平均比降 (‰)	多年平均年降水深 (mm)	多年平均年径流深 (mm)	分省面积 (km²)
60	碱沟	黄河	1	86	1 745	103°37′52″	36°49′06″	103°36′44″	36°08′20″	8.49	269.1	6.5	甘肃(1 744.7)
61	宛川河	黄河	1	93	1 861	104°03′56″	35°40′43″	104°00′27″	36°03′32″	8.47	365	29.7	甘肃(1 860.7)
62	磨峡沟	黄河	1	85	1 570	103°43′37″	36°48′00″	104°00′59″	36°11′25″	8.32	239.3	5	甘肃(1 570.0)
63	祖厉河	黄河	1	219	10 680	105°07′48″	35°26′35″	104°39′14″	36°34′40″	1.74	365.2	15.5	甘肃(10 107.3),宁夏(573.0)
64	苦水河	祖厉河	2	87	1 694	105°33′50″	36°00′14″	104°55′54″	36°08′22″	3.88	369	16.6	宁夏(498.0),甘肃(1 196.2)
65	关川河	祖厉河	2	206	3 513	105°00′13″	35°21′14″	104°52′29″	36°13′36″	2.72	376.3	18.1	甘肃(3 512.7)
66	尾泉沟	黄河	1	78	1 226	103°44′02″	36°50′53″	104°23′14″	36°52′34″	12.1	198.9	5	甘肃(1 225.6)
67	黄崖沟	黄河	1	92	2 561	103°41′32″	37°03′12″	104°16′55″	37°05′09″	13	227.6	5.8	甘肃(2 560.6)
68	高崖沟	黄河	1	120	2 562	105°08′29″	36°44′15″	104°48′49″	37°21′54″	6.62	249.7	5	宁夏(1 062.9),甘肃(1 498.8)
69	通湖沟	黄河	1	26	2 008	104°50′09″	37°43′52″	104°59′02″	37°36′02″	6.34	165.3	5	内蒙古(1 690.3),宁夏(316.3),甘肃(1.3)
70	清水河	黄河	1	319	14 623	106°12′16″	35°50′06″	105°32′38″	37°29′21″	1.48	334.3	14.9	宁夏(13 647.3),甘肃(975.8)
71	中河	清水河	2	105	1 187	106°03′13″	35°53′35″	106°09′08″	36°25′14″	4.89	425.6	28.7	宁夏(1 186.5)
72	折死沟	清水河	2	107	1 868	106°32′48″	36°29′12″	106°04′21″	36°43′47″	2.92	334.7	10.9	宁夏(1 442.8),甘肃(425.5)
73	西河	清水河	2	124	3 140	105°34′32″	36°16′19″	105°55′33″	36°56′20″	5.91	332.1	11.2	宁夏(2837.0),甘肃(303.4)
74	金鸡儿沟	清水河	2	96	1 118	105°12′47″	36°42′37″	105°50′14″	37°05′21″	5.99	247.7	5.5	宁夏(1 059.8),甘肃(58.5)
75	红柳沟	黄河	1	127	1 158	106°20′27″	37°07′16″	105°53′48″	37°37′14″	3.62	260.6	6.5	宁夏(1 158.1)
76	苦水河	黄河	1	233	5 712	106°38′38″	37°01′18″	106°12′05″	38°04′19″	1.63	261.2	5.5	甘肃(262.9),宁夏(5 449.3)
77	甜水河	苦水河	2	72	1 184	106°20′33″	37°06′58″	106°25′02″	37°25′43″	4.3	296.6	6	宁夏(1 130.2),甘肃(54.0)
78	大河子沟	黄河	1	78	1 253	106°38′16″	37°52′40″	106°19′52″	38°16′28″	3.91	202.9	5	宁夏(1 252.8)
79	水洞沟	黄河	1	87	1 259	107°04′30″	38°06′15″	106°28′17″	38°23′31″	4.15	206.2	5	内蒙古(746.0),宁夏(513.3)

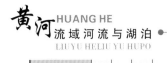
续附表1

序号	河流名称	上一级河流名称	河流级别	河流长度(km)	流域面积(km²)	河源		河口		河流平均比降(‰)	多年平均年降水深(mm)	多年平均年径流深(mm)	分省面积(km²)
						经度	纬度	经度	纬度				
80	都思兔河	黄河	1	160	7 949	108°00′10″	39°09′47″	106°51′37″	39°05′51″	1.48	225.8	5	内蒙古(7 920.3)、宁夏(28.2)
81	八一沟	都思兔河	2	64	1 219	107°56′42″	39°10′45″	107°28′39″	38°59′49″	3.35	229.6	5	内蒙古(1 219.2)
82	苏白河	都恩兔河	2	94	1 321	107°14′29″	39°35′53″	107°20′21″	39°00′27″	3.69	194.6	5	内蒙古(1 321.0)
83	摩林河	—	2	187	6 970	107°12′51″	39°36′46″	107°36′02″	40°23′05″	1.94	179.7	5	内蒙古(6 970.2)
84	察哈尔沟	摩林河	3	100	1 905	107°04′11″	39°41′37″	107°48′30″	40°09′07″	4.33	173.1	5	内蒙古(1 905.3)
85	陶来沟	—	2	87	3 116	108°59′44″	39°41′29″	108°26′13″	40°06′50″	3.15	251.6	7.4	内蒙古(3 116.1)
86	黑炭淖尔沟	—	2	72	1 019	109°06′46″	39°46′24″	109°21′59″	39°25′00″	2.78	295.3	22.6	内蒙古(1 018.8)
87	乌加河	黄河	1	348	28 739	106°19′36″	40°55′35″	108°45′57″	40°37′09″	0.258	174.6	6.3	内蒙古(28 738.9)
88	敖布拉格高勒	乌加河	2	130	1 820	107°57′04″	41°34′24″	108°27′07″	41°11′07″	4.23	173.6	5.5	内蒙古(1 819.9)
89	海流图河	乌加河	2	122	2 046	108°53′55″	41°49′43″	108°32′42″	41°10′05″	4.66	206.8	5.7	内蒙古(2 046.2)
90	阿尔其毒勒河	海流图河	3	89	1 089	108°55′15″	41°49′52″	108°36′00″	41°22′04″	6.26	209.3	5.9	内蒙古(1 089.3)
91	木仑河	乌加河	2	136	2 474	109°24′58″	41°44′56″	108°44′12″	41°03′56″	5.06	218.6	6.5	内蒙古(2 473.6)
92	乌苏图勒河	乌加河	2	126	2 020	109°42′25″	41°23′35″	108°56′48″	41°00′47″	5.47	236.6	8.9	内蒙古(2 020.0)
93	黑水壕	乌加河	2	81	1 224	109°36′43″	41°00′42″	108°57′13″	40°58′08″	5.05	250.7	15.5	内蒙古(1 223.8)
94	毛不浪沟	黄河	1	113	1 279	109°07′55″	39°49′55″	109°03′01″	40°33′03″	4.4	272.5	15.2	内蒙古(1 278.6)
95	黑赖沟	黄河	1	95	1 121	109°11′02″	39°55′58″	109°27′00″	40°29′11″	4.37	315.5	22.1	内蒙古(1 120.8)
96	西柳沟	黄河	1	112	1 215	109°34′36″	39°47′15″	109°42′02″	40°28′41″	3.32	309.4	28.7	内蒙古(1 214.6)
97	昆都仑河	黄河	1	145	2 728	110°35′53″	41°00′38″	109°45′53″	40°30′11″	4.81	293.6	21	内蒙古(2 727.5)
98	哈什拉川	黄河	1	94	1 076	110°09′53″	39°47′09″	110°17′37″	40°28′06″	3.36	315.6	30.9	内蒙古(1 076.2)
99	美岱沟	黄河	1	173	5 262	110°35′09″	41°03′56″	111°08′29″	40°14′21″	3.65	369.4	26.5	内蒙古(5 262.3)
100	水涧沟	美岱沟	2	77	1 099	110°20′54″	40°51′00″	110°39′56″	40°31′07″	5.9	368.2	30.6	内蒙古(1 098.9)

续附表 1

序号	河流名称	上一级河流名称	河流级别	河流长度(km)	流域面积(km²)	河源经度	河源纬度	河口经度	河口纬度	河流平均比降(‰)	多年平均年降水深(mm)	多年平均年径流深(mm)	分省面积(km²)
101	大黑河	黄河	1	238	12 361	112°49'19"	40°47'30"	111°09'45"	40°13'36"	1.72	394.7	27	内蒙古(12 361.3)
102	拐角铺河	大黑河	2	66	1 541	112°32'49"	41°10'48"	112°08'56"	40°58'12"	8.48	370	30.9	内蒙古(1 541.2)
103	小黑河	大黑河	2	105	2 135	111°51'16"	41°11'57"	111°28'04"	40°40'55"	6.1	405.7	21.3	内蒙古(2 134.7)
104	水磨沟	大黑河	2	101	1 420	111°11'34"	41°12'18"	111°19'52"	40°35'27"	7.26	345.3	24.7	内蒙古(1 419.9)
105	什拉乌素河	大黑河	2	130	3 150	112°17'21"	40°32'34"	111°14'32"	40°25'39"	2.17	397.5	25.8	内蒙古(3 150.4)
106	红河	黄河	1	229	5 573	112°03'00"	39°46'48"	111°26'18"	39°55'23"	2.11	408.7	40.5	内蒙古(3 399.9),山西(2 172.8)
107	杨家川	黄河	1	67	1 002	111°59'02"	39°43'50"	111°25'56"	39°38'25"	8.12	402.6	43.4	内蒙古(906.4),山西(95.9)
108	偏关河	黄河	1	130	2 084	112°03'45"	39°15'08"	111°24'10"	39°29'55"	6.3	431.2	25.8	内蒙古(165.1),山西(1 918.7)
109	皇甫川	黄河	1	139	3 243	110°20'52"	39°52'22"	111°11'51"	39°13'25"	2.53	358.8	43.3	陕西(2 826.1),内蒙古(416.5)
110	县川河	黄河	1	104	1 587	111°56'20"	39°06'04"	111°09'33"	39°09'26"	6.57	436	16.8	山西(1 586.5)
111	孤山川	黄河	1	83	1 276	110°36'16"	39°26'09"	111°03'14"	39°01'19"	5.16	391	63.3	内蒙古(257.2),陕西(1 018.6)
112	朱家川	黄河	1	166	2 915	112°11'01"	39°17'54"	110°58'52"	38°57'44"	5.06	463.1	24.6	山西(2 915.0)
113	岚漪河	黄河	1	118	2 275	111°33'56"	38°30'46"	110°53'20"	38°35'48"	7.51	486.7	41	山西(2 173.9)
114	蔚汾河	黄河	1	87	1 479	111°27'44"	38°21'23"	110°52'52"	38°30'52"	8.94	488.3	48.4	山西(1 479.2)
115	窟野河	黄河	1	245	8 710	109°26'48"	39°40'04"	110°44'37"	38°22'56"	2.48	364	72.8	内蒙古(4 648.1),陕西(4 062.1)
116	牸牛川	窟野河	2	113	2 275	110°09'58"	39°46'14"	110°25'53"	39°01'53"	3.1	357.7	69.3	内蒙古(1 550.8),陕西(724.0)
117	秃尾河	黄河	1	141	3 466	109°55'28"	39°00'22"	110°31'04"	38°12'29"	3.58	394.7	107.7	陕西(3 387.4),内蒙古(78.3)
118	佳芦河	黄河	1	89	1 133	109°58'33"	38°26'26"	110°30'13"	38°00'44"	5.73	401.2	58.2	陕西(1 133.3)
119	湫水河	黄河	1	123	1 988	111°26'14"	38°17'09"	110°46'52"	37°38'44"	6.42	492.5	42.8	山西(1 988.2)
120	三川河	黄河	1	172	4 158	111°21'51"	38°10'10"	110°37'30"	37°23'13"	4.28	511.9	40.9	山西(4 158.3)
121	屈产河	黄河	1	79	1 219	111°05'24"	36°57'52"	110°38'56"	37°15'55"	8.36	509.1	45.8	山西(1 219.5)

续附表 1

序号	河流名称	上一级河流名称	河流级别	河流长度 (km)	流域面积 (km²)	河源 经度	河源 纬度	河口 经度	河口 纬度	河流平均比降 (‰)	多年平均年降水深 (mm)	多年平均年径流深 (mm)	分省面积 (km²)
122	无定河	黄河	1	477	30 496	108°07'41"	37°11'52"	110°25'48"	37°02'33"	1.73	372.9	34.6	内蒙古(8 802.2)，陕西(21 693.3)
123	纳林河	无定河	2	74	1 753	108°29'32"	38°25'54"	109°01'36"	38°01'18"	3.23	328.9	15.6	内蒙古(1 702.6)，陕西(50.0)
124	海流兔河	无定河	2	86	2 038	108°49'46"	38°38'15"	109°11'50"	38°02'30"	3.65	340.4	26.4	内蒙古(1 174.3)，陕西(863.9)
125	芦河	无定河	2	162	2 490	108°40'33"	37°09'41"	109°17'49"	38°03'24"	3.05	386.7	35.2	陕西(2 489.7)
126	榆溪河	无定河	2	101	5 329	109°40'18"	38°44'20"	109°49'20"	37°59'03"	3.18	361.7	51.6	内蒙古(1 716.4)，陕西(3 612.6)
127	白河	榆溪河	3	72	2 008	109°05'55"	38°50'29"	109°39'42"	38°27'31"	2.7	343.4	34.2	内蒙古(1 225.9)，陕西(782.4)
128	大理河	无定河	2	172	3 910	108°55'22"	37°18'53"	110°15'42"	37°30'46"	2.44	405.1	39.8	陕西(3 910.4)
129	淮宁河	无定河	2	105	1 219	109°27'39"	37°17'58"	110°17'37"	37°27'47"	3.99	428.1	38.4	陕西(1 218.6)
130	清涧河	黄河	1	175	4 078	109°12'32"	37°13'57"	110°25'02"	36°44'09"	4.4	464.9	34.9	陕西(4 078.4)
131	昕水河	黄河	1	140	4 325	111°20'46"	36°32'05"	110°28'58"	36°28'04"	5.28	517.8	42.4	山西(4 324.7)
132	延河	黄河	1	290	7 686	108°51'20"	37°16'13"	110°28'51"	36°23'53"	3.03	494.5	31.5	陕西(7 685.7)
133	杏子河	延河	2	107	1 485	108°41'02"	37°09'34"	109°21'18"	36°45'34"	3.86	483.5	32	陕西(1 485.0)
134	云岩河	黄河	1	118	1 785	109°39'43"	36°11'55"	110°27'15"	36°11'58"	7.31	531.6	27.4	陕西(1 785.2)
135	仕望河	黄河	1	118	2 354	109°57'29"	35°44'24"	110°27'55"	36°04'15"	8.16	577.2	39.6	陕西(2 354.0)
136	汾河	黄河	1	713	39 721	112°06'46"	38°58'46"	110°29'47"	35°21'40"	1.1	502.6	42.8	山西(39 720.5)
137	岚河	汾河	2	66	1 181	111°36'30"	38°27'58"	111°50'34"	38°08'45"	3.94	496.3	59.7	山西(1 181.1)
138	杨兴河	汾河	2	63	1 409	112°55'18"	38°10'27"	112°30'01"	37°57'03"	7.16	484.3	28.5	山西(1 409.1)
139	潇河	汾河	2	142	4 064	113°29'11"	37°41'34"	112°24'20"	37°38'08"	2.24	480.4	46.4	山西(4 064.4)
140	白马河	潇河	3	69	1 068	112°50'35"	37°53'29"	113°03'23"	37°44'32"	4.64	494.5	38.1	山西(1 068.3)
141	昌源河	汾河	2	85	2 424	112°20'26"	36°58'19"	112°14'45"	37°23'35"	6.46	465.8	37.7	山西(2 423.6)
142	乌马河	昌源河	3	83	1 730	112°36'46"	37°13'48"	112°17'53"	37°25'28"	4.49	457.5	29.9	山西(1 730.1)

续附表 1

序号	河流名称	上一级河流名称	河流级别	河流长度 (km)	流域面积 (km²)	河源 经度	河源 纬度	河口 经度	河口 纬度	河流平均比降 (‰)	多年平均年降水深 (mm)	多年平均年径流深 (mm)	分省面积 (km²)
143	磁窑河	汾河	2	85	1 054	112°02'03"	37°42'26"	111°54'43"	37°05'48"	2.84	456.8	20.4	山西(1 053.8)
144	文峪河	汾河	2	160	4 050	111°25'37"	37°52'04"	111°51'30"	37°03'13"	3.82	503	53	山西(4 049.9)
145	段纯河	汾河	2	72	1 112	111°09'22"	37°03'30"	111°40'22"	36°46'48"	10.2	525	28.7	山西(1 112.3)
146	洪安涧河	汾河	2	84	1 123	112°01'23"	36°34'59"	111°38'05"	36°15'11"	10.4	552.8	67.5	山西(1 122.6)
147	浍河	汾河	2	111	2 052	112°00'23"	35°54'17"	111°11'57"	35°35'27"	3.24	571.4	58	山西(2 051.5)
148	涺水	黄河	1	95	1 085	110°01'09"	35°40'00"	110°24'50"	35°18'31"	6.64	589.8	98.3	陕西(1 084.7)
149	涑水河	黄河	1	199	5 526	111°42'34"	35°23'22"	110°14'19"	34°42'28"	1.29	557.2	26.1	山西(5 525.7)
150	姚暹渠	涑水河	2	97	2 328	111°16'39"	35°00'00"	110°31'56"	34°53'44"	1.4	573.1	27.4	山西(2 327.6)
151	渭河	黄河	1	830	134 825	104°03'16"	34°57'51"	110°14'31"	34°36'53"	1.27	555.4	71.5	甘肃(59 368.9),陕西(67 219.1),宁夏(8 236.6)
152	大咸河	渭河	2	70	1161	104°31'16"	35°19'37"	104°41'29"	34°58'31"	4.94	446.2	35.3	甘肃(1 160.8)
153	榜沙河	渭河	2	109	3 600	104°31'30"	34°11'55"	104°47'17"	34°47'22"	12.3	532.6	121	甘肃(3 600.3)
154	漳河	榜沙河	3	84	1 371	104°05'34"	34°39'06"	104°43'38"	34°44'51"	11.5	524	113	甘肃(1 370.5)
155	散渡河	渭河	2	149	2 482	104°54'48"	35°18'16"	105°20'18"	34°45'33"	5.28	461.2	38.6	甘肃(2 482.0)
156	葫芦河	渭河	2	298	10 726	105°38'15"	36°10'44"	105°42'46"	34°40'41"	3.06	486.3	51.5	宁夏(3 281.0),甘肃(7 445.0)
157	南河	葫芦河	3	101	1 243	105°04'44"	35°22'37"	105°44'37"	35°06'50"	5.77	454.2	28.4	甘肃(1 243.3)
158	水洛河	葫芦河	3	80	1 792	106°15'33"	35°26'15"	105°43'51"	35°06'22"	8.12	565.2	101.5	宁夏(43.7),甘肃(1 748.3)
159	耤河	渭河	2	84	1 268	105°08'41"	34°31'47"	105°52'06"	34°33'54"	9.75	541.2	94.2	甘肃(1 267.5)
160	牛头河	渭河	2	88	1 845	106°16'34"	34°37'24"	105°57'06"	34°32'51"	7.49	566.4	102.4	甘肃(1 845.4)
161	千河	渭河	2	157	3 506	106°24'33"	35°10'00"	107°19'14"	34°20'49"	5.75	616.9	122.8	甘肃(253.8),陕西(3 251.9)
162	漆水河	渭河	2	158	3 951	107°32'09"	34°45'29"	108°10'50"	34°13'37"	4.62	596.9	49.2	陕西(3 951.3)

续附表 1

序号	河流名称	上一级河流名称	河流级别	河流长度 (km)	流域面积 (km²)	河源 经度	河源 纬度	河口 经度	河口 纬度	河流平均比降 (‰)	多年平均年降水深 (mm)	多年平均年径流深 (mm)	分省面积(km²)
163	韦水河	漆水河	3	149	2 123	107°21′19″	34°42′05″	108°07′01″	34°17′53″	2.64	596.6	49	陕西(2 122.5)
164	黑河	渭河	2	126	2 282	107°45′57″	33°57′02″	108°25′33″	34°12′05″	8.44	823	291.7	陕西(2 281.7)
165	沣河	渭河	2	79	1 524	108°48′31″	33°49′11″	108°47′34″	34°21′44″	8.18	806.6	312.5	陕西(1 524.2)
166	灞河	渭河	2	103	2 586	109°45′53″	34°10′05″	109°01′02″	34°26′21″	5.4	823.7	263.4	陕西(2 586.1)
167	泾河	渭河	2	460	45 458	106°14′24″	35°24′46″	109°03′39″	34°28′14″	2.4	513	44	宁夏(4 955.6),甘肃(31 167.7),陕西(9 334.5)
168	汭河	泾河	3	113	1 673	106°24′02″	35°10′16″	107°21′17″	35°20′21″	5.22	606.7	138.5	甘肃(1 560.0),宁夏(112.7)
169	洪河	泾河	3	180	1 336	106°19′00″	35°44′12″	107°32′22″	35°22′39″	3.61	523.1	46	宁夏(356.8),甘肃(978.7)
170	蒲河	泾河	3	198	7 482	106°34′25″	36°21′14″	107°44′05″	35°21′02″	2.78	481.4	33.4	宁夏(2 742.3),甘肃(4 739.7)
171	茹河	蒲河	4	192	3 378	106°28′19″	36°18′21″	107°31′55″	35°36′28″	3.36	482.3	38.4	宁夏(2 069.5),甘肃(1 308.5)
172	马莲河	泾河	3	375	19 084	107°10′55″	37°23′39″	107°55′52″	35°16′08″	1.45	456.2	22.7	甘肃(16 878.9),陕西(1 424.9),宁夏(780.4)
173	西川	马莲河	4	80	2 039	107°01′46″	37°15′57″	107°11′30″	36°46′25″	3.33	356.8	13.1	甘肃(1 763.6),宁夏(275.0)
174	柔远河	马莲河	4	132	3 066	107°36′38″	36°53′31″	107°53′42″	35°59′10″	2.67	469.1	27.5	甘肃(2 956.2),陕西(110.3)
175	城北河	马莲河	4	99	1 858	108°29′53″	35°51′48″	107°54′42″	35°30′05″	3.28	569.4	23.4	甘肃(1 858.3)
176	黑河	泾河	3	173	4 259	106°35′46″	35°07′54″	107°57′13″	35°05′39″	2.84	586.9	72.4	甘肃(2 853.3),陕西(1 406.2)
177	达溪河	黑河	4	132	2 545	106°56′08″	35°01′46″	107°50′33″	35°08′35″	2.65	592.1	69.7	甘肃(1 379.1),陕西(1 166.2)
178	三水河	泾河	3	126	1 326	108°38′23″	35°31′55″	108°13′06″	34°55′58″	5.63	598.1	67.8	甘肃(22.3),陕西(1 303.2)
179	泔河	泾河	3	81	1 137	108°13′09″	34°49′31″	108°37′25″	34°36′16″	5.27	588.7	38.2	陕西(1 137.2)
180	石川河	渭河	2	136	4 565	108°48′49″	35°18′17″	109°18′01″	34°32′40″	4.53	598.1	47.7	陕西(4 564.7)
181	清河	石川河	3	145	1 615	108°36′06″	35°03′42″	109°20′53″	34°36′07″	3.37	597.4	42.9	陕西(1 615.2)

续附表 1

序号	河流名称	上一级河流名称	河流级别	河流长度（km）	流域面积（km²）	河源 经度	河源 纬度	河口 经度	河口 纬度	河流平均比降（‰）	多年平均年降水深（mm）	多年平均年径流深（mm）	分省面积（km²）
182	北洛河	渭河	2	711	26 998	107°36′25″	37°17′08″	110°10′10″	34°38′16″	1.45	532.5	31.1	陕西（24 702.3），甘肃（2 295.3）
183	周河	北洛河	3	87	1 335	108°40′50″	37°08′41″	108°44′21″	36°34′48″	3.49	474.4	30.3	陕西（1 335.5）
184	葫芦河	北洛河	3	234	5 446	108°10′01″	36°32′34″	109°21′04″	35°39′15″	2.36	547.8	23.7	甘肃（2 208.7），陕西（3 237.7）
185	沮河	北洛河	3	135	2 484	108°31′52″	35°44′41″	109°20′58″	35°36′31″	3.26	594.3	47.6	陕西（2 484.1）
186	宏农涧	黄河	1	101	2 087	110°25′44″	34°17′20″	110°54′46″	34°42′48″	6.24	657.5	149.1	河南（2 086.6）
187	洛河	黄河	1	445	18 876	109°49′23″	34°17′25″	113°03′35″	34°49′11″	1.79	699.5	176.7	河南（15 813.6），陕西（3 062.6）
188	涧河	洛河	2	117	1 345	111°43′23″	34°52′02″	112°25′20″	34°38′32″	3.34	627.3	111.8	河南（1 345.4）
189	伊河	洛河	2	267	5 974	111°24′28″	33°53′35″	112°48′10″	34°41′04″	2.39	708.7	190.9	河南（5 974.1）
190	蟒河	黄河	1	128	1 155	112°22′33″	35°15′32″	113°13′54″	34°55′46″	2.19	646.3	80.6	山西（55.0），河南（1 100.3）
191	沁河	黄河	1	495	13 069	111°59′13″	36°47′14″	113°24′01″	35°02′06″	2.03	611	84.3	山西（12 331.4），河南（737.2）
192	丹河	沁河	2	166	3 137	112°48′11″	35°58′40″	112°58′28″	35°05′20″	5.25	610.2	48.9	山西（2 962.7），河南（174.0）
193	文岩渠	黄河	1	124	2 133	113°38′21″	35°00′53″	114°45′02″	35°08′43″	0.11	597.7	57	河南（2 132.9）
194	金堤河	黄河	1	211	5 171	114°30′42″	35°13′59″	116°04′56″	36°06′19″	0.081	592	43.3	河南（5 168.9），山东（2.3）
195	柳青河	金堤河	2	49	1 377	114°30′20″	35°22′16″	114°54′00″	35°35′26″	0.227	593	42.3	河南（1 377.1）
196	大汶河	黄河	1	231	8 944	117°56′29″	35°59′56″	116°12′18″	36°07′10″	0.645	716.3	148.4	山东（8 944.1）
197	瀛汶河	大汶河	2	87	1 331	117°37′51″	36°34′09″	117°19′20″	36°09′48″	2.63	760.7	188	山东（1 330.9）
198	柴汶河	大汶河	2	117	1 948	117°57′28″	36°01′04″	117°06′20″	35°57′10″	1.44	752.4	205.5	山东（1 948.3）
199	汇河	大汶河	2	95	1 248	116°54′52″	36°15′57″	116°32′34″	35°53′34″	0.723	643.8	79	山东（1 248.0）

附表2　黄河流域水面面积大于 $1\ km^2$ 的湖泊特征值统计表

序号	湖泊名称	水面面积（km^2）	咸淡水属性	所在省	所在县级行政区	跨界类型	备注
1	阿木错	2.64	淡水湖	青海	玛多县	县界内	
2	阿涌尕玛错	20.5	淡水湖	青海	玛多县	县界内	
3	阿涌贡玛错	29.2	淡水湖	青海	玛多县	县界内	
4	阿涌哇玛错	25.2	淡水湖	青海	玛多县	县界内	
5	茶错	1.51	咸水湖	青海	玛多县	县界内	
6	茶木错	4.48	淡水湖	青海	玛多县	县界内	
7	错尔加拉	1.66	淡水湖	青海	玛多县	县界内	
8	错陇日阿	3.87	咸水湖	青海	曲麻莱县	县界内	
9	冬草阿隆	9.04	淡水湖	青海	玛多县	县界内	
10	独角湖	1.65	淡水湖	青海	玛多县	县界内	
11	多石峡湖	1.35	淡水湖	青海	玛多县	县界内	
12	鄂陵湖	644	淡水湖	青海	玛多县	县界内	
13	鄂西湖	5.04	淡水湖	青海	玛多县	县界内	
14	尕拉拉错	20.3	淡水湖	青海	玛多县	县界内	
15	干海	2.39	咸水湖	青海	共和县	县界内	
16	岗纳格玛错	31.3	淡水湖	青海	玛多县	县界内	
17	拐湖	1.16	淡水湖	青海	玛多县	县界内	
18	哈阿错纳霍玛	1.46	淡水湖	青海	久治县	县界内	
19	海狮湖	3.53	淡水湖	青海	玛多县	县界内	
20	江蒙错	5.27	淡水湖	青海	玛多县	县界内	
21	寇察	19.1	淡水湖	青海	称多县	县界内	
22	烈拉烈姆错	2.61	淡水湖	青海	玛多县	县界内	
23	龙热错	16.8	咸水湖	青海	玛多县	县界内	
24	玛隆错根	2.2	淡水湖	青海	玛多县	县界内	
25	南错	1.34	淡水湖	青海	玛多县	县界内	
26	平头湖	1.75	淡水湖	青海	玛多县	县界内	
27	青D1029	1.63	淡水湖	青海	玛多县	县界内	
28	青D1030	1.6	淡水湖	青海	玛多县	县界内	
29	热蒙错	1.26	淡水湖	青海	玛多县	县界内	
30	日干错尕玛	3.42	淡水湖	青海	久治县	县界内	

续附表 2

序号	湖泊名称	水面面积（km²）	咸淡水属性	所在省	所在县级行政区	跨界类型	备注
31	日格错岔玛	15.6	淡水湖	青海	玛多县	县界内	
32	日玛错根	2.48	淡水湖	青海	曲麻莱县	县界内	
33	上更尕海	1.72	咸水湖	青海	共和县	县界内	
34	万波爱马湖	1.43	淡水湖	青海	玛多县	县界内	
35	汪藏因姆错	4.51	淡水湖	青海	玛多县	县界内	
36	希门错	4.52	淡水湖	青海	久治县	县界内	
37	下更尕海	2.27	咸水湖	青海	共和县	县界内	
38	星星湖	1.61	淡水湖	青海	曲麻莱县	县界内	
39	扎陵湖	528	淡水湖	青海	曲麻莱县,玛多县	跨县	
40	桌让错	11.8	淡水湖	青海	玛多县	县界内	
41	邹玛错干	4.13	淡水湖	青海	玛多县	县界内	
42	邹玛错干玛	3.2	淡水湖	青海	玛多县	县界内	
43	错热洼坚	2.32	淡水湖	四川	若尔盖县	县界内	
44	哈丘错干	5.86	淡水湖	四川	若尔盖县	县界内	
45	幕错干	1.45	淡水湖	四川	若尔盖县	县界内	
46	沃布钦错	1.54	淡水湖	四川	若尔盖县	县界内	
47	兴错	2.81	淡水湖	四川	若尔盖县	县界内	
48	阿拉善湾海子	2.69	咸水湖	内蒙古	伊金霍洛旗,鄂尔多斯市	跨县	
49	阿日善淖尔	1.55	盐湖	内蒙古	杭锦旗	县界内	
50	奥木摆淖	4.36	盐湖	内蒙古	乌审旗	县界内	
51	八连海子	1.82	咸水湖	内蒙古	磴口县	县界内	
52	巴汗淖	12.1	盐湖	内蒙古	乌审旗	县界内	
53	巴彦淖	3.03	盐湖	内蒙古	鄂托克旗	县界内	
54	巴彦淖尔	3.63	盐湖	内蒙古	乌审旗	县界内	
55	巴彦套海 1	2.05	咸水湖	内蒙古	磴口县	县界内	
56	巴彦套海 2	1.14	咸水湖	内蒙古	磴口县	县界内	
57	包尔汗达布素淖	3.13	盐湖	内蒙古	鄂托克旗	县界内	
58	宝勒浩特海子	3.05	咸水湖	内蒙古	磴口县	县界内	
59	北大池	1.63	盐湖	内蒙古	鄂托克前旗	县界内	

续附表2

序号	湖泊名称	水面面积 （km²）	咸淡 水属性	所在省	所在县级 行政区	跨界 类型	备注
60	查汗淖尔	2	盐湖	内蒙古	鄂托克旗	县界内	
61	察汗淖1	5.76	咸水湖	内蒙古	乌审旗,伊金霍洛旗	跨县	
62	察汗淖2	8.1	盐湖	内蒙古	杭锦旗	县界内	
63	陈普海子	2.61	咸水湖	内蒙古	磴口县	县界内	
64	赤盖淖	2.84	咸水湖	内蒙古	伊金霍洛旗	县界内	
65	达拉图鲁湖	4.56	咸水湖	内蒙古	鄂托克旗	县界内	
66	大克泊湖	4.04	咸水湖	内蒙古	鄂托克旗	县界内	
67	大青龙湖	3.73	咸水湖	内蒙古	杭锦旗	县界内	
68	点力素海子	1.48	咸水湖	内蒙古	磴口县	县界内	
69	东海子	1.04	咸水湖	内蒙古	磴口县	县界内	
70	高庙湖	8.28	淡水湖	宁夏	石嘴山惠农区	县界内	
71	沟心庙	2.16	咸水湖	内蒙古	磴口县	县界内	
72	苟池	3.09	咸水湖	陕西	定边县	县界内	
73	光明淖	1.75	咸水湖	内蒙古	伊金霍洛旗	县界内	
74	哈尔布郎海子	3.13	咸水湖	内蒙古	磴口县	县界内	
75	哈玛尔太淖	2.24	咸水湖	内蒙古	鄂托克旗	县界内	
76	哈素海	15.4	淡水湖	内蒙古	土默特左旗	县界内	
77	哈塔兔淖	1.47	咸水湖	内蒙古	伊金霍洛旗	县界内	
78	哈腾套海	1.44	咸水湖	内蒙古	磴口县	县界内	
79	海子堰海子	1.07	咸水湖	内蒙古	五原县	县界内	
80	浩勒报吉淖	4.03	盐湖	内蒙古	乌审旗,鄂托克旗	跨县	
81	鹤泉湖	2.24	淡水湖	宁夏	永宁县	县界内	
82	黑炭淖	4.2	盐湖	内蒙古	伊金霍洛旗	县界内	
83	红海子1	2.98	咸水湖	内蒙古	杭锦旗	县界内	
84	红海子2	2.84	咸水湖	内蒙古	伊金霍洛旗	县界内	
85	红碱淖	33.2	咸水湖	陕西, 内蒙古	陕西神木县, 内蒙古伊金霍洛旗	跨省	
86	呼和淖尔1	1.15	盐湖	内蒙古	鄂托克前旗	县界内	
87	呼和淖尔2	1.81	盐湖	内蒙古	乌审旗	县界内	
88	胡同察汗淖尔	20	咸水湖	内蒙古	乌审旗	县界内	
89	花马池	1.65	咸水湖	陕西	定边县	县界内	

续附表2

序号	湖泊名称	水面面积（km²）	咸淡水属性	所在省	所在县级行政区	跨界类型	备注
90	黄河湿地公园湖	1.13	淡水湖	宁夏	中卫沙坡头区	县界内	
91	九公里海子	1.43	咸水湖	内蒙古	磴口县	县界内	
92	凯凯淖	1.13	盐湖	内蒙古	鄂托克旗	县界内	
93	奎生淖	1.39	咸水湖	内蒙古	伊金霍洛旗,乌审旗	跨县	
94	莲花池	1.22	咸水湖	陕西	定边县	县界内	
95	灵武盐场湖	2.26	咸水湖	宁夏	灵武市,盐池县	跨县	
96	刘铁海子	9.62	淡水湖	内蒙古	乌拉特中旗	县界内	
97	毛布拉湖	2.25	盐湖	内蒙古	阿拉善左旗	县界内	季节性湖泊
98	孟王栓海子	1.88	咸水湖	内蒙古	五原县	县界内	
99	皿己卜	1.31	咸水湖	内蒙古	土默特右旗	县界内	
100	明水湖1	1.75	咸水湖	陕西	定边县	县界内	
101	明水湖2	2.41	淡水湖	宁夏	平罗县	县界内	
102	鸣翠湖	1.5	咸水湖	宁夏	银川兴庆区	县界内	
103	牧羊海子	16.1	咸水湖	内蒙古	乌拉特中旗	县界内	
104	纳林湖	6.44	咸水湖	内蒙古	磴口县	县界内	
105	纳林淖尔1	2.02	盐湖	内蒙古	鄂托克旗	县界内	
106	纳林淖尔2	1.73	咸水湖	内蒙古	鄂托克旗	县界内	
107	南海子	3.56	咸水湖	内蒙古	包头东河区	县界内	
108	南湖	1.37	咸水湖	内蒙古	托克托县	县界内	
109	清水湖	1.11	淡水湖	宁夏	银川兴庆区	县界内	
110	沙湖	31.5	咸水湖	宁夏	平罗县	县界内	
111	神海子	2.79	咸水湖	内蒙古	伊金霍洛旗	县界内	
112*	苏贝淖	4.1	咸水湖	内蒙古	乌审旗	县界内	
113	桃力庙海子	2.69	咸水湖	内蒙古	伊金霍洛旗,鄂尔多斯市	跨县	
114	陶高图淖尔	2.63	盐湖	内蒙古	鄂托克旗	县界内	
115	腾格里湖	3.92	淡水湖	宁夏	中卫沙坡头区	县界内	
116	乌杜淖	2.9	盐湖	内蒙古	鄂托克旗	县界内	
117	乌兰淖尔1	5.64	咸水湖	内蒙古	伊金霍洛旗	县界内	
118	乌兰淖尔2	1.4	咸水湖	内蒙古	乌审旗	县界内	

续附表2

序号	湖泊名称	水面面积 （km²）	咸淡 水属性	所在省	所在县级 行政区	跨界 类型	备注
119	乌梁素海	130	淡水湖	内蒙古	乌拉特前旗	县界内	
120	五湖都格淖尔	3.95	盐湖	内蒙古	鄂托克前旗	县界内	
121	五里地海子	1.87	咸水湖	内蒙古	磴口县	县界内	
122	西大湖	3.45	淡水湖	宁夏	平罗县	县界内	
123	西海子1	1.3	盐湖	内蒙古	伊金霍洛旗	县界内	
124	西海子2	2.25	咸水湖	内蒙古	磴口县	县界内	
125	西海子3	1.48	淡水湖	内蒙古	包头九原区	县界内	
126	小湖1	1.82	淡水湖	宁夏	中卫沙坡头区	县界内	
127	小湖2	1.46	咸水湖	内蒙古	鄂托克旗	县界内	
128	小克泊	2.07	咸水湖	内蒙古	鄂托克旗	县界内	
129	星海湖	23.4	淡水湖	宁夏	石嘴山大武口区	县界内	
130	盐海子	1.22	咸水湖	内蒙古	杭锦旗	县界内	
131	永丰村南	—	咸水湖	内蒙古	乌拉特前旗， 包头九原区	跨县	特殊 湖泊
132	阅海湖	9.02	咸水湖	宁夏	银川金凤区	县界内	
133	张吉淖	1.82	咸水湖	内蒙古	杭锦旗	县界内	
134	镇朔湖	7.67	淡水湖	宁夏	平罗县	县界内	
135	哈尔呼热	—	盐湖	内蒙古	磴口县	县界内	特殊 湖泊
136	伍姓湖	10.9	淡水湖	山西	永济市	县界内	
137	硝池	13.7	盐湖	山西	运城盐湖区	县界内	
138	鸭子池	1.46	盐湖	山西	运城盐湖区	县界内	
139	盐池	48.2	盐湖	山西	运城盐湖区	县界内	
140	圣天湖	1.65	淡水湖	山西	芮城县	县界内	
141	尕海湖	20.5	淡水湖	甘肃	碌曲县	县界内	
142	日莫喀错	2.62	淡水湖	青海	天峻县	县界内	
143	布寨淖	2.44	盐湖	内蒙古	乌审旗	县界内	
144	陶尔庙淖尔	1.25	咸水湖	内蒙古	乌审旗	县界内	
145	晋阳湖	4.78	淡水湖	山西	太原晋源区	县界内	
146	震湖	1.65	淡水湖	宁夏， 甘肃	宁夏西吉县， 甘肃会宁县	跨省	

附表3　黄委管辖的基本水文站特征信息统计表

序号	测站名称	所在河流名称	基本断面坐标 经度	基本断面坐标 纬度	集水面积 (km²)	河长 (km)	设站年份	水文站地址	测验项目 流量	水位	降水	蒸发	水质	输沙率	颗分	水温	冰情
1	鄂陵湖(黄)	黄河	97°45'53"	35°04'58"	18 532	256	1984	青海省玛多县扎陵湖乡	1	1							1
2	黄河沿(三)	黄河	98°10'16"	34°53'06"	21 209	322	1955	青海省玛多县黄河沿乡	1	1	1					1	1
3	吉迈(四)	黄河	99°39'20"	33°46'06"	45 318	664	1958	青海省达日县吉迈镇	1	1	1	1		1		1	1
4	门堂	黄河	101°02'39"	33°46'29"	59 856	919	1987	青海省久治县门堂乡	1	1	1	1		1		1	1
5	玛曲(二)	黄河	102°04'58"	33°57'39"	86 299	1 264	1959	甘肃省玛曲县黄河大桥	1	1	1					1	1
6	军功	黄河	100°38'42"	34°41'04"	98 716	1 495	1979	青海省玛沁县军功乡	1	1	1	1		1		1	1
7	唐乃亥	黄河	100°09'18"	35°29'59"	122 277	1 643	1955	青海省兴海县唐乃亥乡	1	1	1			1	1	1	1
8	贵德(二)	黄河	101°23'27"	36°02'24"	142 872	1 828	1954	青海省贵德县河西乡	1	1	1	1	1	1	1	1	1
9	循化(三)	黄河	102°26'41"	35°52'13"	154 510	1 980	1945	青海省循化县积石镇	1	1	1	1	1			1	1
10	小川	黄河	103°19'34"	35°56'08"	190 980	2 198	1948	甘肃省永靖县刘家峡镇	1	1	1		1	1		1	1
11	上诠(六)	黄河	103°16'29"	36°03'38"	191 908	2 128	1942	甘肃省永靖县盐锅峡镇	1	1	1					1	1
12	兰州	黄河	103°48'53"	36°03'50"	232 592	2 194	1934	甘肃省兰州市城关区	1	1	1		1			1	1
13	安宁渡(二)	黄河	104°40'50"	36°34'54"	250 684	2 327	1953	甘肃省白银市水泉乡	1	1	1	1				1	1
14	下河沿(黄二)	黄河	105°02'34"	37°27'00"	264 505	2 554	1951	宁夏中卫市迎水桥镇	1	1	1		1	1		1	1
15	青铜峡(黄三)	黄河	105°59'41"	37°53'32"	288 164	2 684	1939	宁夏青铜峡市青铜峡镇	1	1	1	1		1		1	1
16	石嘴山(二)	黄河	106°47'34"	39°15'41"	319 100	2 883	1942	宁夏石嘴山市惠农区	1	1	1	1	1	1		1	1
17	巴彦高勒	黄河	107°01'49"	40°18'55"	324 512	3 030	1972	内蒙古磴口县巴彦高勒镇	1	1	1	1		1		1	1
18	三湖河口(三)	黄河	108°46'25"	40°36'25"	358 523	3 287	1950	内蒙古乌拉特前旗公庙子镇	1	1	1			1		1	1
19	包头	黄河	109°54'45"	40°31'53"	371 163	3 440	2014	内蒙古包头市花园营村	1	1	1	1	1			1	1
20	头道拐(二)	黄河	111°03'44"	40°15'58"	377 955	3 617	1958	内蒙古托克托县中滩乡	1	1	1					1	1
21	河曲(二)	黄河	111°09'15"	39°21'32"	407 243	3 781	1952	山西省河曲县城关镇	1	1	1		1	1		1	1
22	府谷	黄河	111°04'59"	39°01'43"	413 465	3 835	1971	陕西省府谷县城关镇	1	1	1		1	1		1	1

续附表 3

序号	测站名称	所在河流名称	经度	纬度	集水面积(km²)	河长(km)	设站年份	水文站地址	流量	水位	降水	蒸发	水质	输沙率	颗分	水温	冰情
23	吴堡(二)	黄河	110°42'34"	37°26'50"	443 279	4 084	1935	陕西省吴堡县宋家川镇	1	1	1		1	1			1
24	龙门(马王庙二)	黄河	110°35'03"	35°40'06"	507 634	4 363	1934	陕西省韩城市龙门乡	1	1	1		1	1			1
25	潼关(八)	黄河	110°19'34"	34°36'17"	692 197	4 506	1929	陕西省潼关县港口乡	1	1	1		1	1			1
26	三门峡(七)	黄河	111°21'26"	34°49'19"	698 467	4 629	1955	河南省三门峡市高庙乡	1	1	1	1	1	1		1	1
27	小浪底(二)	黄河	112°24'19"	34°55'16"	704 290	4 758	1955	河南省济源市坡头乡	1	1	1		1	1		1	1
28	西霞院	黄河	112°32'54"	34°52'25"	704 630	4 774	2008	河南省孟津县白鹤镇	1	1	1		1	1			1
29	花园口	黄河	113°40'49"	34°54'20"	740 104	4 906	1938	河南省郑州市花园口镇	1	1	1		1	1			1
30	夹河滩(三)	黄河	114°34'50"	34°55'36"	741 049	5 008	1947	河南省开封市刘店乡	1	1	1		1	1			1
31	高村(四)	黄河	115°04'47"	35°23'01"	744 030	5 108	1934	山东省东明县菜园集乡	1	1	1		1	1			1
32	孙口	黄河	115°54'19"	35°56'22"	744 679	5 240	1949	山东省梁山县赵固堆乡	1	1	1		1	1			1
33	艾山(二)	黄河	116°18'09"	36°16'12"	759 381	5 304	1950	山东省东阿县鱼山镇	1	1	1		1	1			1
34	泺口(三)	黄河	116°59'16"	36°43'28"	761 627	5 409	1919	山东省济南市泺口镇	1	1	1		1	1			1
35	利津(三)	黄河	118°18'18"	37°31'20"	762 002	5 585	1934	山东省利津县利津镇	1	1	1		1	1			1
36	黄河	热曲	98°16'05"	34°36'06"	6 344	186	1978	青海省玛多县黄河乡	1	1	1					1	
37	久治	沙曲	101°29'25"	33°25'58"	1 252	79	1978	青海省久治县康赛乡	1	1	1						
38	唐克	白河	102°27'41"	33°24'37"	5 399	268	1978	四川省若尔盖县唐克乡	1	1	1	1	1	1			1
39	大水	黑河	102°16'05"	33°59'34"	7 510	479	1984	甘肃省玛曲县大水军牧场	1	1	1		1	1	1	1	
40	享堂(三)	大通河	102°49'50"	36°21'14"	15 127	572	1939	青海省民和县川口镇	1	1	1		1	1	1		
41	民和(三)	湟水	102°47'36"	36°20'6"	15 339	293	1939	青海省民和县川口镇	1	1	1	1	1	1	1		1
42	皇甫(三)	皇甫川	111°05'23"	39°17'08"	3 172	125	1953	陕西省府谷县皇甫镇	1	1	1		1		1		
43	旧县	县川河	111°13'03"	39°09'49"	1 562	98	1976	山西省河曲县旧县镇	1	1	1		1	1	1		

续附表 3

序号	测站名称	所在河流名称	经度	纬度	集水面积 (km²)	河长 (km)	设站年份	水文站地址	流量	水位	降水	蒸发	水质	输沙率	颗分	水温	冰情
44	高石崖(三)	孤山川	111°02'48"	39°02'42"	1 265	80	1953	陕西省府谷县城关镇	1	1	1			1	1	1	
45	桥头	朱家川	111°08'25"	38°56'24"	2 848	146	1989	山西省保德县桥头镇	1	1	1			1		1	
46	兴县(二)	蔚汾河	111°11'20"	38°27'47"	632	50	1986	山西省兴县奥家湾镇	1	1	1			1			
47	王道恒塔(三)	窟野河	110°24'26"	39°03'32"	3 844	134	1958	陕西省神木县孔家岔镇	1	1	1			1	1		
48	温家川(三)	窟野河	110°44'53"	38°28'51"	8 529	230	1953	陕西省神木县贺家川乡	1	1	1	1		1	1		1
49	贾家沟	贾家沟	110°43'42"	38°27'54"	93.9	31	1978	陕西省神木县贺家川镇	1	1	1			1			
50	新庙	悖牛川	110°22'49"	39°21'53"	1 524	68	1966	内蒙古伊金霍洛旗新庙乡	1	1	1	1		1			
51	高家堡(二)	秃尾河	110°17'03"	38°32'59"	2 269	69	1966	陕西省神木县高家堡镇	1	1	1			1			
52	高家川(二)	秃尾河	110°29'02"	38°14'35"	3 425	130	1955	陕西省神木县万镇	1	1	1			1			
53	申家湾	佳芦河	110°28'56"	38°01'48"	1 118	82	1956	陕西省佳县佳芦镇	1	1	1	1		1			
54	杨家坡(二)	青凉寺河	110°44'06"	37°47'29"	283	47	1956	山西省临县从罗峪镇	1	1	1			1			
55	林家坪	湫水河	110°52'34"	37°41'44"	1 872	109	1953	山西省临县林家坪镇	1	1	1			1			
56	后大成	三川河	110°45'14"	37°25'07"	4 099	148	1956	山西省柳林县薛村镇	1	1	1		1	1			
57	裴沟	屈产河	110°45'23"	37°11'14"	1 023	61	1962	山西省石楼县裴沟乡	1	1	1			1			
58	丁家沟	无定河	110°15'05"	37°33'15"	23 649	349	1958	陕西省绥德县张家砭乡	1	1	1		1	1	1		
59	白家川	无定河	110°25'15"	37°13'54"	29 890	420	1975	陕西省清涧县解家沟乡	1	1	1	1		1	1		
60	韩家峁	海流兔河	109°09'04"	38°04'08"	2 026	80	1956	陕西省榆林市红石桥乡	1	1	1			1			
61	横山	芦河	109°17'05"	37°58'07"	2 417	150	1956	陕西省横山县城关镇	1	1	1			1			

续附表3

序号	测站名称	所在河流名称	基本断面坐标 经度	基本断面坐标 纬度	集水面积 (km²)	河长 (km)	设站年份	水文站地址	流量	水位	降水	蒸发	水质	输沙率	颗分	水温	冰情
62	殿市(二)	黑木头川	109°29'12"	37°56'19"	327	24	1958	陕西省横山县殿市镇	1	1	1			1			
63	马湖峪	马湖峪河	110°01'23"	37°53'08"	368	43	1961	陕西省米脂县龙镇	1	1	1			1			
64	青阳岔(二)	大理河	109°26'27"	37°29'05"	1 256	70	1958	陕西省靖边县青阳岔镇	1	1	1			1	1		
65	李家河	小理河	109°49'41"	37°36'51"	807	68	1958	陕西省子洲县殿市镇	1	1	1			1	1		
66	曹坪	三川沟	109°58'52"	37°38'31"	185	26	1958	陕西省子洲县城关镇	1	1	1			1			
67	子长	清涧河	109°41'46"	37°08'42"	913	57	1958	陕西省子长县冯家屯乡	1	1	1			1	1		
68	延川(二)	清涧河	110°11'20"	36°52'44"	3 468	132	1953	陕西省延川县城关镇	1	1	1		1	1			
69	大宁	昕水河	110°42'55"	36°27'26"	3990	100	1954	山西省大宁县昕水镇	1	1	1	1	1	1	1		
70	延安(二)	延河	109°26'48"	36°38'08"	3 207	125	1958	陕西省延安市河庄坪乡	1	1	1	1		1			
71	甘谷驿	延河	109°48'05"	36°42'24"	5 889	167	1952	陕西省延安市甘古驿镇	1	1	1		1	1	1		
72	临镇	云岩河	109°58'26"	36°20'33"	1 121	58	1958	陕西省延安市临镇	1	1	1			1			
73	新市河	云岩河	110°16'34"	36°13'51"	1 661	94	1966	陕西省宜川县新市河乡	1	1	1			1			
74	大村	仕望河	110°17'14"	36°04'54"	2 139	88	1958	陕西省宜川县秋林乡	1	1	1	1		1			
75	吉县	清水河	110°40'04"	36°5'22"	436	38	1958	山西省吉县吉昌镇	1	1	1						
76	河津(三)	汾河	110°48'05"	35°34'06"	38 872	666	1934	山西省河津市黄村乡	1	1	1	1	1	1			1
77	武山	渭河	104°53'11"	34°43'33"	8 086	133	1974	甘肃省武山县城关北	1	1	1	1		1			1
78	北道	渭河	105°53'52"	34°33'38"	24 889	260	1990	甘肃省天水市麦积区	1	1	1			1			1
79	咸阳(二)	渭河	108°42'05"	34°19'13"	46 836	618	1931	陕西省咸阳市古渡乡	1	1	1	1	1	1	1		1
80	华县	渭河	109°45'44"	34°35'08"	106 418	757	1935	陕西省华县下庙乡	1	1	1	1	1	1			1
81	甘谷(三)	散渡河	105°20'21"	34°46'03"	2 482	148	1958	甘肃省甘谷县新兴镇	1	1	1	1		1	1		1

续附表 3

序号	测站名称	所在河流名称	经度	纬度	集水面积 (km²)	河长 (km)	设站年份	水文站地址	流量	水位	降水	蒸发	水质	输沙率	颗分	水温	冰情
82	秦安	葫芦河	105°39′44″	34°53′43″	9 803	258	1955	甘肃省秦安县兴国镇	1	1	1				1		1
83	天水(三)	籍河	105°41′15″	34°34′33″	1 017	65	1958	甘肃省天水市秦州区	1	1	1			1	1		1
84	社棠	牛头河	105°57′38″	34°33′17″	1 845	87	1972	甘肃省天水市社棠镇	1	1		1		1			1
85	泾川(三)	泾河	107°20′55″	35°20′23″	3 150	132	1935	甘肃省泾川县泾河大桥	1	1	1			1	1		1
86	杨家坪(二)	泾河	107°44′11″	35°20′01″	14 130	175	1955	甘肃省宁县长庆桥镇	1	1	1			1	1		1
87	袁家庵(二)	汭河	107°20′35″	35°19′31″	1 661	111	1935	甘肃省泾川县城关镇	1	1	1			1	1		1
88	红河	洪河	107°28′24″	35°27′03″	1 274	168	1988	甘肃省泾川县红河乡	1	1	1						1
89	毛家河(二)	蒲河	107°35′20″	35°30′37″	7 187	163	1952	甘肃省庆阳市肖金镇	1	1	1			1			1
90	洪德	马莲河	107°11′33″	36°45′40″	4 644	105	1958	甘肃省环县洪德乡	1	1	1	1		1	1		1
91	庆阳	马莲河	107°52′48″	35°59′48″	10 598	252	1951	甘肃省庆阳县城西门外	1	1	1	1		1			1
92	雨落坪	马莲河	107°53′10″	35°20′15″	19 019	359	1954	甘肃省宁县新庄镇	1	1	1			1	1		1
93	贾桥	柔远川	107°53′53″	36°04′45″	2 990	118	1979	甘肃省庆城县玄马镇	1	1	1			1	1		1
94	悦乐	柔远河	107°54′01″	36°18′30″	528	46	1958	甘肃省华池县悦乐镇	1	1	1			1			1
95	板桥	合水川	107°58′53″	35°54′31″	807	46	1958	甘肃省合水县板桥乡	1	1	1			1			1
96	庐村河	三水川	108°16′27″	34°58′01″	1 299	115	1989	陕西省彬县香庙乡	1	1	1			1			1
97	皋落	亳清河	111°40′16″	35°15′43″	144	19	1996	山西省垣曲县皋落乡	1	1	1			1			1
98	桥头	西阳河	112°02′50″	35°08′30″	347	49	1996	山西省垣曲县瑶头乡	1	1	1						1
99	石寺	畛河	112°05′53″	34°49′31″	103	30	1996	河南省新安县石寺镇	1	1	1			1			1
100	黑石关(四)	洛河	112°55′55″	34°43′08″	18 557	425	1934	河南省巩义市芝田乡	1	1	1		1	1		1	1

续附表 3

序号	测站名称	所在河流名称	基本断面坐标 经度	基本断面坐标 纬度	集水面积 (km²)	河长 (km)	设站年份	水文站地址	测验项目 流量	水位	降水	蒸发	水质	输沙率	颗分	水温	冰情
101	卢氏(二)	洛河	111°03'40"	34°03'14"	4 623	200	1951	河南省卢氏县城关镇	1	1	1	1	1	1	1	1	1
102	长水(二)	洛河	111°26'11"	34°19'19"	6 245	262	1951	河南省洛宁县长水乡	1	1	1	1	1	1	1	1	1
103	宜阳(三)	洛河	112°09'06"	34°30'50"	9 672	339	1951	河南省宜阳县寻村乡	1	1	1	1	1	1	1		
104	白马寺	洛河	112°35'15"	34°42'39"	11 877	388	1955	河南省洛阳市白马寺镇	1	1	1	1		1		1	1
105	石门峪(二)	石门河	110°8'30"	34°8'51"	156	36	1956	陕西省洛南县尖角乡	1	1	1	1		1			1
106	韩城(三)	韩城河	111°55'28"	34°29'32"	257	46	1956	河南省宜阳县韩城镇	1	1	1						1
107	新安(二)	涧河	112°09'06"	34°43'8"	828	71	1952	河南省新安县南关镇	1	1	1		1	1			1
108	栾川	伊河	111°36'15"	33°47'8"	339	38	1958	河南省栾川县城关镇	1	1	1	1		1			1
109	潭头(四)	伊河	111°44'07"	33°59'27"	1 698	102	1951	河南省栾川县潭头乡	1	1	1	1		1			1
110	东湾(三)	伊河	111°58'33"	34°03'29"	2 623	138	1956	河南省嵩县德亭乡	1	1	1		1	1			1
111	下河村(三)	德亭河	111°56'0"	34°06'49"	202	28	1956	河南省嵩县德亭乡	1	1	1		1	1			1
112	陆浑(三)	伊河	112°11'12"	34°12'20"	3 495	170	1955	河南省嵩县田湖乡	1	1	1	1	1	1	1		1
113	龙门镇(二)	伊河	112°28'40"	34°33'52"	5 318	225	1935	河南省洛阳市龙门镇	1	1	1			1			1
114	润城(三)	沁河	112°30'41"	35°28'03"	7 270	309	1950	山西省阳城县润城镇	1	1	1	1		1	1		1
115	五龙口(二)	沁河	112°40'53"	35°09'33"	9 248	403	1951	河南省济源市辛庄乡	1	1	1			1			1
116	武陟(二)	沁河	113°15'53"	35°03'58"	12 893	472	1933	河南省武陟县大虹桥乡	1	1	1		1	1	1		1
117	山路平(二)	丹河	112°59'21"	35°14'12"	3 048	142	1951	河南省沁阳市常平乡	1	1	1			1			1
118	陈山口	大汶河	116°12'18"	36°07'10"	8 944	231	1960	山东省东平县旧县乡	1	1			1	1			1

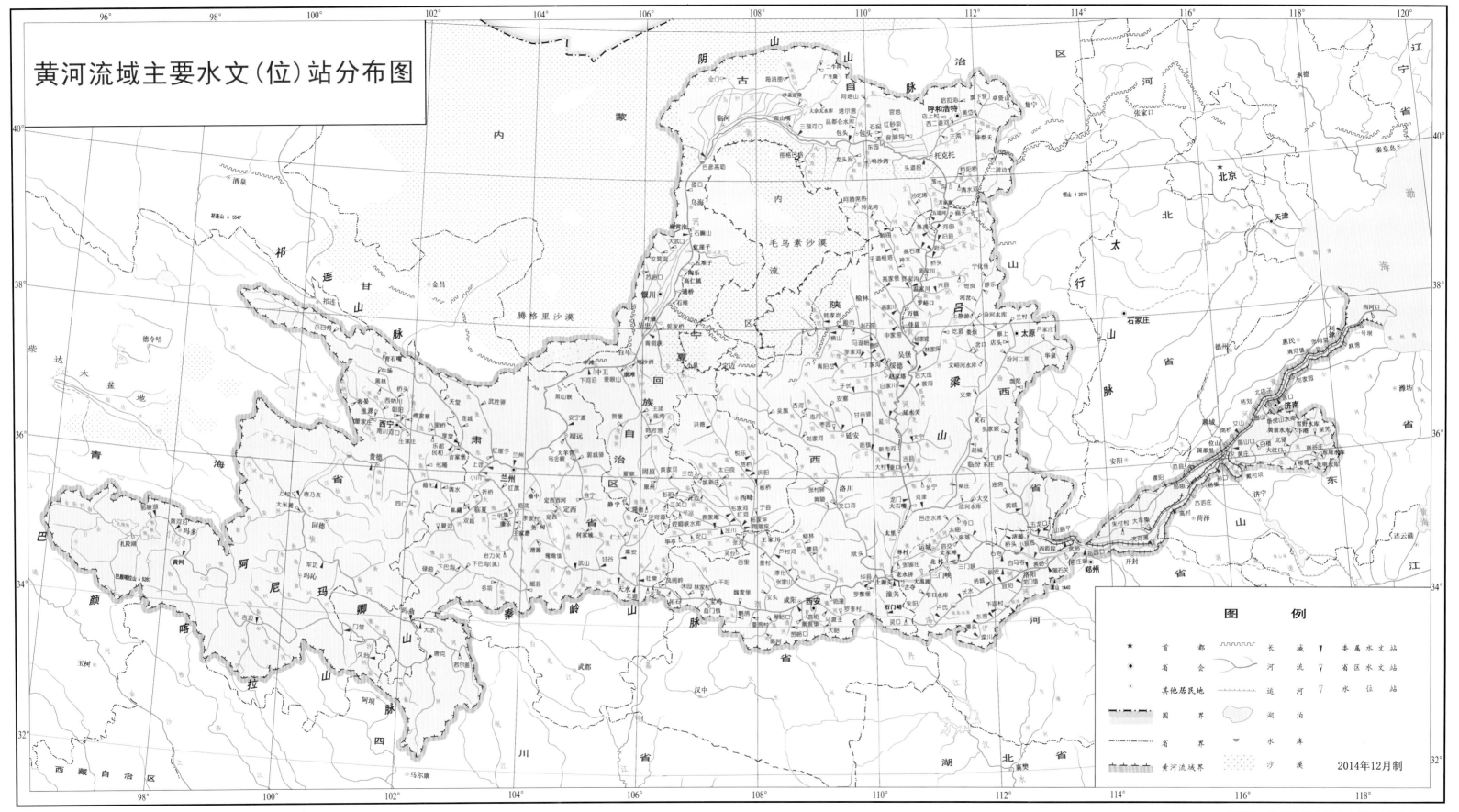

附图1 黄河流域主要水文(位)站分布图

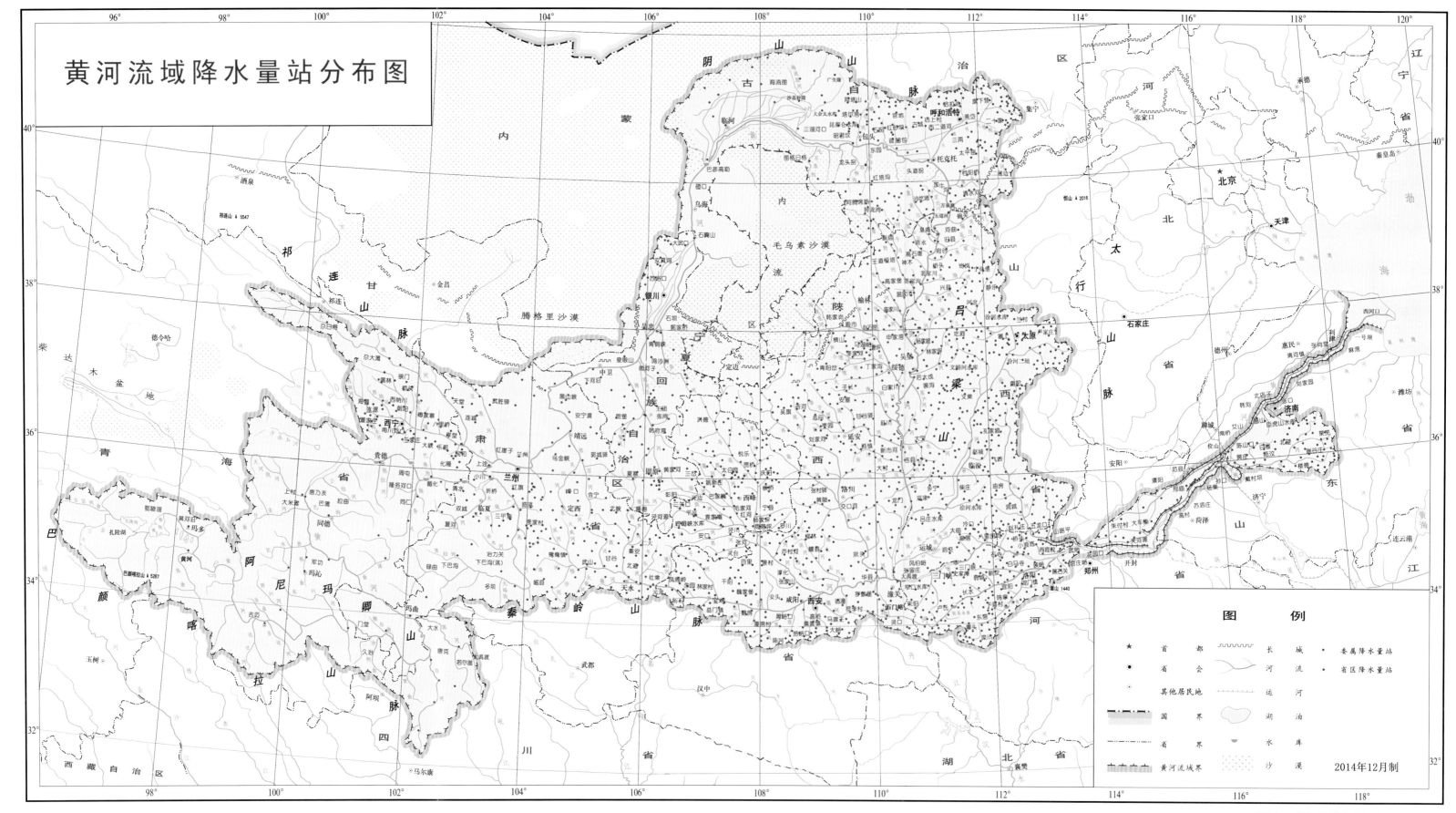

附图2　黄河流域降水量站分布图

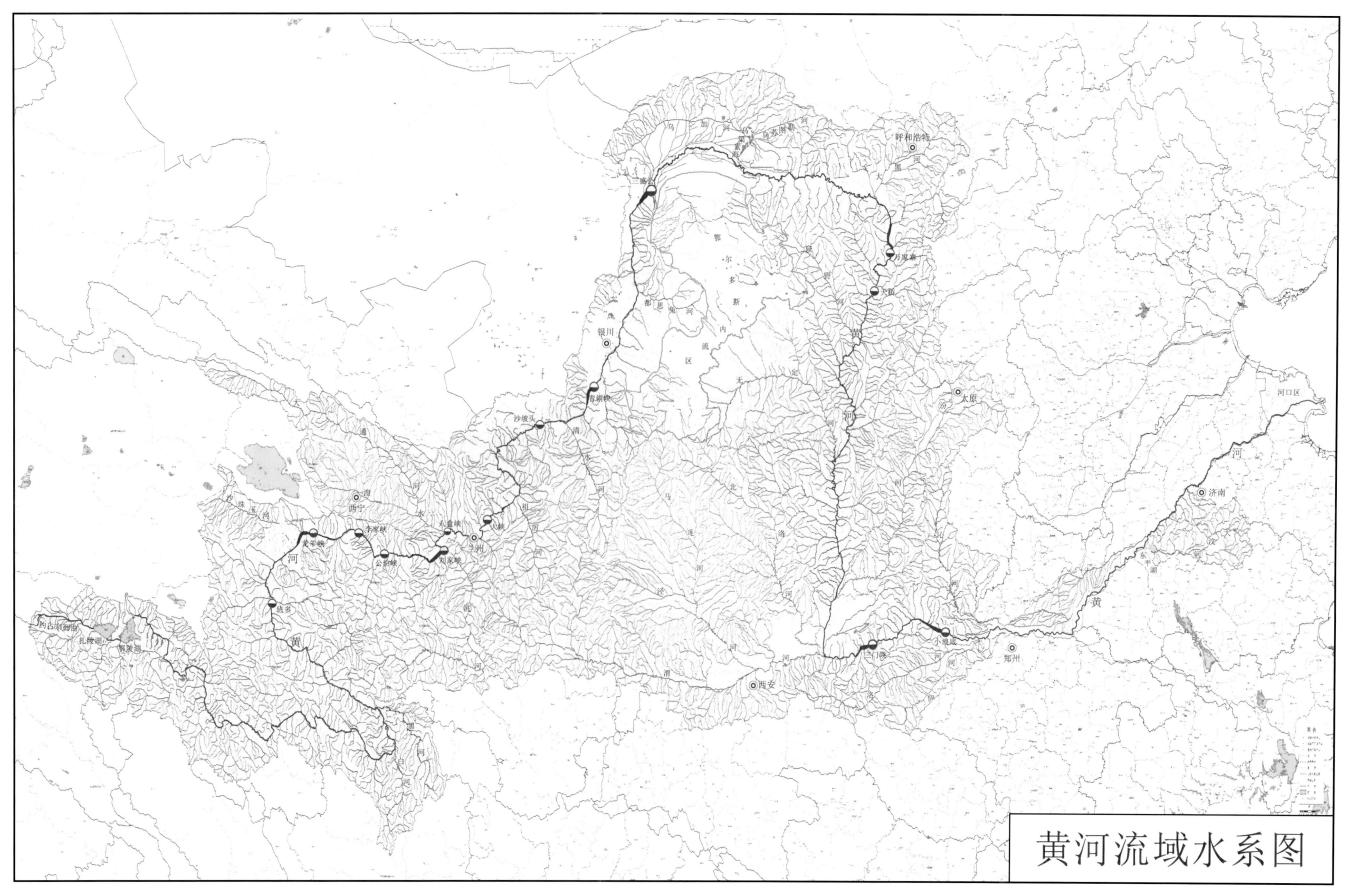

黄河流域水系图

附图3 黄河流域水系图

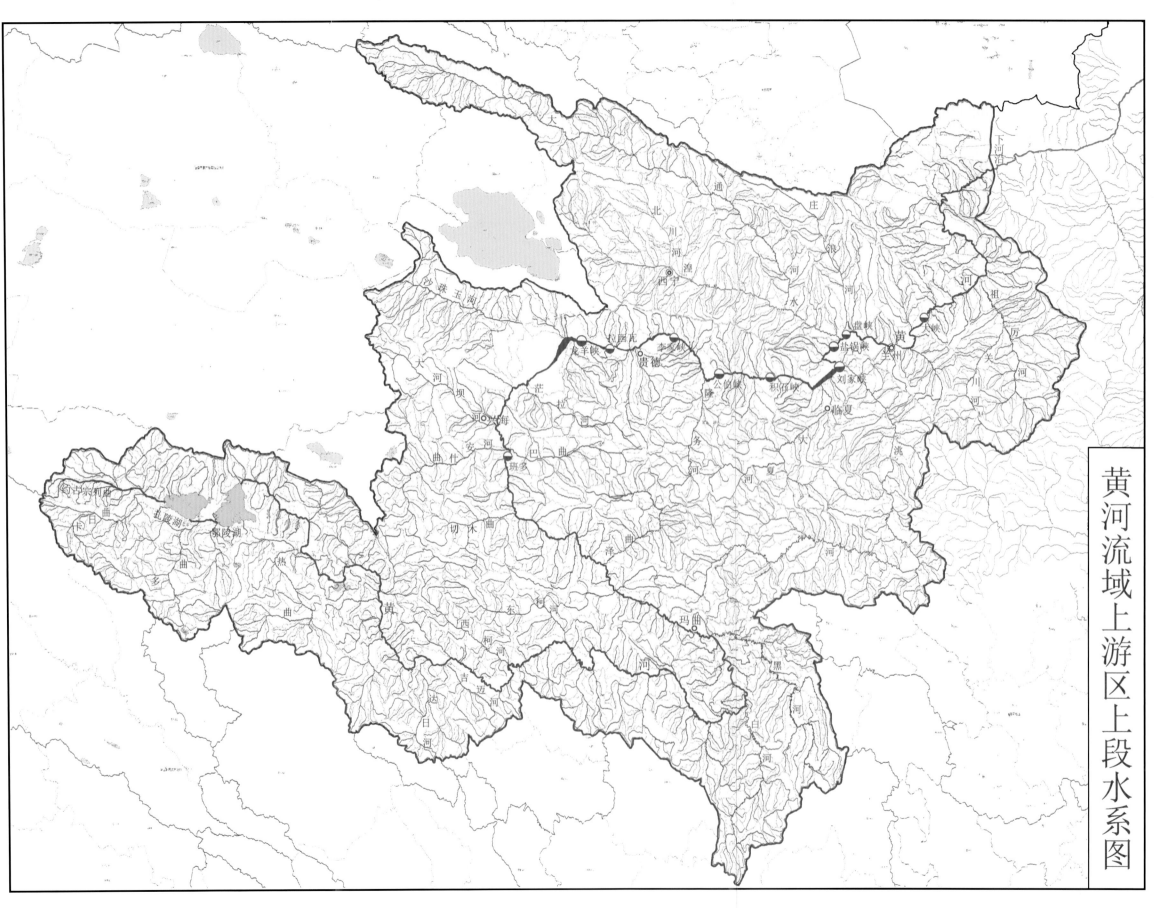

黄河流域上游区上段水系图

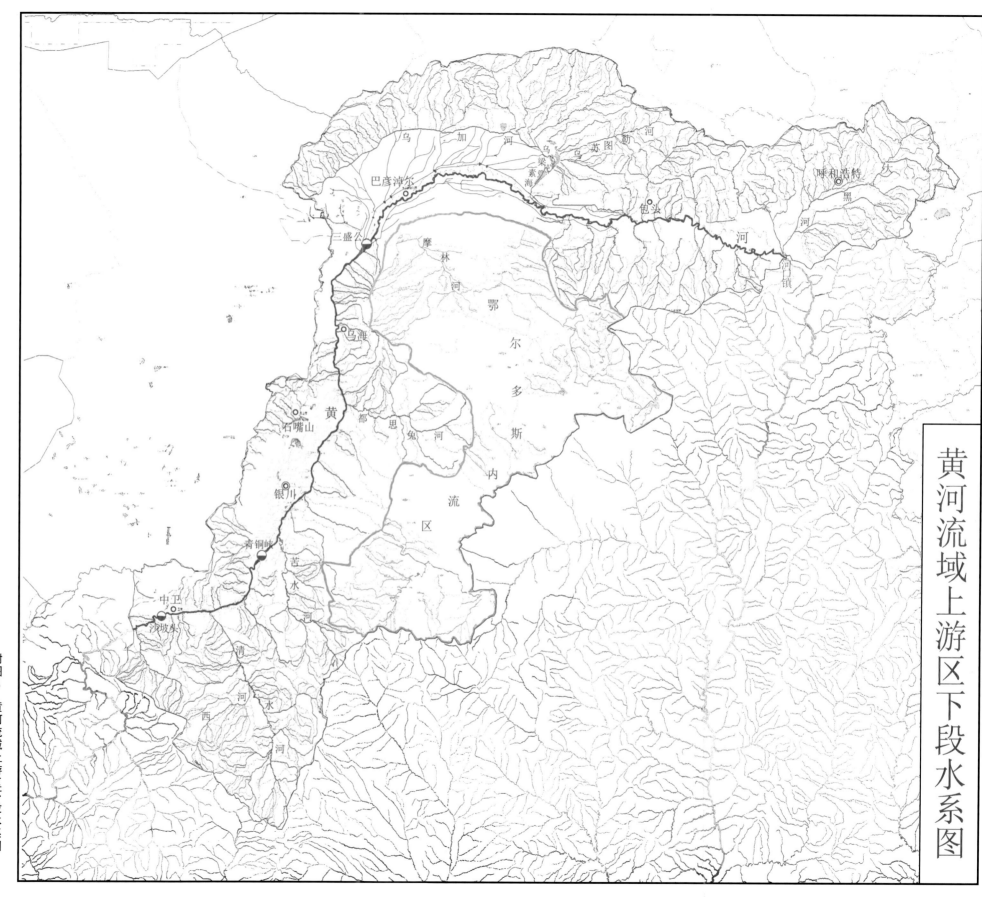

乌加河

勃河

呼和浩特

乌素图

大

黑

河

乌梁素海

巴彦淖尔

包头

河

口镇

三盛公

摩林河

鄂

尔

乌海

都

多

思

斯

黄

兔

河

内

石嘴山

流

银川

区

青铜峡

苦

水

中卫

河

沙坡头

清

水

河

西

河

黄河流域上游区下段水系图

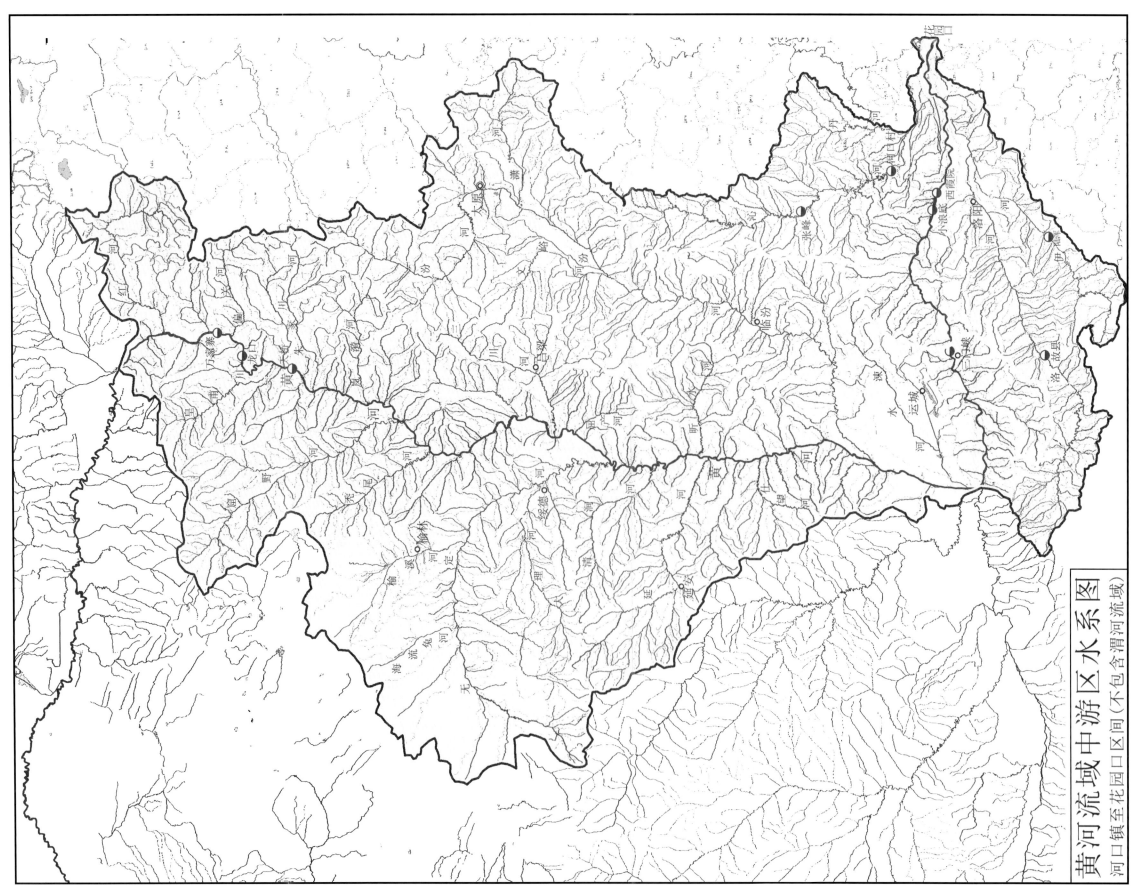

黄河流域中游区水系图

河口镇至花园口区间（不包含渭河流域）

附图6　黄河流域中游区水系图（不包含渭河流域）

黄河流域渭河水系图

柔远河
马莲河
北
蒲河
茹河
洪河
泾河
黑河
河
葫芦河
散渡河
榜沙河
渭河
千河
漆水河
石川河
洛河
葫芦河
庆阳
铜川
天水
宝鸡
渭河
渭南
西安
华

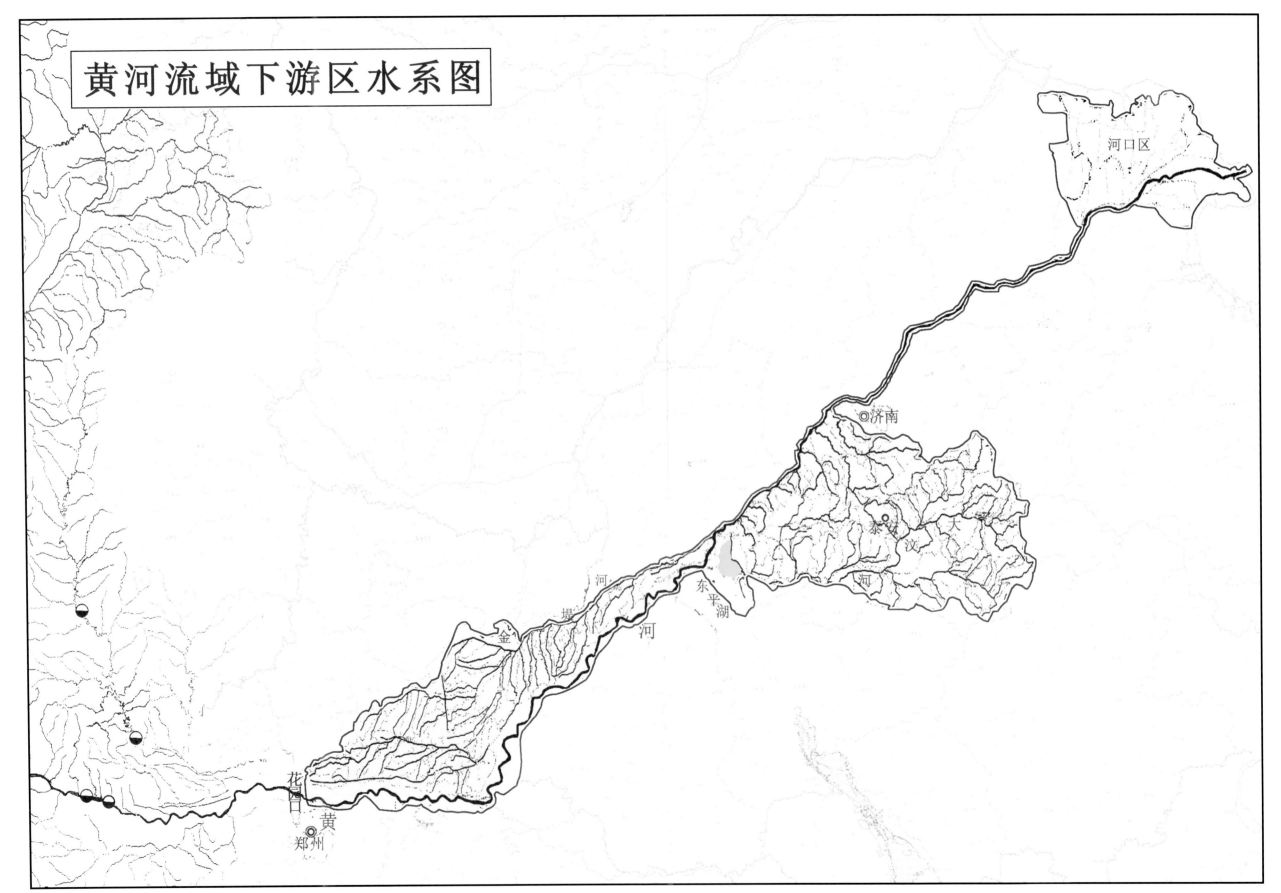

黄河部分干支流相对位置示意图

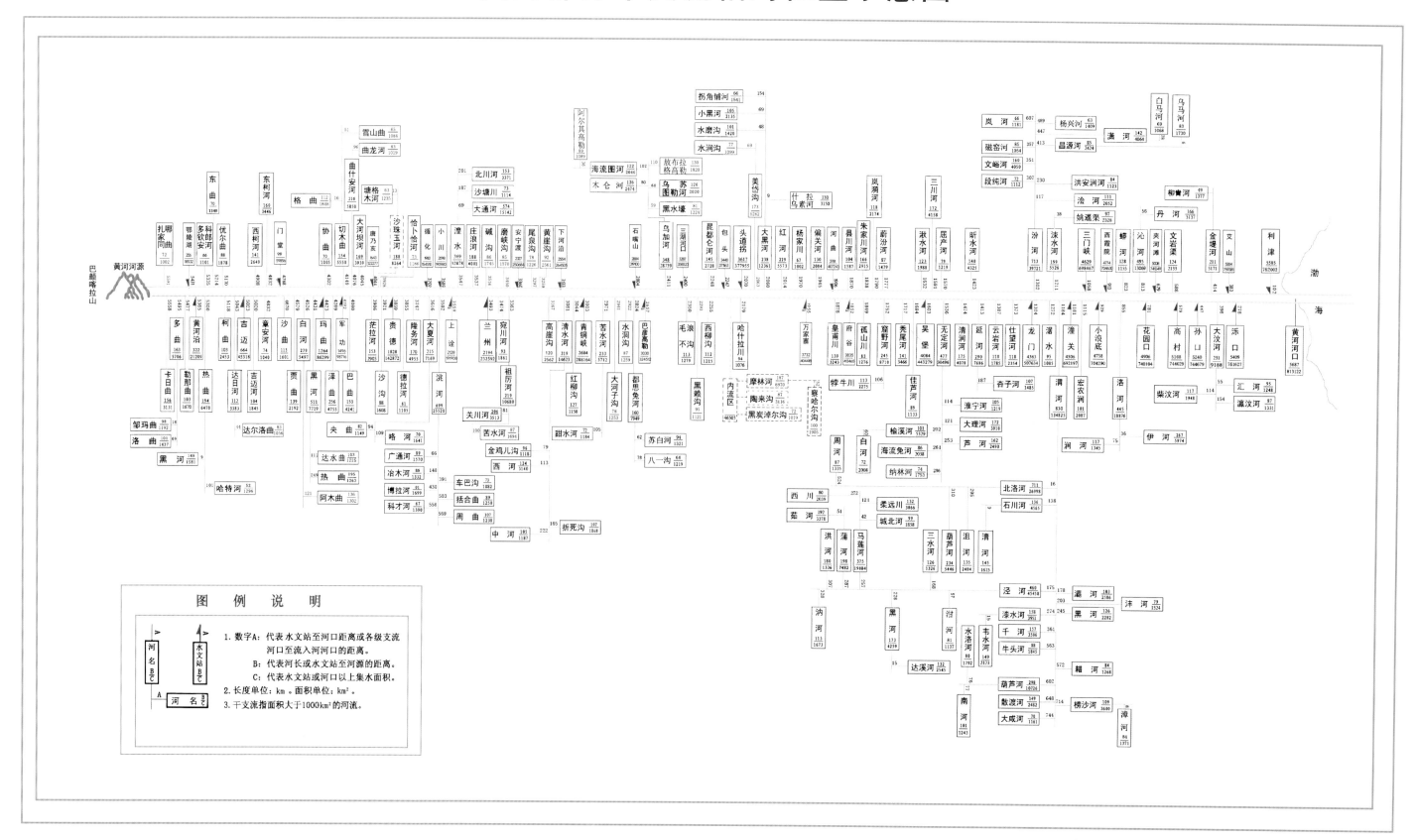